SQL Server 数据库基础教程

刘　丽　张俊玲　编著

北京理工大学出版社
BEIJING INSTITUTE OF TECHNOLOGY PRESS

图书在版编目（CIP）数据

SQL Server 数据库基础教程 / 刘丽，张俊玲编著. —北京：北京理工大学出版社，2016. 7（2023. 7 重印）

ISBN 978-7-5682-1984-6

Ⅰ. ①S… Ⅱ. ①刘…②张… Ⅲ. ①关系数据库系统-教材 Ⅳ. ①TP311. 138

中国版本图书馆 CIP 数据核字（2016）第 047104 号

出版发行 / 北京理工大学出版社有限责任公司
社　　址 / 北京市海淀区中关村南大街 5 号
邮　　编 / 100081
电　　话 / (010)68914775(总编室)
(010)82562903(教材售后服务热线)
(010)68944723(其他图书服务热线)
网　　址 / http://www. bitpress. com. cn
经　　销 / 全国各地新华书店
印　　刷 / 廊坊市印艺阁数字科技有限公司
开　　本 / 787 毫米 × 1092 毫米　1/16
印　　张 / 17. 5
字　　数 / 431 千字
版　　次 / 2016 年 7 月第 1 版　2023 年 7 月第 4 次印刷
定　　价 / 45. 00 元

责任编辑 / 周艳红
责任校对 / 周瑞红
责任印制 / 李志强

前　　言

SQL Server 2005 是 Microsoft 公司推出的 SQL Server 数据库管理系统的较新版本。该版本继承了 SQL Server 2000 版本的优点，同时又比它增加了许多更先进的功能，具有使用方便、可伸缩性好、与相关软件集成程度高等优点。SQL Server 2005 作为一个杰出的数据库平台可用于大型联机事务处理、数据仓库以及电子商务等。SQL Server 2005 在原有版本的基础上作了许多改进并增加了许多新的功能，对企业数据库管理功能有所增强。

本书是作者根据近几年对数据库系统的教学、研究与开发，以及对数据库系统的实际应用，并结合 SQL Server 2005 系统软件编写而成。本书内容安排为：第 1 章介绍关系数据库系统基础，包括数据库的基本概念、数据库系统模型和结构、关系运算、关系数据库的范式理论，以及 SQL Server 2005 概述、配置及安装等；第 2 章介绍 SQL Server 数据管理基础，包括 SQL 简介、SQL Server 数据基础、SQL Server 常用函数等；第 3 章介绍数据库和表，包括创建和管理数据库、创建和管理表、数据完整性等；第 4 章介绍数据查询，包括数据查询、简单查询、统计、创建查询结果表、联合查询、连接、子查询等内容；第 5 章介绍视图，包括视图概述、修改和使用视图等内容；第 6 章介绍 Transact-SQL 程序设计，包括 Transact-SQL 基础、流程控制语句、用户自定义函数、使用游标等内容；第 7 章介绍存储过程，包括存储过程类型、创建存储过程、存储过程的设计与执行、修改存储过程、执行存储过程、存储过程调用、存储过程中使用参数和删除存储过程等内容；第 8 章介绍触发器，包括触发器创建、修改和删除触发器和触发器应用举例等内容；第 9 章介绍 SQL Server 2005 管理，包括安全管理、数据的导入导出、数据库备份、数据库恢复；第 10 章介绍数据库应用系统设计，包括常用的数据库连接方法、数据库与应用程序接口等。

本书遵循循序渐进的原则，结构严谨，内容详实，涉及面广，实例丰富。书中给出了大量的示例和程序，对每一部分内容进行解释和说明。每一个程序都有分析说明。这里提供了各种语法知识，讲述了一些语法中各个参数的特点、用法，列出了各种语法的实例和执行结果。读者可以按照实例进行练习，巩固所学的知识。通过本书的学习，读者能尽快掌握 SQL Server 2005 的基础知识和应用方法。

本书第 1 ~ 3 章和第 7 章由刘丽编写，第 4 ~ 6 章由张俊玲编写，第 8 ~ 10 章由和青芳编写，全书由刘丽负责统稿。在本书的编写过程中陈京、郭秋月、李嘉悦、王晓达、范琛、陈雨烟等参加了部分程序的调试和校正工作，在此对他们表示感谢。

由于成书时间仓促，作者水平有限，书中错误和疏漏在所难免，恳请读者批评指正。

编者

目　　录

第 1 章　SQL Server 数据库基础知识

1.1　数据库基本概念

数据库管理技术是信息科学的重要组成部分。随着商品经济的发展，科学技术的进步和激烈的市场竞争，社会信息量倍增，决策难度也随之加大，使得计算机处理的数据量不断增加。于是数据库管理系统便应运而生，从而也促进了信息科学的发展。下面我们从数据库等基本概念开始介绍。

1.1.1　数据库相关知识

1. 数据、信息

（1）数据

数据（data）是对客观事物的特征所进行的一种抽象化、符号化的表示。通俗地讲，凡是能被计算机接收，并能被计算机处理的数字、字符、图形、声音、图像等统称为数据。数据所反映的事物属性是它的内容，而符号是它的形式。

（2）信息

信息（information）是客观事物属性的反映。它所反映的是某一客观系统中某一事物的某一方面属性或某一时刻的表现形式。通俗地讲，信息是经过加工处理并对人类客观行为产生影响的数据表现形式。也可以说，信息是有一定含义的、经过加工处理的、能够提供决策性依据的数据。

2. 数据处理

数据处理实际上就是利用计算机对各种类型的数据进行处理。它包括对数据的采集、整理、存储、分类、排序、检索、维护、加工、统计和传输等一系列操作过程。数据处理的目的是从大量的、原始的数据中获得人们所需要的资料并提取有用的数据成分，作为行为和决策的依据。

3. 数据库

数据库在英语中称为 database。拆开来看，data 是数据，base 可译为基地或仓库。所以在通俗的意义上，数据库不妨理解为存储数据的仓库。它是以一定的组织方式将相关的数据组织在一起并存储在外存储器上，所形成的能为多个用户共享的，与应用程序彼此独立的一组相互关联的数据集合。

4. 数据库管理系统

数据库管理系统（database management system，DBMS）是操纵和管理数据库的软件，是数据库系统的管理控制中心，一般有 4 大功能：数据定义功能、数据库操作功能、控制和管理功能、建立和维护功能。

5. 数据库系统

把以数据库应用为基础的计算机系统称为数据库系统。它是一个实际可行的，按照数据库方式存储、维护和管理数据的系统，通常由计算机硬件、数据库、数据库管理系统、相关软件、人员（数据库管理分析员、应用程序员、用户）等组成，如图 1-1 所示。

6. 数据库应用系统

数据库应用系统是一个复杂的系统，它由硬件、操作系统、数据库管理系统、编译系统、用户应用程序和数据库组成。

数据库、数据库管理系统和数据库系统是 3 个不同的概念。数据库管理系统在计算机中的地位如图 1-2 所示。

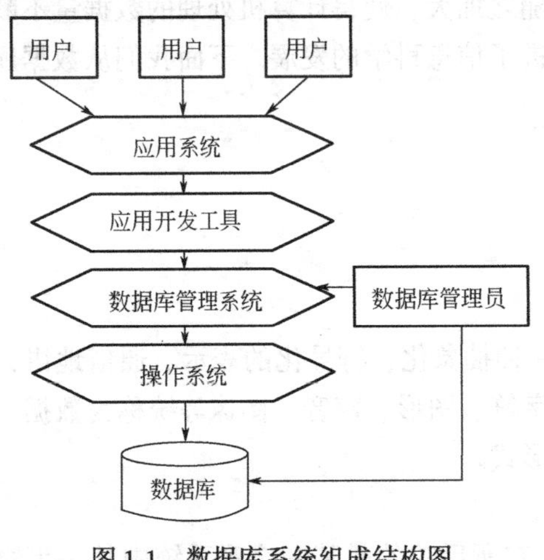

图 1-1 数据库系统组成结构图

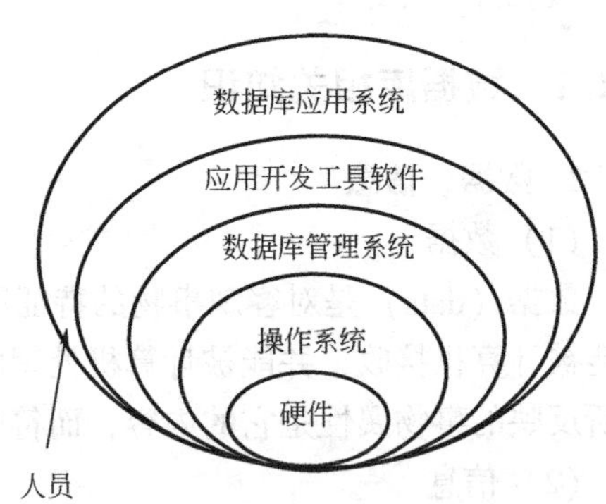

图 1-2 数据库管理系统在计算机中的地位

1.1.2 数据模型

数据模型是定义数据库模型的根据，其好坏直接影响数据库的性能。

现实世界中的客观事物是相互联系的。一方面，某一事物内部的诸因素和属性根据一定的组织原则相互具有联系，构成一个相对独立的系统；另一方面，某一事物同时也作为一个更大系统的一个因素或一种属性而存在，并与系统的其他因素或属性发生联系。客观事物的这种普遍联系性决定了作为事物属性记录符号的数据与数据之间也存在着一定的联系性。具有联系性的相关数据总是按照一定的组织关系排列，从而构成一定的结构，对这种结构的描述就是数据模型。

从理论上讲，数据模型是指反映客观事物及客观事物间联系的数据组织的结构和形式。客观事物是千变万化的，各种客观事物的数据模型也是千差万别的，但也有其共同性。常用的数据模型有层次模型、网状模型和关系模型 3 种。

1. 层次模型

层次模型（hierarchical model）表示数据间的从属关系结构，是一种以记录某一事物的类型为根结点的有向树结构。层次模型像一棵倒置的树，根结点在上，层次最高；子结点在下，逐层排列。这种用树形结构表示数据之间联系的模型也称为树结构。层次模型的特点是：仅有一个无双亲的根结点；根结点以外的子结点，向上仅有一个父结点，向下有若干子结点。

层次模型表示的是从根结点到子结点的一个结点对多个结点、或从子结点到父结点的多个结点对一个结点的数据间的联系，如图 1-3 所示。

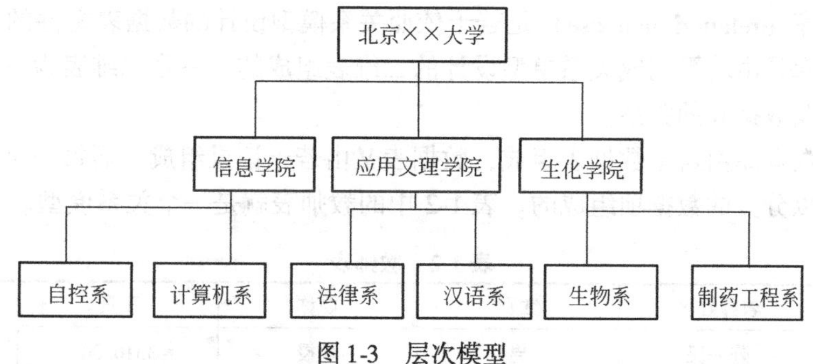

图 1-3　层次模型

2. 网状模型

网状模型（network model）是层次模型的扩展，表示多个从属关系的层次结构，呈现一种交叉关系的网络结构。网状模型是以记录为结点的网络结构，用网状数据结构表示实体与实体之间的联系。网状模型的特点是：可以有一个以上的结点无双亲，至少有一个结点有多于一个的双亲。因此，层次模型是网状模型的特殊形式，网状模型可以表示较复杂的数据结构，即可以表示数据间的纵向关系与横向关系。这种数据模型在概念上、结构上都比较复杂，操作上也有很多不便。网状模型如图 1-4 所示。

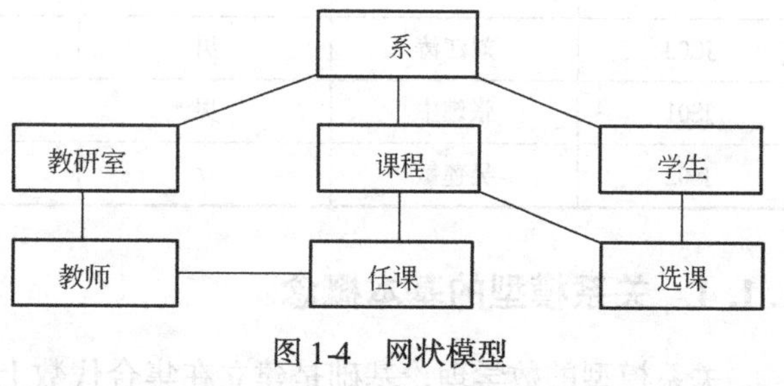

图 1-4　网状模型

3. 关系模型

关系模型（relational model）的所谓“关系”是有特定含义的。广义地说，任何数据模型都描述一定事物数据之间的关系。关系中每一数据项也称字段不可再分，是最基本的单位；每一竖列数据项是同属性的。列数根据需要而设，且各列的顺序是任意的；每一横行记录由一个事物的诸多属性项构成。记录的顺序可以是任意的；一个关系是一张二维表，不允许有相同的字段名，也不允许有相同的记录行。

关系数据库采用人们经常使用的表格作为基本的数据结构，通过公共的关键字段来实现不同二维表之间（或“关系”之间）的数据联系。可见，关系模型呈二维表形式，如表 1-1 所示，简单明了，使用与学习都很方便（表中的“学号”“姓名”……为字段名）。

表 1-1　学生表

学号	姓名	专业编号	性别	出生日期	入学成绩	团员否	照片	简历
080301001	张跃林	03	男	1989-8-23	589	T	—	—
080301020	张文斌	03	男	1989-5-20	593	T	—	—
080302045	陈江城	03	男	1989-8-4	598	T	—	—
084201002	夏利华	42	女	1989-5-4	497	F	—	—
074202123	李林萍	42	女	1989-3-5	516	T	—	—
⋮								

1.1.3 关系数据库

关系数据库（relation database）是若干依照关系模型设计的数据表文件的集合。也就是说，关系数据库是由若干完成关系模型设计的二维表组成的。一张二维表为一个数据表，数据表包含数据及数据间的关系。

一个关系数据库由若干数据表组成，数据表又由若干记录组成，而每一个记录是由若干以字段属性加以分类的数据项组成的。表 1-2 中的教师表就是一个关系模型。

表 1-2 教师表

教师编号	教师姓名	性别	职称	工资	政府津贴
JC01	陈一民	男	教授	3310.00	T
JC02	赵慧敏	女	副教授	2587.00	F
JC03	刘江涛	男	讲师	2000.00	F
JS01	张健中	男	副教授	3120.00	T
JS02	吴莲敏	女	讲师	1500.00	F

1.1.4 关系模型的基本概念

关系模型的数学理论基础是建立在集合代数上的，与层次模型、网状模型相比较，是目前广为应用的一种重要的数据模型。以下是关系模型的几个基本概念。

1. 关系

通常将一个没有重复行、重复列的二维表看成一个关系，每一个关系都有一个关系名。一个关系就是一张二维表，在计算机中可以作为一个文件存储起来。

2. 元组

二维表的每一行在关系中称为元组。在 SQL Server 数据库中，一个元组对应表中的一个记录。

3. 属性

二维表的每一列在关系中称为属性，每个属性都有一个属性名，属性值则是各个元组属性的取值。在 SQL Server 数据库中，一个属性对应表中的一个字段，属性名对应字段名，属性值对应于各个记录的字段值。

4. 域

属性的取值范围称为域。域作为属性值的集合，其类型与范围具体由属性的性质及其所表示的意义确定。如表 1-2 中“性别”属性的域是｛男，女｝。同一属性只能在相同域中取值。

5. 码

一个教师表如表 1-3 所示。实际应用中如果需要检索教师数据，可知按姓名、性别、年龄和所在院系，均无法唯一确定查找某位教师的信息，即不能够唯一地标识出需要查询的人。因此在以关系运算为基础的二维表中，必须有关键属性用以标识表中的每一条数据记录。

表 1-3　教师表

教师编号	姓　名	性　别	年　龄	所在院系
0807320001	张　静	女	48	信息学院
0802070001	许晓刚	男	28	生物工程学院
0802070016	张　静	女	37	生物工程学院
⋮				

这个关键属性就是码。下面介绍超码、候选码和主码 3 个概念。

（1）超码

超码是一个或多个属性的集合，这些属性的组合可以使我们在一个实体集中唯一地标识一个实体。如 K 是超码，则 K 的任一超集也是超码。如表 1-2 实体集教师表中的教师编号属性足以把不同的教师区分开，因此教师编号是实体集教师表的一个超码，同样，教师编号和姓名、教师编号和性别、教师编号和年龄都是实体集教师表的超码。但姓名、性别或年龄不是超码，因为它们有可能同名、同性别或同年龄，不能作为区分的条件。

（2）候选码

候选码即最小超码。如果姓名和性别组合可以唯一标识实体集教师表，那么教师编号、姓名和性别组合都是候选码。常用的候选码方法是以姓名、生日及家庭住址的组合作为候选码。

（3）主码

若一个关系有多个候选码，则选定其中一个为主码。主码中包含的属性称为主属性。

6. 关系模式

对关系的描述称为关系模式，其格式为：

关系名（属性名 1，属性名 2，……，属性名 n）

关系既可以用二维表格描述，也可以用数学形式的关系模式来描述。一个关系模式对应一个关系的数据结构，也就是表的数据结构。

（1）关系模型的特点

- 关系必须规范化：规范化指关系模型中的每一个关系模式都必须满足一定的要求。
- 数据结构单一：无论是实体还是实体间的联系都用关系表示。
- 集合操作：操作对象和结果都是元组的集合，即关系。

（2）关系模型的优点

- 有坚实的理论基础，关系模型是建立在严格的数学概念的基础上的。
- 无论实体还是实体之间的联系都用关系来表示。数据的检索结果也是关系（即表），因此概念单一，其数据结构简单、清晰。
- 关系模型的存取路径对用户透明，从而具有更高的数据独立性，更好的安全保密性，也简化了程序员的工作和数据库开发建立的工作。

（3）关系模型的缺点

由于存取路径对用户透明，查询效率往往不如非关系数据模型。因此，为了提高性能，必须对用户的查询请求进行优化，这就增加了开发数据库管理系统的负担。

（4）关系模型的组成

关系模型由数据结构、关系操作以及关系的完整性 3 部分组成。

1.2 关系运算

一个 n 目关系是多个元组的集合，n 是关系模式中属性的个数，称为关系的目数。可把关系看成一个集合。集合的运算，如并、交、差、笛卡儿积等运算，均可以用到关系的运算中。

关系代数的其他运算，如对关系进行水平分解选择运算、对关系进行垂直分解的投影运算、用于关系结合的连接运算等，是为关系数据库环境专门设计的，称为关系的专门运算。关系代数是一种过程化的抽象的查询语言。它包括一个运算集合，这些运算以一个或两个关系为输入，产生一个新的关系作为结果。

（1）关系代数运算的分类

关系代数的运算可以分为两类：一类是传统的集合运算；另一类是专门的关系运算。

- 传统的集合运算：如并、交、差、广义笛卡儿积。这类运算将关系看成元组的集合，运算时从行的角度进行。
- 专门的关系运算：如选择、投影、连接、除。这些运算不仅涉及行而且也涉及列。

（2）关系代数的运算符

关系代数用到的运算符：

- 集合运算符：∪（并）、∩（交）、-（差）、×（广义笛卡儿积）。
- 专门的关系运算符：σ(选择)、Π（投影）、⋈（连接）、÷（除）。
- 算术运算符：θ = {>，≥，<，≤，=，≠}。
- 逻辑运算符：逻辑“与”（and）运算符∧、逻辑“或”（or）运算符∨和逻辑“非”（not）运算符¬。

1.2.1 传统的集合运算

传统的集合运算都是二目运算。设关系 R 和关系 S 具有相同的目 n = 3，即有相同的属性个数 3，且相应的属性取自同一个域。进行并、差、交等集合运算的两个关系必须是具有相同的关系模式，即结构相同，如表 1-4 和表 1-5 所示。4 种传统的集合运算如图 1-5 所示。

表 1-4 R 关系

学　号	姓　名	性　别
080301001	张跃林	男
080301020	张文斌	男
084201002	夏利华	女

表 1-5 S 关系

学　号	姓　名	性　别
084205255	李雅迪	女
080401081	孟江浩	男
084201002	夏利华	女

1. 并（union）运算

设关系 R 和关系 S 具有相同的目 n（即两个关系都有 n 个属性），且相应的属性取自同

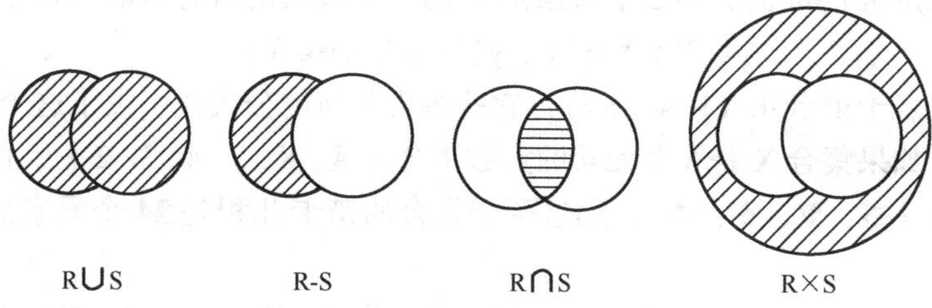

图 1-5　传统的集合运算

一个域，则关系 R 与关系 S 的并由属于 R 或属于 S 的元组组成，其结果关系仍为 n 目关系。记作：

$$R \cup S = \{t | t \in R \lor t \in S\}$$

式中，t 代表元组。

【例 1-1】 利用表 1-4 和表 1-5 中的数据做并运算。

运算结果如表 1-6 所示。

2. 差（difference）运算

设关系 R 和关系 S 具有相同的目 n，且相应的属性取自同一个域，则关系 R 与关系 S 的差由属于 R 而不属于 S 的所有元组组成。其结果关系仍为 n 目关系。记作：

$$R - S = \{t | t \in R \land t \notin S\}$$

【例 1-2】 利用表 1-4 和表 1-5 中的数据做差运算。

运算结果如表 1-7 所示。

3. 交（intersection）运算

设关系 R 和关系 S 具有相同的目 n，且相应的属性取自同一个域，则关系 R 与关系 S 的交由既属于 R 又属于 S 的元组组成。其结果关系仍为 n 目关系。记作：

$$R \cap S = \{t | t \in R \land t \in S\}$$

【例 1-3】 利用表 1-4 和表 1-5 中的数据做交运算。

运算结果如图 1-8 所示。

表 1-6　R∪S

学　号	姓　名	性　别
080301001	张跃林	男
080301020	张文斌	男
084201002	夏利华	女
084205255	李雅迪	女
080401081	孟江浩	男

表 1-7　R－S

学　号	姓　名	性　别
080301001	张跃林	男
080301020	张文斌	男

表 1-8　R∩S

学　号	姓　名	性　别
084201002	夏利华	女

4. 广义笛卡儿乘积（extended Cartesian product）

（1）什么是笛卡儿积

在数学中，两个集合 X 和 Y 的笛卡儿积（Cartesian product），又称直积，表示为 X×Y，是其第一个对象是 X 的成员而第二个对象是 Y 的一个成员的所有可能的有序对：

$$X \times Y = \{(x,y) \mid x \in X \wedge y \in Y\}$$

笛卡儿积得名于笛卡儿（Descartes），它的解析几何的公式化引发了这个概念。

具体的说，如果集合 X 是6 个元素的点数集合 {A, K, 5, 4, 3, 2}，而集合 Y 是4 个元素的花色集合 {♠, ♥, ♦, ♣}，则这两个集合的笛卡儿积是 24 个元素的标准扑克牌的集合：

{(A,♠), (K, ♠),…, (2, ♠), (A, ♥), (K, ♥),…, (2, ♥),(A, ♦),
(K, ♦), …, (2, ♦), (A, ♣), (K, ♣), …, (2, ♣)}。

(2) 广义笛卡儿乘积运算

数学家将关系定义为一系列域上的笛卡儿积的子集。这一定义与我们对表的定义几乎是完全相符的，我们把关系看成一个集合，这样就可以将一些直观的表格以及对表格的汇总和查询工作转换成数学的集合以及集合的运算问题。

关系 R 为 n 目，关系 S 为 m 目，则关系 R 和关系 S 的广义笛卡儿积为（n + m）目元组的集合，记为：

$$R \times S = \{\widehat{trts}\text{或 } trtr \mid \ tr \in R \wedge ts \in S\}$$

元组的前 n 个分量是关系 R 的一个元组，后 m 个分量是关系 S 的一个元组。

【例 1-4】 利用表 1-4 和表 1-5 中的数据做广义笛卡儿积。

运算结果如表 1-9 所示。

表 1-9　R × S

学号	姓名	性别	学号	姓名	性别
080301001	张跃林	男	084205255	李雅迪	女
080301001	张跃林	男	080401081	孟江浩	男
080301001	张跃林	男	084201002	夏利华	女
080301020	张文斌	男	084205255	李雅迪	女
080301020	张文斌	男	080401081	孟江浩	男
080301020	张文斌	男	084201002	夏利华	女
084201002	夏利华	女	084205255	李雅迪	女
084201002	夏利华	女	080401081	孟江浩	男
084201002	夏利华	女	084201002	夏利华	女

1.2.2 专门的关系运算

在关系数据库中查询用户所需数据时，需要对关系进行一定的关系运算。关系运算主要有选择、投影和连接 3 种。

1. 选择

选择运算是根据某些条件对关系做水平分割，即从关系中找出满足条件的记录。它可以根据用户的要求从关系中筛选出满足一定条件的记录，这种运算可以得到一个新的关系，其中的元组是原关系的一个子集，但不影响原关系的结构。条件可用命题公式（即计算机语言中的条件表达式）F 表示。关系 R 关于公式 F 的选择运算用 $\sigma_{F(R)}$ 表示，形式定义如下：

$$\sigma_{F(R)} = \{ t \mid t \in R \wedge F(t) = \text{true} \}$$

其中，σ 为选择运算符，σF（R）表示从 R 中挑选满足公式 F 为真的元组所构成的关系。这是从行的角度进行的运算。

例如，$\sigma_{2>'3'}$（R）表示从 R 中挑选第 2 个分量值大于 3 的元组所构成的关系。

2. 投影

投影运算是从关系内选择出若干属性列组成新的关系。它可以根据用户的要求从关系中选出若干字段组成新的关系，字段的个数或顺序往往不同。关系 R 的投影运算用 $\pi_{A(R)}$ 表示，形式定义如下：

$$\pi_{A(R)} = \{ t[A] \mid t \in R \}$$

其中，A 为 R 的属性列。投影操作是从列的角度进行的运算。

投影之后不仅取消了原关系中的某些列，而且取消了完全相同的元组。

例如，$\pi_{3,1}$（R）表示关系 R 中取第 1、3 列组成新的关系，新关系中第 1 列为 R 的第 3 列，新关系的第 2 列为 R 的第 1 列。

有了上述两个运算后，我们对一个关系内的任意行、列的数据都可以方便地找到。

3. 连接

在数学上，可以用笛卡儿积建立两个关系间的连接，但这样得到的关系数据冗余度大，在实际应用中一般两个相互关联的关系往往需要满足一定的条件，使所得的结果一目了然。这就是我们要讲的连接运算。

连接也称为 θ 连接。它是从两个关系的笛卡儿积中选取属性间满足一定条件的元组组成新的关系。关系 R 和 S 的连接运算形式定义如下：

$$R \underset{A\theta B}{\bowtie} S = \{ t \mid t = \langle tr, ts \rangle \wedge tr \in R \wedge ts \in S \wedge tr[A]\ \theta\ ts[B] \}$$

其中，A 和 B 分别为关系 R 和 S 上度数相同且可比的属性组。

连接运算中有两种最为常用的连接，它们是等值连接和自然连接。

（1）等值连接

等值连接（equi-jion）即将连接中的 θ 换成“ =”，功能是从关系 R 和 S 的笛卡儿积中选取 A、B 属性值相等的那些元组。它的形式定义为：

$$R \underset{A=B}{\bowtie} = \{ t \mid t = \langle tr, ts \rangle \wedge tr \in R \wedge ts \in S \wedge tr[A] = ts[B] \}$$

（2）自然连接

自然连接（natural-jion）是一种特殊的等值连接，它要求两个关系中进行比较的分量必须是相同的属性组，并且要在结果中将重复的属性去掉。它的形式定义为：

$$R \bowtie S = \{ t \mid t = \langle tr, ts \rangle \wedge tr \in R \wedge ts \in S \wedge tr[B] = ts[B] \}$$

【例 1-5】 利用表 1-4 和表 1-10 中的数据，将两表按学号进行等值连接。

等值连接的结果如表 1-11 所示。

表 1-10　成绩表

学 号	课程号	成绩
080301001	001	89
080301020	001	87
080301020	002	90

表 1-11　等值连接

学 号	姓 名	性别	学号	课程号	成绩
080301001	张跃林	男	080301001	001	89
080301020	张文斌	男	080301020	001	87
080301020	张文斌	男	080301020	002	90

【例 1-6】　利用表 1-4 和表 1-10 中的数据，将两表进行自然连接。

自然连接的结果如表 1-12 所示。

表 1-12　自然连接

学 号	姓 名	性别	课程号	成绩
080301001	张跃林	男	001	89
080301020	张文斌	男	001	87
080301020	张文斌	男	002	90

1.2.3　关系的完整性

关系模型的完整性规则是用来约束关系的，以保证数据库中数据的正确性和一致性。关系模型的完整性共有 3 类：实体完整性、参照完整性和用户定义的完整性。实体完整性和参照完整性是关系模型必须满足的完整性约束条件，将由关系数据库管理系统自动支持。

1. 实体完整性

一个关系通常对应现实世界的一个实体集。例如，学生关系对应于学生的集合。现实世界中的实体是可区分的，即它们具有某种唯一性标识。相应地，关系模型中以主码作为唯一性标识。主码中的属性即主属性不能取空值。所谓空值就是“不知道”或“无意义”的值。如果主属性取空值，就说明存在某个不可标识的实体，即存在不可区分的实体，这与现实世界的应用环境相矛盾，因此这个实体一定不是一个完整的实体。

实体完整性的规则：若属性 A 是关系 R 的主属性，则属性 A 不能取空值。

2. 参照完整性

现实世界中的实体之间往往存在一定的联系，在关系模型中实体与实体的联系是用关系来描述的。参照完整性即是有关关系之间能否正确进行联系的规则。两个表能否正确进行联系，外码是关键。我们先看一个例子。

【例 1-7】　两个实体学生和院系由以下两个关系表示，主码用下画线标明。

学生（<u>学号</u>、姓名、院系号）

院系（<u>院系号</u>、院系名）

“院系号”是学生表的一个属性，但不是学生表的主码，“院系号”与院系表的主码相对应，则“院系号”是学生表的外码。学生表中某个属性的取值要参照院系表属性的取值。我们可以清楚地看到外码“院系号”是联系学生表和院系表的桥梁，两个关系进行联系就是通过外码实现的。

参照完整性规则：若属性（或属性组）F 是基本关系 R 的外码，它与关系 S 的主码 Ks 相对应（关系 R 和 S 不一定是不同的关系），则对于 R 中每一个元组在 F 上的值必须为：

- 或者取空值（F 的每个属性值均为空值）。

- 或者等于 S 某个元组的主码值。

在例 1-7 中关系“学生 R（学号、姓名、院系号 F）”和关系“院系 S（院系号 Ks、院系名）”中，学生关系的“院系号 F”可以为空值，表示尚未给该学生分配院系；或者非空值，但必须是院系关系中某个元组的“院系号 Ks”属性的值，表示不能把学生分到一个根本不存在的院系，即被参照关系“院系”中一定存在一个元组，它的主码值等于参照关系“学生”中的外码值。

3. 用户定义的完整性

用户定义的完整性则是针对某一具体数据库的约束条件，由应用环境决定，它反映了某一具体应用所涉及的数据必须满足的语义要求。例如，用户会定义成绩的取值为 0 ~ 100。关系模型应提供定义和检验这类完整性机制，以便用统一的方法处理它们而不要由应用程序承担这一功能。

在实际系统中，这类完整性规则一般在建立库表的同时进行定义，应用编程人员不需再做考虑。如果某些约束条件没有建立在库表一级，则应用编程人员应在各模块的具体编程中通过程序进行检验和控制。

1.2.4　现实世界的数据描述

现实世界是存在于人脑之外的客观世界，是数据库系统操作处理的对象。如何用数据来描述、解释现实世界，运用数据库技术表示、处理客观事物及相互关系，则需要采取相应的方法和手段进行描述，进而实现最终的操作处理。

1. 信息处理的 3 个层次

计算机信息处理的对象是现实生活中的客观事物，在对其实施处理的过程中，首先应该经历了解、熟悉的过程，从观测中抽象出大量描述客观事物的信息，再对这些信息进行整理、分类和规范，进而将规范化的信息数据化，最终实现由数据库系统存储、处理。在此过程中，涉及 3 个层次，经历了两次抽象和转换，如图 1-6 所示。

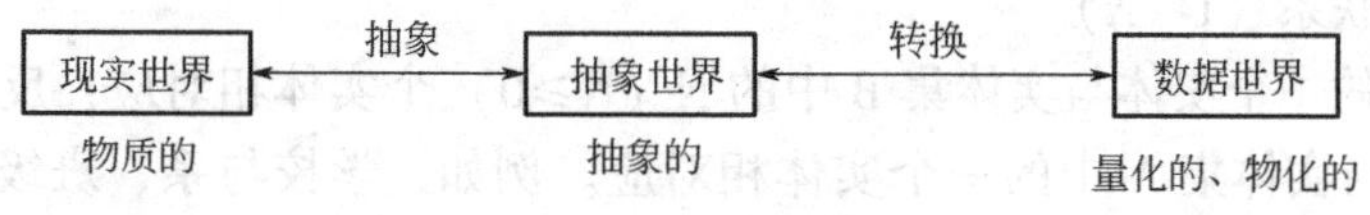

图 1-6　信息处理的过程

2. 现实世界、信息世界和数据世界

现实世界就是存在于人脑之外的客观世界，客观事物及其相互关系就处于现实世界中。客观事物可以用对象和性质来描述。

信息世界是现实世界在人们头脑中的反映，又称观念世界。客观事物在信息世界中称为实体，反映事物间关系的是实体模型或概念模型。

数据世界是信息世界中的信息数据化后对应的产物。现实世界中的客观事物及其联系，在数据世界中以数据模型描述。

客观事物是信息之源，是设计、建立数据库的出发点，也是使用数据库的最后归宿。概念模型和数据模型是对客观事物及其相互关系的两种抽象描述，实现了信息处理 3 个层次间的对应转换，而数据模型是数据库系统的核心和基础。

1.2.5　实体模型

将人们头脑中反映出来的信息世界用文字和符号记载下来，有以下术语：

1. 实体

客观存在并且可以相互区别的“事物”称为实体。实体可以是具体的，如一个学生、一本书、一名教师，也可以是抽象的，如一堂课、一次足球比赛。

2. 属性

描述实体的“特征”称为该实体的属性。例如，学生有学号、姓名、性别、出生年月、入校总分等方面的属性。属性有“型”和“值”之分，型即为属性名；值即为属性的具体内容。例如，（M0201105、吴红梅、女、05/12/1984、595）。

3. 实体型

具有相同属性的实体必然具有共同的特征，所以若干个属性的型所组成的集合可以表示一个实体的类型，简称实体型。一般用实体名和属性名集合来表示。例如，学生（学号，姓名，性别，出生年月，入校总分）就是一个实体型。

4. 实体集

性质相同的同类实体的集合称为实体集，如所有学生、所有课程。

5. 实体间的联系

实体之间的对应关系称为联系，它反映现实世界事物之间的相互关联。例如，学生和课程是两个不同的实体，当学生选课时，两者之间则发生了关联，建立了联系——学生选择课程，课程被学生选学。

（1）一对一联系（1：1）

实体集 A 中的一个实体至多与实体集 B 中的一个实体相对应；反之，实体集 B 中的一个实体至多对应于实体集 A 中的一个实体，则称实体集 A 与实体集 B 为一对一联系。例如，电影院中观众与座位之间、乘车旅客与车票之间、病人与病床之间等联系。

（2）一对多联系（1：N）

实体集 A 中的一个实体与实体集 B 中的 N（N≥0）个实体相对应；反之，实体集 B 中的一个实体至多与实体集 A 中的一个实体相对应。例如，学校与系、班级与学生、省与市等联系。

（3）多对多联系（M：N）

实体集 A 中的一个实体与实体集 B 中的 N（N≥0）个实体相对应；反之，实体集 B 中的一个实体与实体集 A 中的 M（M≥0）个实体相对应。例如，教师与学生、学生与课程、工厂与产品、商店与顾客等联系。

实体之间的联系又被称为联系的功能度。实体之间的联系也可以用图形的方式表示，如图 1-7 所示。

以上介绍的是两个不同的实体型之间的关系，这两个实体型分属于不同的实体集。实际上，同一实体集内的各实体之间也具有 3 种联系，分别是一对一的联系（1：1）、一对多的联系（1：M）和多对多的联系（M：N），如图 1-8 所示。

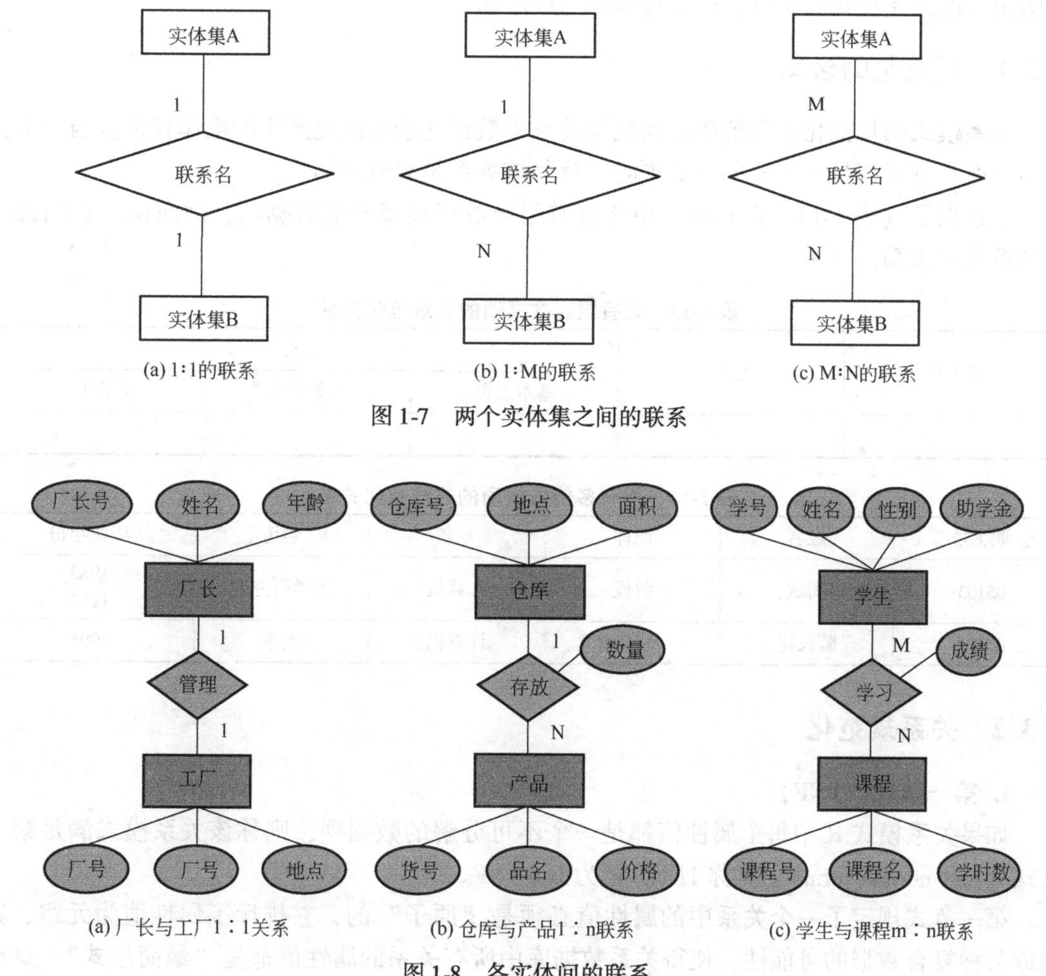

图 1-7　两个实体集之间的联系

图 1-8　各实体间的联系

1.3　关系规范化基础

关系数据库中的关系必须满足一定的规范化要求，对于不同的规范化程度可用范式来衡量。范式是符合某一种级别的关系模式的集合，是衡量关系模式规范化程度的标准，达到的关系才是规范化的。目前主要有 6 种范式：第一范式、第二范式、第三范式、BCNF 范式、第四范式和第五范式。满足最低要求的叫第一范式，简称为 1NF。在第一范式基础上进一步满足一些要求的为第二范式，简称为 2NF。其余以此类推。显然，各种范式之间存在联系：

$$1NF \supset 2NF \supset 3NF \supset BCNF \supset 4NF \supset 5NF$$

通常，把某一关系模式 R 称为第 n 范式简记为 $R \in nNF$。

范式的概念最早是由 E. F. Codd 提出的。在 1971 到 1972 年期间，他先后提出了 1NF、2NF、3NF 的概念，1974 年他又和 Boyee 共同提出了 BCNF 的概念，1976 年 Fagin 提出了 4NF 的概念，后来又有人提出了 5NF 的概念。在这些范式中，最重要的是 3NF 和 BCNF，它们是进行规范化的主要目标。一个低一级范式的关系模式，通过模式分解可以转换为若干高一级范式的关系模式的集合，这个过程称为规范化。

1.3.1 规范化的含义

关系模式的规范化主要解决的问题是关系中数据冗余及由此产生的操作异常。当一个关系中的所有分量都是不可分的数据项时，就称该关系是规范化的。

下述例子（表1-13、表1-14）由于具有组合数据项或多值数据项，因而说，它们都不是规范化的关系。

表1-13 具有组合数据项的非规范化关系

职工号	姓名	工资		
		基本工资	职务工资	工龄工资

表1-14 具有多值数据项的非规范化关系

职工号	姓名	职称	系名	学历	毕业年份
05103	周斌	教授	计算机	大学研究生	1983 1992
05306	陈长树	讲师	计算机	大学	1995

1.3.2 关系规范化

1. 第一范式（1NF）

如果关系模式R中每个属性值都是一个不可分解的数据项，则称该关系模式满足第一范式（first normal form），简称1NF，记为R∈1NF。

第一范式规定了一个关系中的属性值必须是“原子”的，它排斥了属性值为元组、数组或某种复合数据的可能性，使得关系数据库中所有关系的属性值都是“最简形式”，这样要求的意义在于可能做到起始结构简单，为以后复杂情形讨论带来方便。一般而言，每一个关系模式都必须满足第一范式，1NF是对关系模式的起码要求。

非规范化关系转化为1NF的方法很简单，当然也不是唯一的，对表1-13、表1-14分别进行横向和纵向展开，即可转化为如表1-15、表1-16所示的符合1NF的关系。

表1-15 具有组合数据项的规范化关系

职工号	姓名	基本工资	职务工资	工龄工资

表1-16 具有多值数据项的规范化关系

职工号	姓名	职称	系名	学历	毕业年份
01103	周向前	教授	计算机	大学	1971
01103	周向前	教授	计算机	研究生	1971
03307	陈长根	讲师	计算机	大学	1993

但是满足第一范式的关系模式并不一定是一个好的关系模式，例如关系模式

SLC(SNO,DEPT,SLOC,CNO,GRADE)

其中，关系 SLC 中，SNO 为学号；DEPT 为系名；SLOC 为学生住处；CNO 为课号；GRADE 为成绩。假设每个学生住在同一地方，SLC 的码为（SNO，CNO），函数依赖包括：

$$(SNO, CNO) \xrightarrow{F} GRADE$$

$$SNO \rightarrow DEPT$$

$$(SNO, CNO) \xrightarrow{P} DEPT$$

$$SNO \rightarrow SLOC$$

$$(SNO, CNO) \xrightarrow{P} SLOC$$

DEPT→SLOC（因为每个系只住一个地方）

显然，SLC 满足第一范式。这里（SNO，CNO）两个属性一起函数决定 GRADE。（SNO，CNO）也函数决定 DEPT 和 SLOC。但实际上仅 SNO 就函数决定 DEPT 和 SLOC。因此非主属性 DEPT 和 SLOC 部分函数依赖于码（SNO，CNO）。

SLC 关系存在以下 3 个问题：

（1）插入异常

假若要插入一个 SNO ='95102 '，DEPT ='IS'，SLOC ='N'，但还未选课的学生，即这个学生无 CNO，这样的元组不能插入 SLC 中，因为插入时必须给定码值，而此时码值的一部分为空，因而该学生的信息无法插入。

（2）删除异常

假定某个学生只选修了一门课，如“99022”号学生只选修了 3 号课程，现在连 3 号课程他也选修不了，那么 3 号课程这个数据项就要删除。课程 3 是主属性，删除了课程号 3，整个元组就不能存在了，也必须跟着删除，从而删除了“99022”号学生的其他信息，产生了删除异常，即不应删除的信息也被删除了。

（3）数据冗余度大

如果一个学生选修了 10 门课程，那么他的 DEPT 和 SLOC 值就要重复存储 10 次，并且当某个学生从数学系转到信息系，这本只是一件事，只需要修改此学生元组中的 DEPT 值。但因为关系模式 SLC 还含有系的住处 SLOC 属性，学生转系将同时改变住处，因而还必须修改元组中 SLOC 的值。另外，如果这个学生选修了 10 门课，由于 DEPT、SLOC 重复存储了 10 次，当数据更新时必须无遗漏地修改 10 个元组中的全部 DEPT、SLOC 信息，这就造成了修改的复杂化，存在破坏数据一致性的隐患。

因此，SLC 不是一个好的关系模式。

2. 第二范式（2NF）

如果一个关系模式 $R \in 1NF$，且它的所有非主属性都完全函数依赖于 R 的任一候选码，则 $R \in 2NF$。

关系模式 SLC 出现上述问题的原因是 DEPT、SLOC 对码的部分函数依赖。为了消除这些部分函数依赖，可以采用投影分解法，把 SLC 分解为两个关系模式：

```
SC(SNO,CNO,GRADE)
SL(SNO,DEPT,SLOC)
```

其中，SC 的码为（SNO，CNO）；SL 的码为 SNO。

显然，在分解后的关系模式中，非主属性都完全函数依赖于码了，从而使上述 3 个问题在一定程度上得到部分的解决。

① 在 SL 关系中可以插入尚未选课的学生。

② 删除学生选课情况涉及的是 SC 关系，如果一个学生所有的选课记录全部删除了，只是 SC 关系中没有关于该学生的记录了，不会牵涉到 SL 关系中关于该学生的记录。

③ 由于学生选修课程的情况与学生的基本情况是分开存储在两个关系中的，因此不论该学生选多少门课程，他的 DEPT 和 SLOC 值都只存储了 1 次。这就大大降低了数据冗余程度。

④ 由于学生从数学系转到信息系，只需修改 SL 关系中该学生元组的 DEPT 值和 SLOC 值，由于 DEPT、DLOC 并未重复存储，因此简化了修改操作。

2NF 就是不允许关系模式的属性之间有这样的依赖 X→Y，其中 X 是码的真子集，Y 是非主属性。显然，码只包含一个属性的关系模式，如果属于 1NF，那么它一定属于 2NF，因为它不可能存在非主属性对码的部分函数依赖。

上例中的 SC 关系和 SL 关系都属于 2NF。可见，采用投影分解法将一个 1NF 的关系分解为多个 2NF 的关系，可以在一定程度上减轻原 1NF 关系中存在的插入异常、删除异常、数据冗余度大等问题。

但是将一个 1NF 关系分解为多个 2NF 的关系，并不能完全消除关系模式中的各种异常情况和数据冗余。也就是说，属于 2NF 的关系模式并不一定是一个好的关系模式。

例如，2NF 关系模式 SL（SNO，DEPT，SLOC）中有下列函数依赖。

```
SNO→DEPT
DEPT→SLOC
SNO→SLOC
```

由上可知，SLOC 传递函数依赖于 SNO，即 SL 中存在非主属性对码的传递函数依赖，SL 关系中仍然存在插入异常、删除异常和数据冗余度大的问题。

① 删除异常。如果某个系的学生全部毕业了，在删除该系学生信息的同时，把这个系的信息也丢掉了。

② 数据冗余度大。每一个系的学生都住在同一个地方，关于系的住处的信息会重复出现，重复次数与该系学生人数相同。

③ 修改复杂。当学校调整学生住处时，比如信息系的学生全部迁到另一地方住宿，由于关于每个系的住处信息是重复存储的，修改时必须同时更新该系所有学生的 SLOC 属性值。

所以，SL 仍然存在操作异常问题，仍然不是一个好的关系模式。

3. 第三范式（3NF）

如果一个关系模式 R∈2NF，且所有非主属性都不传递函数依赖于任何候选码，则 R∈3NF。

关系模式 SL 出现上述问题的原因是 SLOC 传递函数依赖于 SNO。为了消除该传递函数依赖，可以采用投影分解法，把 SL 分解为两个关系模式：

```
SD(SNO,DEPT)
DL(DEPT,SLOC)
```

其中，SD 的码为 SNO；DL 的码为 DEPT。

显然，在关系模式中既没有非主属性对码的部分函数依赖也没有非主属性对码的传递函数依赖，基本上解决了上述问题。

① DL 关系中可以插入无在校学生的院系信息。

② 某个系的学生全部毕业了，只是删除 SD 关系中的相应元组，DL 关系中关于该系的信息仍然存在。

③ 关于系的住处的信息只在 DL 关系中存储一次。

④ 当学校调整某个系的学生住处时，只需修改 DL 关系中一个相应元组的 SLOC 属性值。

3NF 就是不允许关系模式的属性之间有这样的非平凡函数依赖 X→Y，其中 X 不包含码，Y 是非主属性。X 不包含码有两种情况，一种情况为 X 是码的真子集，这也是 2NF 不允许的；另一种情况为 X 含有非主属性，这是 3NF 进一步限制的。

上例中的 SD 关系和 DL 关系都属于 3NF。可见，采用投影分解法将一个 2NF 的关系分解为多个 3NF 的关系，可以在一定程度上解决原 2NF 关系中存在的插入异常、删除异常、数据冗余度大、修改复杂等问题。

但是将一个 2NF 关系分解为多个 3NF 的关系后，并不能完全消除关系模式中的各种异常情况和数据冗余。也就是说，属于 3NF 的关系模式虽然可基本上消除大部分异常问题，但解决得并不彻底，仍然存在不足。

例如，对于模型 SC（SNO，SNAME，CNO，GRADE），如果姓名是唯一的，模型存在两个候选码（SNO，CNO）和（SNAME，CNO）。

模型 SC 只有一个非主属性 GRADE，对两个候选码（SNO，CNO）和（SNAME，CNO）都是完全函数依赖，并且不存在对两个候选码的传递函数依赖。因此 SC∈3NF。

但是当学生如果退选了课程，元组被删除也失去学生学号与姓名的对应关系，因此仍然存在删除异常的问题；并且由于学生选课很多，姓名也将重复存储，造成数据冗余。因此 3NF 虽然已经是比较好的模型，但仍然存在改进的余地。

4. BCNF 范式

关系模式 R∈1NF，对任何非平凡的函数依赖 X→Y（Y⊈X），X 均包含码，则 R∈BCNF。

BCNF 是从 1NF 直接定义而成的。可以证明，如果 R∈BCNF，则 R∈3NF。

由 BCNF 的定义可以看到，每个 BCNF 的关系模式都具有如下 3 个性质：

① 所有非主属性都完全函数依赖于每个候选码。

② 所有主属性都完全函数依赖于每个不包含它的候选码。

③ 没有任何属性完全函数依赖于非码的任何一组属性。

如果关系模式 R∈BCNF，由定义可知，R 中不存在任何属性传递函数依赖于或部分依赖于任何候选码，所以必定有 R∈3NF。但是，如果 R∈3NF，R 未必属于 BCNF。

如果一个关系数据库中的所有关系模式都属于 BCNF，那么在函数依赖范畴内，它已实现了模式的彻底分解，达到了最高的规范化程度，消除了插入异常和删除异常。

BCNF 是对 3NF 的改进，但是在具体实现时有时是有问题的，例如下面的模型 SJT

(U, F)中（注：U是属性集，F是依赖集）：

$$U = STJ, F = \{SJ \to T, ST \to J, T \to J\}$$

码是：ST和SJ，没有非主属性，所以 STJ∈3NF。

但是非平凡的函数依赖 T→J 中 T 不是码，因此 SJT 不属于 BCNF。

而当用分解的方法提高规范化程度时，将破坏原来模式的函数依赖关系，这对于系统设计来说是有问题的。这个问题涉及模式分解的一系列理论问题，在这里不再做进一步的探讨。

在信息系统的设计中，普遍采用的是“基于3NF的系统设计”方法，就是由于3NF是无条件可以达到的，并且基本解决了“异常”的问题，因此这种方法目前在信息系统的设计中仍然被广泛应用。

如果仅考虑函数依赖这一种数据依赖，属于BCNF的关系模式已经很完美了。但如果考虑其他数据依赖（如多值依赖），属于BCNF的关系模式仍存在问题，不能算是一个完美的关系模式。

1.4 SQL Server 2005 概述

1.4.1 SQL Server 2005 简介

SQL Server 是一个关系数据库管理系统，是 Microsoft 公司推出的新一代数据管理与分析软件。SQL Server 是一个全面的、集成的、端到端的数据解决方案，它为企业中的用户提供了一个安全、可靠和高效的平台用于企业数据管理和商业智能应用，所以它适合大型一些的网站所使用。

SQL Server 为公共的管理功能提供了预定义的服务器和数据库角色，可以很容易为某一特定用户授予一组选择好的许可权限。SQL Server 可以在不同的操作平台上运行，支持多种不同类型的网络协议，如 TCP/IP、IPX/SPX、Apple Talk 等。SQL Server 在服务器端的软件运行平台是 Windows NT、Windows 98，在客户端可以是 Windows 3.1、Windows NT、Windows 98，也可以采用其他厂商开发的系统，如 UNIX、Apple Macintosh 等。

SQL Server 2005 是 Microsoft 公司推出的 SQL Server 数据库管理系统的较新版本，该版本继承了 SQL Server 2000 版本的优点，同时又比它增加了许多更先进的功能，具有使用方便、可伸缩性好、与相关软件集成度高等优点。

SQL Server 2005 作为一个杰出的数据库平台可用于大型联机事务处理、数据仓库以及电子商务。SQL Server 2005 在原有版本的基础上作了许多改进并增加了许多新的功能，SQL Server 2005 对企业数据库管理功能有所增强。

1.4.2 SQL Server 2005 数据库结构及文件类型

1. SQL Server 2005 数据库结构简介

SQL Server 2005 数据库是长期存储在计算机内有组织的可共享的数据的集合，这些数据集合具有特定的逻辑结构并得到数据库系统的管理和维护。

从物理角度看，每个 SQL Server 2005 数据库至少具有两个操作系统文件：一个数据文件和一个日志文件。从逻辑角度看，数据文件包含数据和对象，如表、索引、存储过程和视图等。图 1-9 所示为 SQL Server 2005 数据库的结构。

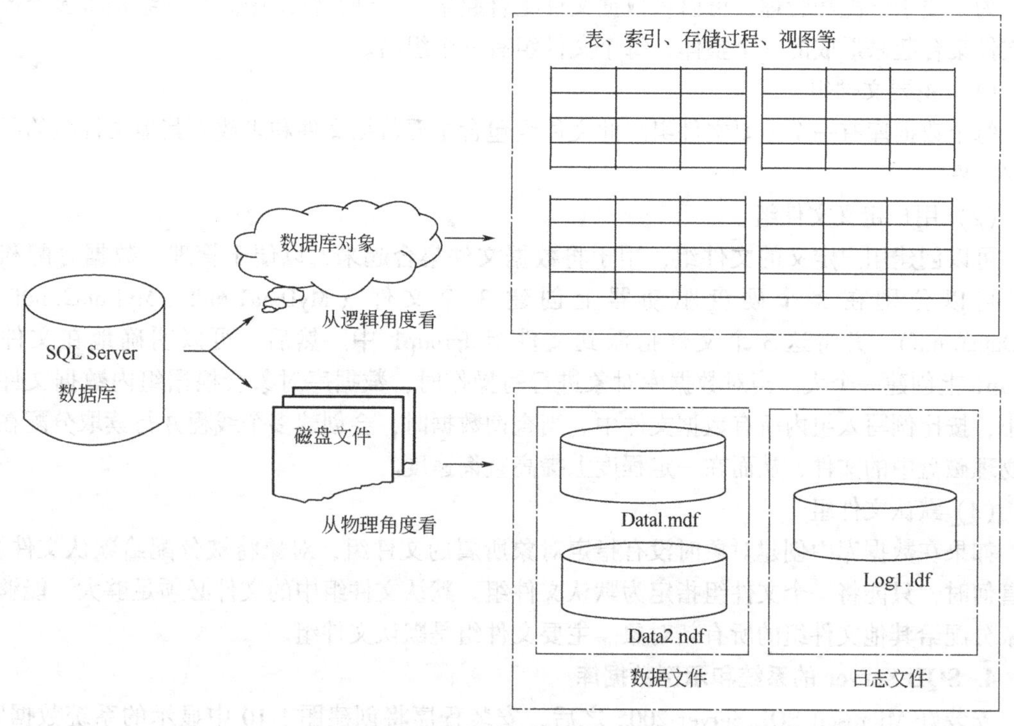

图 1-9　SQL Server 数据库的结构

2. SQL Server 数据库文件类型

在物理层面上，SQL Server 2005 数据库是由多个操作系统文件组成的，根据这些文件作用的不同，可以将它们分为 3 种类型：主要数据文件（primary file）、次要数据文件（secondary file）、事务日志文件（transaction log）。

（1）主要数据文件

主要数据文件包含数据库的启动信息。用户数据和对象可存储在此文件中，也可以存储在次要数据文件中。每个数据库有一个主要文件。

主要数据文件的扩展名是“. mdf”。

（2）次要数据文件

次要数据文件是可选的，由用户定义并存储用户数据。

使用次要文件可以扩展存储空间。通过将每个文件放在不同的磁盘驱动器上，次要文件可用于将数据分散到多个磁盘上。另外，如果数据库超过了单个 Windows 文件的最大大小，可以使用次要数据文件，这样数据库就能继续增长。

次要文件的扩展名为“. ndf”。

（3）事务日志文件

事务日志文件保存用于恢复数据库的日志信息。每个数据库必须至少有一个日志文件。凡是对数据库进行的增、删、改等操作，都会记录在事务日志文件中。当数据库被破坏时可以利用事务日志文件恢复数据库的数据。

事务日志文件的扩展名为“. ldf”。

3. SQL Server 数据库文件组

为了便于分配和管理，可以将数据文件集合起来，放到文件组中。文件组是将多个数据库文件集合起来形成的一个整体，每个文件组有一个组名。

（1）主要文件组

每个数据库有一个主要文件组。此文件组包含主要数据文件和未放入其他文件组的所有次要文件。

（2）用户定义文件组

可以创建用户定义的文件组，用于将数据文件集合起来，以便于管理、数据分配和放置。可以分别在 3 个硬盘驱动器上创建 3 个文件（MyData1. ndf、MyData2. ndf 和 MyData3. ndf），并将这 3 个文件指派到文件组 fgroup1 中。然后，可以明确地在文件组 fgroup1 上创建一个表。当对数据库对象进行写操作时，数据库对象会根据组内数据文件的大小，按比例写入组内所有数据文件中。当查询数据时，会创建多个线程并行读取分配在不同物理磁盘中的文件，从而在一定程度上提高查询速度。

（3）默认文件组

如果在数据库中创建对象时没有指定对象所属的文件组，对象将被分配给默认文件组。不管何时，只能将一个文件组指定为默认文件组。默认文件组中的文件必须足够大，能够容纳未分配给其他文件组的所有新对象。主要文件组是默认文件组。

4. SQL Server 的系统和示例数据库

安装好 Microsoft SQL Server 2005 之后，安装程序将创建图 1-10 中显示的系统数据库。安装 SQL Server2005 后不能像 SQL Server 2000 那样自动安装示例数据库，如果需要可以去网上下载示例数据库。

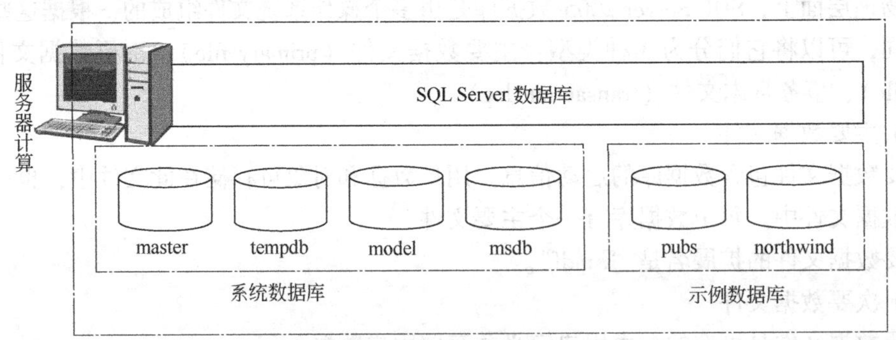

图 1-10　Microsoft SQL Server 2005 的系统和示例数据库

master、tempdb、model 和 msdb 是系统数据库。pubs 和 northwind 是示例数据库。

（1）master 数据库

master 数据库是 SQL Server 的主数据库，记录了 SQL Server 所有的系统级信息。例如，所有的登录账户和系统配置信息、用户数据库文件信息、SQL Server 初始化信息等。

（2）tempdb 数据库

tempdb 数据库为临时表、临时存储过程、临时存储要求（例如存储 SQL Server 生成的工作表）提供存储空间，是所有数据库共享使用的工作空间，允许所有可以连接上 SQL

Server 服务器的用户使用。tempdb 数据库在 SQL Server 每次启动时都重新创建。当它的空间不够时，系统会自动增加它的空间。

（3）model 数据库

model 数据库是创建所有数据库的模板文件。它包含了每个数据库所需要的系统表格。当发出 CREATE DATABASE 语句时，新数据库的第一部分通过复制 model 数据库中的内容创建，剩余部分由空页填充。

（4）msdb 数据库

msdb 数据库供 SQL Server 代理程序调度警报和作业以及记录操作时使用。

（5）pubs 数据库

pubs 数据库是一个基于图书出版公司模式而建立的数据库模型，其中包含了大量的样本表和样本数据。

（6）northwind 数据库

这个数据库是模仿一个 northwind（专门经营世界各地风味食品的进出口贸易的公司）数据库模型。

对 SQL Server 数据库有了基本了解后，用户可以使用对象资源管理器或者查询分析器，创建和管理用户数据库了。

1.4.3　SQL Server 2005 常见版本

SQL Server 2005 的不同版本能够满足企业和个人独特的性能、运行时以及价格要求。需要安装哪些 SQL Server 2005 组件也要根据企业或个人的需求而定。下列部分将帮助了解如何在 SQL Server 2005 的不同版本和可用组件中做出最佳选择。

1. 精简版

精简版（Express Edition）也称为学习版，该版本是易于使用的 SQL Server 2005 较轻量级版本。可以免费下载，免费重复安装使用，易于开发新手使用。

2. 标准版

标准版（Standard Edition）是为中小企业提供的数据管理和分析平台。它包括电子商务和数据仓库，以及解决方案所需的基本功能。标准版的集成智能和较高的可用性能为中小企业提供操作所需的基本功能。

3. 企业版

企业版（Enterprise Edition）支持超大型企业进行联机事务处理（OLTP）、高度复杂的数据分析、数据仓库系统和网站所需的性能水平。企业版的全面商业智能和分析能力及其高可用性（如故障转移群集）等性能，可以处理大多数关键业务的企业工作负荷。企业版是最全面的 SQL Server 版本，是超大型企业的理想选择，能够满足最复杂的要求。

4. 工作组版

工作组版（Workgroup Edition）是介于标准版和企业版之间的版本。它有较多的处理器承载能力，并支持两个处理器和高达 3GB 的 RAM。工作组版没有数据库大小的限制。工作组版可满足小型企业数据管理解决方案的需求。如果你的公司足够大，能购买得起一个数据库，但是它又不能支付标准版的价钱，那么工作组版就是很好的选择。从功能方面看，工作组版更接近标准版。

5. 开发版

开发版（Developer Edition）允许开发人员在 SQL Server 生成任何类型的应用程序。该应用程序包括 SQL Server 2005 Enterprise Edition 的所有功能，但只可用作开发和测试系统，而不用作生产服务器。开发版是独立软件供应商（ISV）、咨询人员、系统集成商、解决方案供应商以及生成和测试应用程序的企业开发人员的理想选择。可以根据需要升级到企业版以用作服务器。

6. 移动版

移动版（Mobile Edition）是简版数据库，将企业数据管理功能扩展到小型设备上。移动版能够复制 Microsoft SQL Server 2005 和 Microsoft SQL Server 2000 的数据，并且允许用户维护与主数据库同步的移动数据存储。移动版是唯一为智能设备提供关系数据库管理功能的 SQL Server 版本。

1.4.4 SQL Server 2005 的主要组件

虽然 SQL Server 2005 是一个数据库管理系统，但是它更包含许多重要的组件与服务，组合成一个企业级的完整开发平台。SQL Server 2005 数据库管理系统包含以下主要组件和服务。

1. 关系数据库

安全、可靠、可伸缩、高可靠性的关系数据库引擎。

2. 复制功能

数据复制可以用于数据发布，处理移动数据应用，实现多个服务器之间的数据同步。另外，新的对等交易式复制性能，通过使用复制，改进了其对数据向外扩展的支持。

3. 通告服务

通告服务使得业务可以建立丰富的通知应用软件，向任何设备，提供个人化的和及时的信息，例如股市警报、新闻订阅、包裹递送警报、航空公司票价等。在 SQL Server 2005 中，通告服务和其他技术更加紧密地融合在了一起，这些技术包括分析服务、SQL Server Management Studio。

4. 分析服务

联机分析处理（on-line analytical processing，OLAP）功能可用于对使用多维存储的大量和复杂的数据集进行快速高级分析。SQL Server 2005 的分析服务迈入了实时分析的领域。从对可升级性能的增强、到与 Microsoft Office 软件的深度融合，SQL Server 2005 已将商业智能扩展到了业务处理的每一个层次。

5. SQL Server Management Studio

SQL Server 2005 引入了 SQL Server Management Studio，这是一个新型的统一的管理工具组。这个工具组包括一些新的功能，以开发、配置 SQL Server 数据库，发现并修理其中的故障，同时这个工具组还对从前的功能进行了一些改进。

6. 数据传输服务

数据传输服务（DTS）是一套绘图工具和可编程的对象，可以用这些工具和对象，对从截然不同的来源而来的数据进行摘录、传输和加载（ETL），同时将其转送到单独或多个目的地。SQL Server 2005 将引进一个完整的、数据传输服务的、重新设计方案，这一方案为用户提供了一个全面的摘录、传输和加载平台。

7. Web 服务

使用 SQL Server 2005，开发人员将能够在数据库层开发 Web 服务，将 SQL Server 当作一个超文本传输协议（hytpertext transfer protocol，HTTP）侦听器，并且为网络服务中心应用软件提供一个新型的数据存取功能。

8. 报表服务

在 SQL Server 2005 中，报表服务将为在 OLAP 环境提供自我服务，创建最终用户特别报告，增强查询方面的开发水平，并为丰富和便于维护企业汇报环境，就允许升级方面提供增进的性能。

9. 管理工具

SQL Server 2005 通过一套集成的管理工具和管理应用编程接口（APIS）提供易用性、可管理性及对大型 SQL Server 配置的支持。

10. 开发工具

SQL Server 2005 为数据引擎、数据抽取、转换和加载（ETL）、数据挖掘、在线分析处理、报表服务提供了与 Microsoft Visual Studio 相集成的开发工具，以实现端到端的应用程序开发能力。

1.4.5　SQL Server 2005 的配置

1. SQL Server 2005 的硬件需求

显示器：VGA 或者分辨率至少在 1024×768 像素之上的显示器。

点触式设备：鼠标或者兼容的点触式设备。

驱动器：CD 或者 DVD。

处理器型号、速度及内存需求：SQL Server 2005 不同的版本其对处理器型号、速度及内存的需求是不同的，如表 1-17 所示。

硬盘空间需求：实际的硬件需求取决于系统配置以及所选择安装的 SQL Server 2005 服务和组件。

表 1-17　SQL Server 2005 不同的版本需求

SQL Server 2005 版本	处理器型号	处理器速度	内存(RAM)
SQL Server 2005 企业版(Enterprise Edition) SQL Server 2005 开发版（Developer Edition) SQL Server 2005 标准版(Standard Edition) SQL Server 2005 工作组版(Workgroup Edition)	Pentium Ⅲ 及其兼容处理器,或者更高型号	至少 600 MHz,推荐 1GHz 或更高	至少 512MB,推荐 1GB 或更大
SQL Server 2005 简化版(Express Edition)	Pentium Ⅲ 及其兼容处理器,或者更高型号	至少 600 MHz,推荐 1GHz 或更高	至少 192 MB,推荐 512MB 或更大

2. SQL Server 2005 的软件需求

浏览器软件：在装 SQL Server 2005 之前，需安装 Microsoft Internet Explorer 6.0 SP1 或者其升级版本。因为微软控制台以及 HTML 帮助都需要此软件。

IIS 软件：在装 SQL Server 2005 之前，需安装 IIS5.0 及其后续版本，以支持 SQL Server

2005 的报表服务。

ASP. NET 2. 0：当安装报表服务时，SQL Server 2005 安装程序会检查 ASP. NET 是否已安装到本机上。

还需要安装以下软件：Microsoft Windows . NET Framework 2. 0、Microsoft SQL Server Native Client、Microsoft SQL Server Setup support files。

操作系统支持的 SQL Server 2005 版本：表 1-18 列出了常见的操作系统是否支持运行 SQL Server 2005 的各种不同版本。

表 1-18　操作系统对 SQL Server 2005 不同版本的支持情况

操作系统	企业版	开发版	标准版	工作组版	简化版
Windows 2000	×	×	×	×	×
Windows 2000 Professional Edition SP4	×	√	√	√	√
Windows 2000 Server SP4	√	√	√	√	√
Windows 2000 Advanced Server SP4	√	√	√	√	√
Windows 2000 Datacenter Edition SP4	√	√	√	√	√
Windows XP Home Edition SP2	×	√	×	×	√
Windows XP Professional Edition SP2	×	√	√	√	√
Windows 2003 Server SP1	√	√	√	√	√
Windows 2003Enterprise Edition SP1	√	√	√	√	√

1. 4. 6　SQL Server 2005 的安装

本书主要适用于初学者、从事数据库编程和开发人员，所以建议安装开发版（SQL Server 2005 Developer Edition）。

1. 启动 SQL Server 2005 安装程序

将安装光盘插入光驱，如果操作系统启动了自动运行功能，安装程序会自动运行，进入安装界面，如图 1-11 所示。单击“仅工具、联机丛书和示例”超链接之后在“最终用户许可协议”中勾选“我接受许可条款和条件”复选框，单击“下一步”按钮，如图 1-12 所示。

图 1-11　开始安装界面

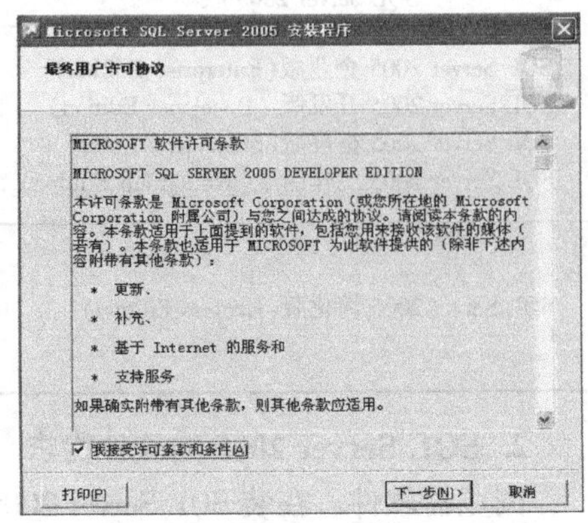

图 1-12　接受用户许可协议

2. 打开安装向导

系统会自动检测安装时需要的组件，如图 1-13 所示。单击“安装”按钮开始安装，安装完成后单击“下一步”按钮，如图 1-14 所示。在“欢迎向导”界面直接单击“下一步”按钮即可，系统配置检查中会检查安装过程中的问题，一般来说除了“最低硬件要求”检测失败，可以进行安装，其他的建议按照提示检查原因后再进行安装。确认无误后单击“下一步”按钮。

3. 输入用户信息、安装组件

在“注册信息”界面输入合适的用户名和公司名称，如图 1-15 所示，单击“下一步”按钮，在“要安装的组件”界面中选择要安装的组件，如图 1-16 所示。用户可根据需要来选择要安装的组件（各组件的说明如表 1-19 所示），并可通过单击“高级”按钮在弹出的对话框中修改“安装路径”“更改功能的安装方式”等。

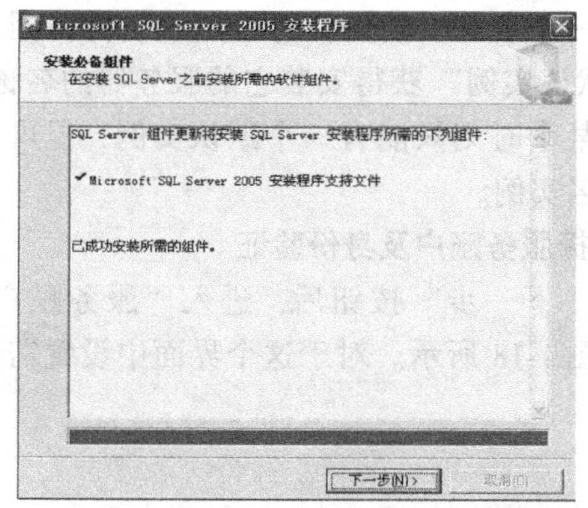

图 1-13　“安装必备组件”界面

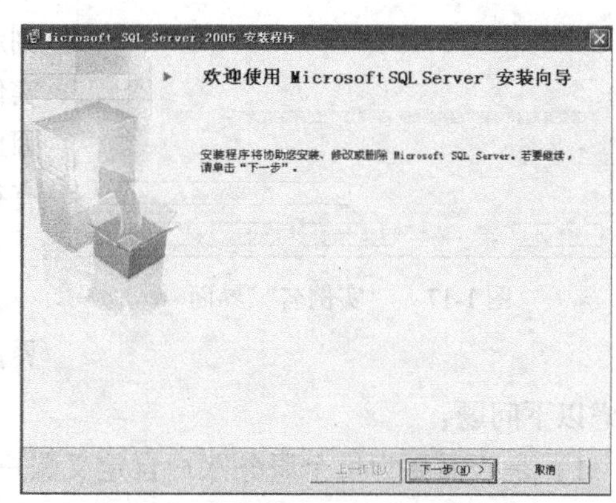

图 1-14　SQL Server 安装向导界面

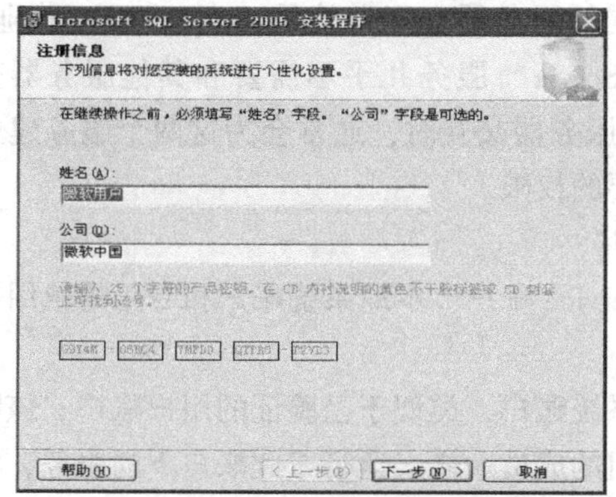

图 1-15　“注册信息”界面

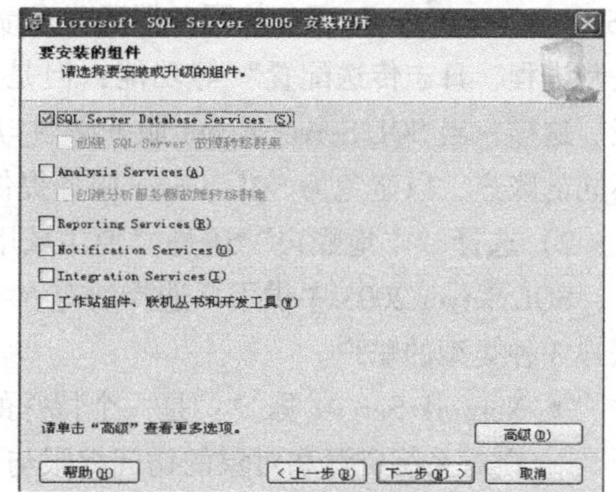

图 1-16　“要安装的组件”界面

表 1-19　安装组件功能

安装组件	说　明
SQL Server Database Services	数据库引擎、复制、全文检索
Integration Services	数据转换
Analysis Services	在线分析和数据挖掘

续表

安装组件	说　明
Notification Services	应用程序发送通知
Reporting Services	制作和发布报告
客户端组件、文档、工具	工具和文档

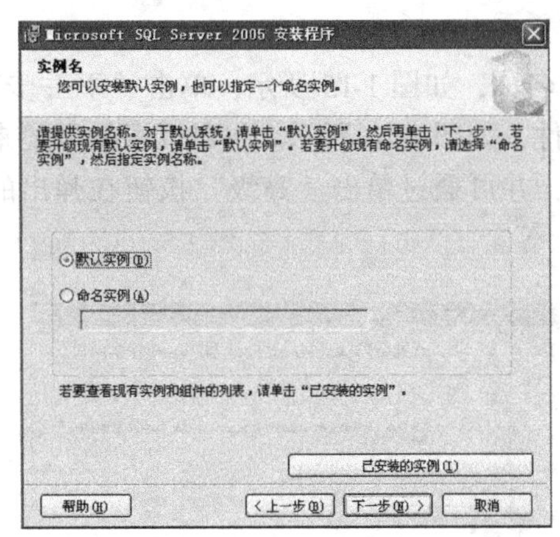

图 1-17　“实例名”界面

4. 命名安装实例

单击“高级”按钮进入“功能选择”对话框，修改需要修改的参数后单击“下一步”按钮，在“实例名”界面（如图 1-17 所示）可供选择的有“默认实例”和“命名实例”单选按钮。其中，“命名实例”只是表示用户在安装过程中为实例定义了一个名称，然后就可以用该名称访问该实例；“默认实例”获得安装它的服务器的名称。因此，在某个时刻只能有一个默认实例，但可以有很多命名实例。

5. 选择服务账户及身份验证

单击“下一步”按钮后，进入“服务账户”界面，如图 1-18 所示。对于这个界面中设置需要考虑以下问题：

1）是否需要为每个服务账户自定义账户？

一般来说，这里所说的为每个服务定义不同账户的服务指“SQL Server”和“SQL Server Agent”服务，对于这两个服务要考虑的是其功能。在部署 SQL 服务器的过程中，安装“SQL Server Agent”服务的服务器通常负责与不同的服务器交互，就是“SQL Server 作业、复制进程、日志传送配置”等功能；但是“SQL Server”服务几乎不需要和其他服务器交互。这样，当 SQL Server Agent 服务必须与不同的服务器交互时，通常会为这两个服务建立不同的账户，以避免为 SQL Server 服务提供不需要的权限。

2）选择“本地账户”还是“使用域用户账户”？

SQL Server 2005 中供用户选择的有 Network Service 账户、本地系统账户和专用的域用户账户 3 种类型的账户。

- Network Service 账户：是一个特殊的内置系统账户，类似于已验证的用户账户。该账户对系统资源和对象的访问权限与 Users 组的成员一样。运行于此账户下的服务，将使用计算机账户的身份来访问网络资源，不建议使用此账户。
- 本地系统账户：是一个 Windows 操作系统账户，它对本地计算机具有完全管理权限，但是没有网络访问权限。该账户可用于开发或测试不需要与其他服务器应用交互，也不需要使用任何网络资源的服务器。但由于授予该账户的特权，不建议使用该账户。
- 域用户账户：是 Windows 域网络中的账号。用户可以为不同的 SQL 服务创建一个或多个专用的域用户账户。使用域用户账户允许这些服务与其他 SQL Server 安装通信、访问网络资源，以及与其他 Windows 应用交互。用户可以手动授予域用户账户 SQL Server 服务、SQL Server Agent 服务所需的权限，但这些账户所需的全部权限，将自动地授予用户在安装 SQL Server 2005 过程中分配账户时指定的域用户账户。通常在生产环境中使用该账户。

安装后启动的服务，这里可选可不选，安装完成后如果需要哪个服务，则可以手工启动。单击“下一步”按钮后在“身份验证模式”界面中，如图 1-19 所示，默认有两种身份验证模式供用户选择。

- Windows 身份验证模式：使用这种验证模式，只要经过了操作系统的验证就可以使用 SQL Server 2005。
- 混合模式：既可以使用通过 Windows 系统本身验证的用户登录，也可以使用 SQL Server 2005 数据库本身有访问权限的用户，例如使用 SA 访问。

一般在生产环境中使用 Windows 身份验证，因为 Windows 身份验证能够提供最高的安全等级；但是有些时候需要使用混合模式，使用这种模式的情况下一定要注意 SA 的密码的强壮性。

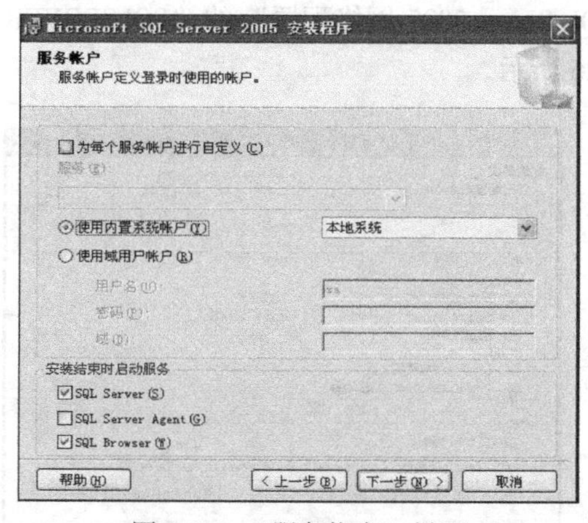

图 1-18　“服务帐户”界面

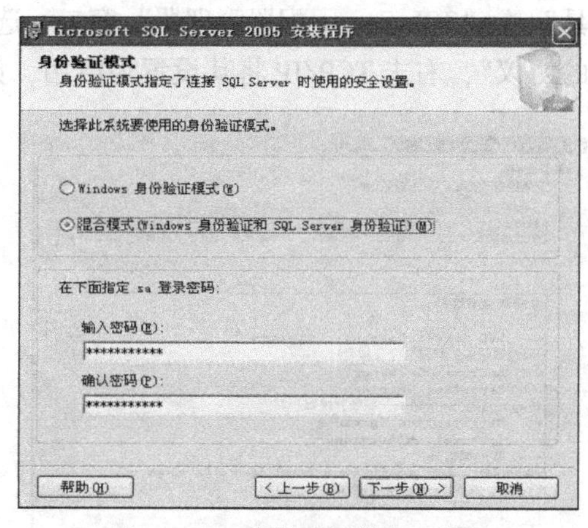

图 1-19　“身份验证模式”界面

6. 排序规则设置、错误和使用情况报告设置

单击“下一步”按钮后，在“排序规则设置”界面中，保持默认的的排序规则，单击“下一步”按钮到如图 1-20 所示的界面，保持默认单击“下一步”按钮。

在“错误和使用情况报告设置”界面中，如图 1-21 所示，单击“下一步”按钮，在“准备安装”界面中，如图 1-22 所示，确认要安装的组件，如果没有问题，单击“安装”按钮开始安装。可以通过如图 1-23 所示中的“安装进程”界面随时观察系统安装的过程。当安装完成后，“安装进度”界面转换为“功能选择”界面，如图 1-24 所示。单击“下一步”按钮，弹出 SQL Server 2005 安装完成提示信息。单击“完成”按钮，完成 SQL Server 2005 的安装。

7. 安装补丁 sp2

双击安装盘中的 SQL Server 2005 SP2-KB921896-x86-CHS. exe 可按照提示一步一步安装（有可能安装时会提醒用要停止某服务，请按提示停止该服务，然后重试安装），安装完毕后重新启动计算机。

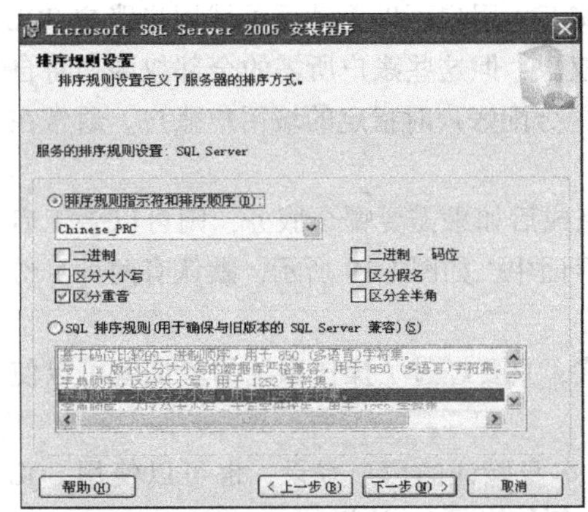

图 1-20　“排序规则设置”界面

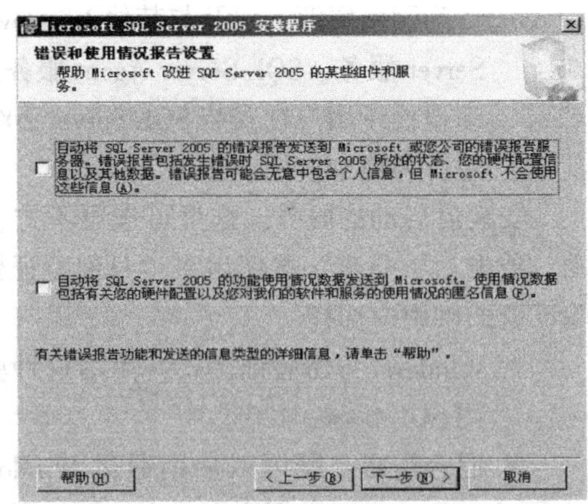

图 1-21　“错误和使用情况报告设置”界面

8. 配置数据库

数据库与补丁安装好后下一步是配置数据库。进入“Mricosoft SQL Server 2005 配置工具”在“SQL Server 配置管理器”窗口，选择“SQL Server 2005 网络配置”的“SQLSERVER 的协议”，右击 TCP/IP 将其设置为启用，如图 1-26 所示。

图 1-22　“准备安装”界面

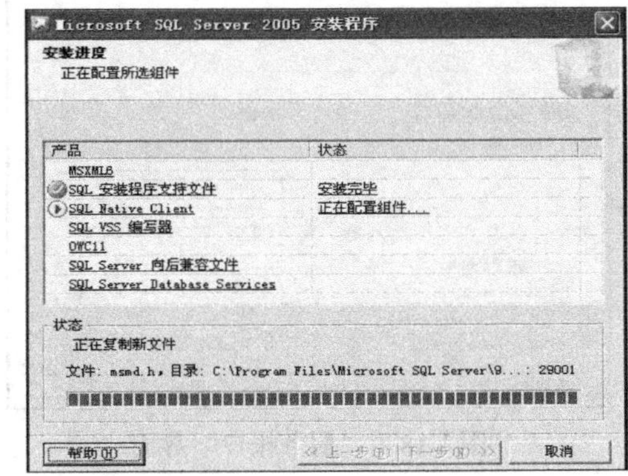

图 1-23　“安装进程”界面

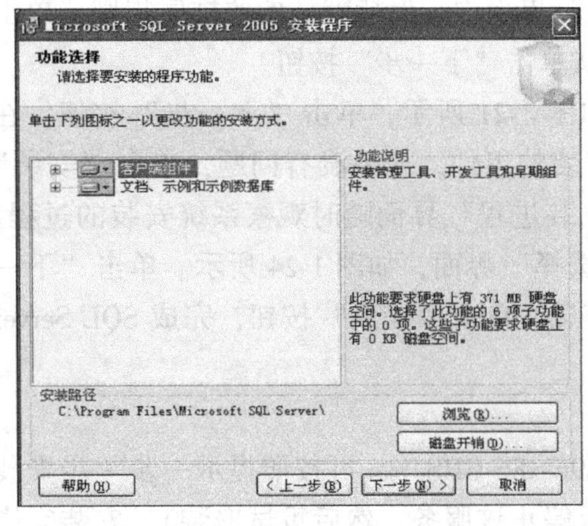

图 1-24　“功能选择”界面

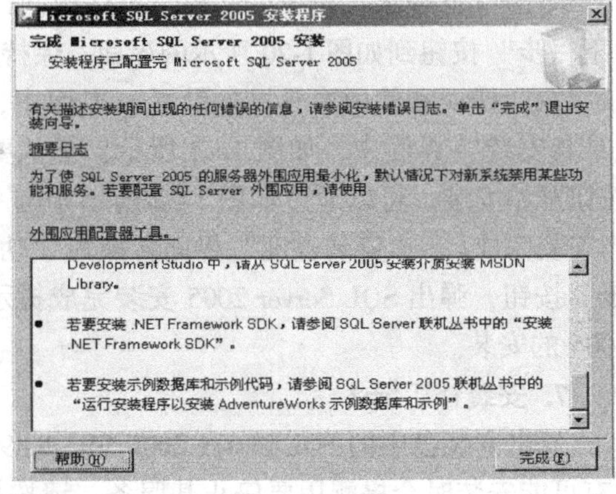

图 1-25　SQL Server 2005 安装完成提示信息

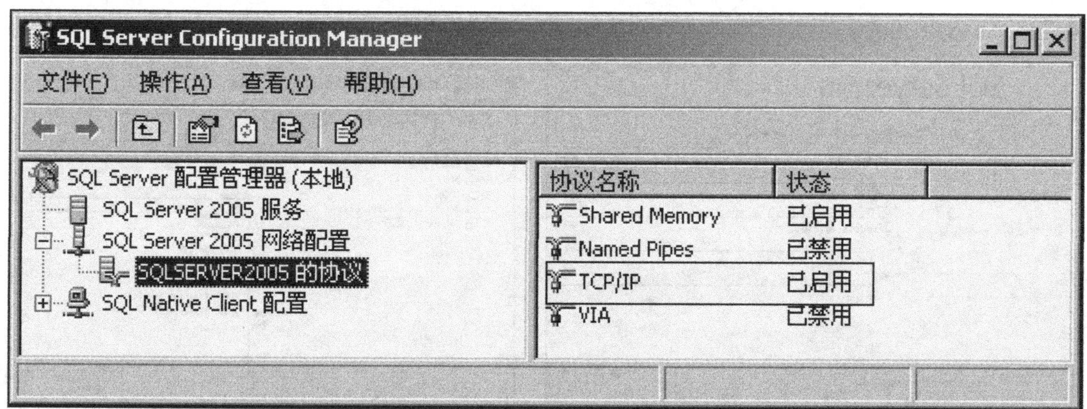

图 1-26　SQLSERVER 协议配置

1.4.7　SSMS 简介及主要工具

1. SSMS 简介

SQL Server Management Studio（SSMS）是一个集成环境，用于访问、配置、管理和开发 SQL Server 的所有组件。SQL Server Management Studio 组合了大量图形工具和丰富的脚本编辑器，使各种技术水平的开发人员和管理员都能访问 SQL Server。

SQL Server Management Studio 将早期版本的 SQL Server 中所包含的企业管理器、查询分析器和 Analysis Manager 功能整合到单一的环境中。此外，SQL Server Management Studio 还可以和 SQL Server 的所有组件（如 Reporting Services、Integration Services 和 SQL Server Compact 3.5 SP1）协同工作。开发人员可以获得熟悉的体验，而数据库管理员可获得功能齐全的单一实用工具，其中包含易于使用的图形工具和丰富的脚本撰写功能。

2. SSMS 主要工具

SQL Server 2005 Management Studio 与之前的 SQL Server 2000 相比有着巨大的进步。SQL Server 2005 能够与以前的版本兼容，是一款非常成功的软件。它能降低查找编码错误的工作难度，管理报告服务，优化组合了多款工具的功能。在 SQL Server Management Studio 中，Enterprise Manager 和 Query Analyzer 两个工具被结合在一个界面上，这样就可以在对服务器进行图形化管理的同时编写 Transact SQL。SQL Server Management Studio 中的对象浏览器结合了 Query Analyzer 的对象浏览器和 Enterprise Manager 的服务器数型视图，可以浏览所有的服务器。另外，对象浏览器还提供了类似于 Query Analyzer 的工作区，工作区中有类似语言解析器和显示统计图的功能。现在可以在编写查询和脚本的同时，在同一个工具下使用 Wizards 和属性页面处理对象。SQL Server Management Studio 的界面有一个单独可以同时处理多台服务器的注册服务器窗口。虽然 Enterprise Manager 也有这个功能，但是 SQL Server Management Studio 不仅可以对服务器进行注册，还可以注册分析服务、报告服务等。

使用 SSMS 管理器时系统会自动弹出如图 1-27 所示的对话框，提示用户连接到指定的服务器。服务器类型选择默认的数据库引擎，在服务器中输入要管理的服务器名，身份验证中选择合适的验证方式即可。

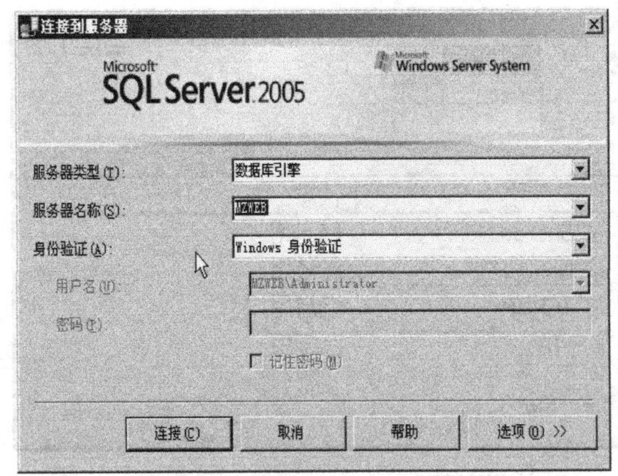

图 1-27　连接到指定的服务器

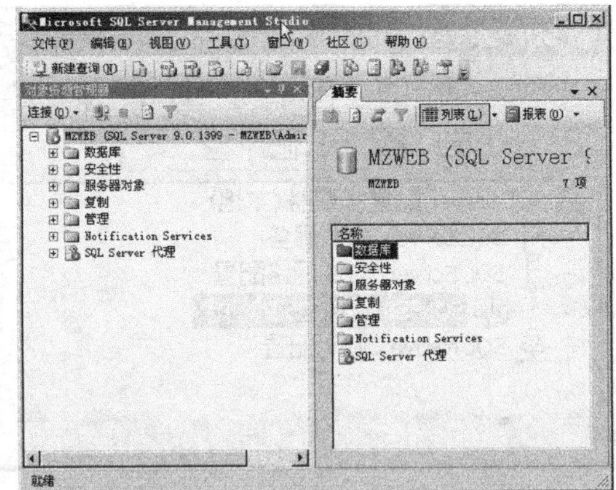

图 1-28　SQL Server Management Studio 主界面

连接到某个服务器后，进入 SQL Server Management Studio 主界面，如图 1-28 所示。通过 Management Studio 可完成普通数据库管理员日常的业务。

1.5　本章小结

本章简要介绍了关系数据库系统的基础知识。通过本章的学习，可以了解数据库系统的有关概念和数据库系统的功能。重点介绍了关系模型的特点和关系运算以及关系规范化基础。最后概要地介绍了 SQL Server 2005 的基本概念。

这一章的内容是学习后面章节和进一步开发数据库应用系统所必备的基础知识，要求读者全面掌握。

本 章 习 题

一、思考题

1. 数据库管理技术经历了哪 3 个阶段？各阶段的特点是什么？
2. 实体与实体之间的联系类型有哪几种？
3. 指出表 1-1 “学生表” 中的 “关系名” “主码” “属性” “元组” “域”。
4. 关系有哪 3 类完整性约束？
5. SQL Server 2005 提供了哪些主要组件，其功能是什么？

二、选择题

1. 关系数据库管理系统能够实现的 3 种基本关系运算是________。

A. 选择、投影、连接　　　　B. 索引、排序、查找

C. 选择、索引、联系　　　　D. 差、交、并

2. SQL Server 是一种关系数据库管理系统，所谓关系是指________。

A. 数据模型符合满足一定条件的二维表格式

B. 表中的各个记录之间有联系

C. 表中的各个字段之间有联系

D. 数据库中的一个表与另一个表有联系

3. 在 SQL Server 中，________的定义属于域完整性的范畴。

A. 数据类型　　B. 数据模型

C. 关系模型　　D. 关系模式

4. 在 SQL Server 中，数据库完整性一般包括________。

A. 实体完整性、域完整性

B. 实体完整性、域完整性、参照完整性

C. 实体完整性、域完整性、数据库完整性

D. 实体完整性、域完整性、数据表完整性

5. 选择是从________的角度进行的运算；投影是从________的角度进行的运算。

A. 行，列　　B. 行，行

C. 列，列　　D. 列，行

6. 数据库（DB）、数据库系统（DBS）、数据库管理系统（DBMS）之间的关系是________。

A. DB 包括 DBS 和 DBMS　　B. DBS 包括 DB 和 DBMS

C. DBMS 包括 DBS 和 DB　　D. 三者等级，没有包含关系

7. 下列关于对象的说法不正确的一项是________。

A. 对象可以是具体的实物，也可以是一些概念

B. 一条命令、一个人、一个桌子等都可被看作一个对象

C. 一个命令按钮可被看作一个对象

D. 一个程序不可以被看作一个对象

8. 二维表中的列称为关系的________；二维表中的行称为关系的________。

A. 元组，属性　　B. 列，行

C. 行，列　　D. 属性，元组

9. 关系代数中的连接操作是由________操作组合而成 。

A. 选择和投影　　B. 选择和笛卡儿积

C. 投影、选择、笛卡儿积　　D. 投影和笛卡儿积

10. 每个 SQL Server 2005 数据库至少具有两个操作系统文件：________和________。

A. 数据文件和日志文件　　B. 数据库文件和数据表文件

C. 数据文件和对象文件　　D. 对象文件和日志文件

三、填空题

1. 数据处理是指________。

2. DBMS 是操纵和管理数据库的软件，是数据库系统的管理控制中心，一般有 4 大功能：________、________、________、________。

3. 对关系进行选择、投影、连接运算之后，运算结果仍然是一个________。

4. 任何一个数据库管理系统都是基于________建立的。

5. 数据库管理系统支持的数据模型分 3 种：________、________、________。

6. 关系模式的规范化主要解决的问题是关系中数据冗余及________。

7. 参照完整性是指有关 ________ 能否正确进行联系的规则。

8. 同一实体集内的各实体之间也具有 3 种联系，分别是________、________和________。

9. 在物理层面上，SQL Server 2005 数据库是由多个操作系统文件组成的，根据这些文件作用的不同，可以将它们分为 3 种类型：________、________和________。

10. SQL Server Management Studio（SSMS）是一个集成环境，用于访问、配置、管理和开发 ________ 的所有组件。

第 2 章 SQL Server 数据管理基础

2.1 SQL 简介

结构查询语言（structured query language，SQL）是一种介于关系代数与关系演算之间的语言，其功能包括查询、操纵、定义和控制 4 个方面，是一种通用的、功能极强的关系数据库语言，目前已成为关系数据库的标准语言。

2.1.1 SQL 和 T-SQL

1. SQL

SQL 是负责与 ANSI（美国国家标准学会）维护的数据库交互的标准。作为关系数据库的标准语言，它已被众多商用 DBMS 产品所采用，使得它已成为关系数据库领域中一个主流语言，不仅包含数据查询功能，还包括插入、删除、更新和数据定义功能。SQL 不仅具有丰富的数据库操作功能，而且具有数据定义和数据控制功能，是集数据操作、数据定义、数据控制功能于一体的关系数据语言。经过多年的发展，SQL 已逐渐成为一种国际标准。美国国家标准化组织（ANSI）为多种 SQL 命令设置了标准，并制定了基本规范。

2. T-SQL

T-SQL（Transact-SQL）是 SQL 的一种版本。它是 ANSI SQL 的加强版语言，提供了标准的 SQL 命令。另外，T-SQL 还对 SQL 做了许多补允，提供了类似 C、BASIC 和 Pascal 的基本功能，如变量说明、流控制语言、功能函数等。

T-SQL 代码已成为 SQL Server 的核心。T-SQL 是 Microsoft 的一个程序扩展集合。T-SQL 为 SQL 增加了一些功能，包括事务控制、异常错误处理和行处理。即便是创建索引或执行条件操作这样一些最简单的操作，都是对 SQL 的扩展。T-SQL 允许用户在 T-SQL 对象中声明和使用局部变量和常量。这些变量和常量必须是数据库能识别的类型。

2.1.2 T-SQL 的组成

T-SQL 作为 SQL 的扩展，其组成部分包括数据定义语言、数据控制语言、数据操纵语言和系统存储过程。其相应内容如下。

1. 数据定义语言（DDL）

DDL（data description language）是指用来定义和管理数据库以及数据库中的各种对象的语句，包括 CREATE、ALTER 和 DROP 等语句。

2. 数据控制语言（DCL）

DCL（data control language）是用来设置或者更改数据库用户或角色权限的语句，包括 GRANT、DENY、REVOKE 等语句，在默认状态下，只有 sysadmin、dbcreator、db_ owner 或 db_ securityadmin 等角色的成员才有权执行数据控制语言。

3. 数据操纵语言（DML）

DML（data manipulation language）是指用来查询、添加、修改和删除数据库中数据的语句，包括 SELECT、INSERT、UPDATE、DELETE 等这些语句。在默认情况下，只有 sysadmin、dbcreator、db_ owner 或 db_ datawriter 等角色的成员才有权执行数据操纵语言。

4. 系统存储过程（system stored procedure）

系统存储过程是 SQL Server 系统创建的存储过程，它的目的在于能够方便地从系统表中查询信息，或者完成与更新数据库表相关的管理任务或其他的系统管理任务。系统存储过程可以在任意一个数据库中执行。系统存储过程创建并存放于系统数据库 master 中，并且名称以 sp_ 或者 xp_ 开头。

2.1.3 T-SQL 的语法约定

T-SQL 语句不区分大小写，但要遵循一定的语法约定。T-SQL 的语法约定如表 2-1 所示。

表 2-1 T-SQL 参考的语法关系图中使用的约定

约　定	用　于
大写	T-SQL 关键字
斜体	用户提供的 T-SQL 语法的参数
粗体	数据库名、表名、列名、索引名、存储过程、实用工具、数据类型名以及必须按所显示的原样输入的文本
|(竖线)	分隔括号或大括号中的语法项。只能使用其中一项
[ ](方括号)	可选语法项。不要输入方括号
{ }(大括号)	必选语法项。不要输入大括号
[,...,n]	指示前面的项可以重复 n 次。各项之间以逗号分隔
[...n]	指示前面的项可以重复 n 次。每一项由空格分隔
[;]	可选的 T-SQL 语句终止符。不要输入方括号
::=	语法块的名称。此约定用于对可在语句中的多个位置使用的过长语法段或语法单元进行分组和标记。可使用的语法块的每个位置由括在尖括号内的标签指示

除非另外指定，否则所有对数据库对象名的 T-SQL 引用将是由 4 部分组成的名称，语法格式如下：

```
server_name.[database_name].[schema_name].object_name
| database_name.[schema_name].object_name
| schema_name.object_name
| object_name
```

上述语法中各参数的含义如表 2-2 所示。

表 2-2　对象命名参数含义

参数名称	参数含义
server_name	指定连接的服务器名称或远程服务器名称
database_name	如果对象驻留在 SQL Server 的本地实例中,则指定 SQL Server 数据库的名称
schema_name	如果对象在 SQL Server 数据库中,则指定包含对象的架构的名称
object_name	对象的名称

注意：引用某个特定对象时，不必总是指定服务器、数据库和架构供 SQL Server 数据库引擎标识该对象。但是，如果找不到对象，就会返回错误消息。

2.2　SQL Server 数据基础

2.2.1　数据类型

在计算机中，数据有类型和长度两种特征。数据类型是以数据的表现方式和存储方式来划分的数据的种类。在 SQL Server 中，每个变量、参数、表达式等都有数据类型。系统提供的数据类型分为几大类，如表 2-3 所示。

表 2-3　数据类型

名　　称	描　　述
1. 整型	
int	存储范围是 −2147483648 ~ 2147483647(每个值需 4 字节的存储空间)
smallint	存储范围只有 −32768 ~ 32767(每个值需 2 字节的存储空间)
tinyint	只能存储 0 ~ 255 范围内的数字(每个值需 1 字节的存储空间)
bigint	存储范围是 -2^{63}(−9223372036854775807) ~ $2^{63}-1$(9223372036854775807)的所有正负整数(每个值需 8 字节的存储空间)
2. 浮点型	
real	表示 −3.40E + 38 ~ 3.40E + 38 的浮点数字数据。存储大小为 4 字节。在 SQL Server 中,real 的同义词为 float(24)
float	表示 −1.79E + 308 ~ 1.79E + 308 的浮点数字数据。近似数字(浮点)数据包括按二进制计数系统所能提供的最大精度保留的数据。在 SQL Server 中,近似数字数据以 float 和 real 数据类型存储。例如,分数 1/3 表示成小数形式为 0.333333(循环小数),该数字不能以近似小数数据精确表示。因此,从 SQL Server 获取的值可能并不准确代表存储在列中的原始数据。又如,以 .3, .6, .7 结尾的浮点数均为数字的近似值
Decimal	包含存储在最小有效数上的数据。在 SQL Server 中,小数数据使用 decimal 或 numeric 数据类型存储。存储 decimal 或 numeric 数值所需的字节数取决于该数据的数字总数和小数点右边的小数位数。例如,存储数值 19283.29383 比存储 1.1 需要更多的字节
numeric	numeric 数据类型等价于 decimal 数据类型
3. 二进制型	
binary	二进制数据由十六进制数表示。例如,十进制数 245 等于十六进制数 F5。在 SQL Server 中,二进制数据使用 binary、varbinary 和 image 数据类型存储。指派为 binary 数据类型的列在每行中都是固定的长度(最多为 8 KB)

（续）

名　称	描　述
varbinary	指派为 varbinary 数据类型的列，各项所包含的十六进制数字的个数可以不同（最多为 8 KB）
4. 字符类型	
char	长度为 n 字节的固定长度且非 Unicode 的字符数据。n 必须是一个介于 1 和 8000 之间的数值。存储大小为 n 字节
nchar	是固定长度的 Unicode 字符数据类型。nchar 型的数据比 char 型数据多占用一倍的存储空间。其定义形式为 nchar[(n)]，其中 n 表示所有字符所占的存储空间，取值为 1～4 000，即可容纳 4000个 Unicode 字符，默认值为 1
varchar	长度为 n 字节的可变长度且非 Unicode 的字符数据。n 必须是一个介于 1 和 8000 之间的数值。存储大小为输入数据的字节的实际长度，而不是 n 字节。所输入的数据字符长度可以为零
nvarchar	是可变长度的 Unicode 字符数据类型，其定义形式为 nvarchar[(n)]。由于它采用了 Unicode 标准字符集，因此 n 的取值范围是 1～4 000。nvarchar 型的其他特性与 varchar 类型相似
5. 逻辑型	
bit	其值为 0 或 1，可以用 bit 数据类型代表 TRUE 或 FALSE、YES 或 NO。如果输入 0 或 1 以外的值，将被视为 1。不能定义为 NULL 值。占用 1 字节的存储空间
6. 文本图形	
text	服务器代码页中的可变长度非 Unicode 数据的最大长度为 $2^{31}-1$（2147483647）个字符。当服务器代码页使用双字节字符时，存储量仍是 2147483647 字节。存储大小可能小于 2147483647 字节（取决于字符串）
ntext	可变长度 Unicode 数据的最大长度为 $2^{30}-1$（1073741823）个字符。存储大小是所输入字符个数的 2 倍（以字节为单位）
image	可变长度二进制数据介于 0 与 $2^{31}-1$（2147483647）字节之间。image 数据列可以用来存储超过 8 KB 的可变长度的二进制数据，如 Word 文档、Excel 电子表格、包含位图的图像、图形交换格式（GIF）文件和联合图像专家组（JPEG）文件
7. 货币型	
money	货币数据表示正的或负的货币值。在 SQL Serve 中使用 money 和 smallmoney 数据类型存储货币数据。货币数据存储的精确度为 4 位小数。可以存储在 money 数据类型中的值的范围是 −922337203685477.5808～+922337203685477.5807（需 8 字节的存储空间）
smallmoney	可以存储在 smallmoney 数据类型中的值的范围是 −214748.3648～214748.3647（需 4 字节的存储空间）
8. 日期和时间型	
datetime	日期和时间数据由有效的日期或时间组成。例如，有效日期和时间数据既包括“4/01/98 12:15:00:00:00 PM”，又包括“1:28:29:15:01 AM 8/17/98”。在 SQL Server 中，日期和时间数据使用 datetime 和 smalldatetime 数据类型存储。使用 datetime 数据类型存储从 1753 年 1 月 1 日—9999 年 12 月 31 日的日期（每个数值要求 8 字节的存储空间）
malldatetime	使用 smalldatetime 数据类型存储从 1900 年 1 月 1 日—2079 年 6 月 6 日的日期（每个数值要求 4 字节的存储空间）

（续）

名　称	描　述
9. 特殊型	
timestamp	用于表示 SQL Server 在一行上的活动顺序，按二进制格式以递增的数字来表示。当表中的行发生变动时，用从 @ @ DBTS 函数获得的当前数据库的时间戳值来更新时间戳。timestamp 数据与插入或修改数据的日期和时间无关。若要自动记录表中数据更改的时间，使用 datetime 或 smalldatetime 数据类型记录事件或触发器
uniqueidentifier	以一个 16 位的十六进制数表示全局唯一标识符（GUID）。当需要在多行中唯一标识某一行时可使用 GUID。例如，可使用 unique_ identifier 数据类型定义一个客户标识代码列，以编辑公司来自多个国家/地区的总的客户名录
sql_variant	一种存储 SQL Server 所支持的各种数据类型（text、ntext、timestamp 和 sql_variant 除外）值的数据类型
table	一种特殊的数据类型，存储供以后处理的结果集。table 数据类型只能用于定义 table 类型的局部变量或用户定义函数的返回值

2.2.2　变量和常量

1. 变量

变量就是在执行过程中可变的数据，“变”的意思就是在执行时可以因需要而改变，故名为变量。变量是一种语言中必不可少的组成部分。一个变量的组成包括名称、类型和数据，其中类型可以是 SQL Server 提供的数据类型。T-SQL 语言中有两种形式的变量，一种是用户自己定义的局部变量；另外一种是系统提供的全局变量。

（1）局部变量

局部变量是一个能够拥有特定数据类型的对象，它的作用范围仅限制在程序内部。局部变量可以作为计数器来计算循环执行的次数，或是控制循环执行的次数。另外，利用局部变量还可以保存数据值，以供控制流语句测试以及保存由存储过程返回的数据值等。局部变量被引用时要在其名称前加上标志“@”，而且必须先用 DECLARE 语句声明，通过 SELECT 语句或 SET 语句给它们赋值，然后在声明它的语句、批处理或过程中使用，当批处理或过程执行完后它就丢失。

声明局部变量的语句为：

```
DECLARE @ VARIABLE_NAME DATATYPE
```

其中，VARIABLE_ NAME 为局部变量的名称；DATATYPE 为数据类型。

【例 2-1】 定义变量@ NAME 和@ SEAT。

代码如下：

```
DECLARE @ NAME VARCHAR(8) - -声明一个姓名变量 NAME,最多可以存储 8 个字符
DECLARE @ SEAT INT - -声明一个座位号变量 SEAT
```

局部变量赋值有两种方法：使用 SET 语句或 SELECT 语句。语法如下：

```
SET @ VARIABLE_NAME  =  VALUE
```

或

```
SELECT @ VARIABLE_NAME  =  VALUE
```

说明：

① SET 赋值语句一般用于赋给变量指定的数据常量。

② SELECT 赋值语句一般用于从表中查询数据，然后再赋给变量。需要注意的是，SELECT 语句需要确保筛选的记录不多于一条。如果查询的记录多余一条，将把最后一条记录的值赋给变量。

【例 2-2】 下面定义两个变量@ var1 和@ var2，并进行赋值。

代码如下：

```
DECLARE   @ var1  char(10),@ var2int
SET   @ var1 ='Hello'
SELECT @ var2 = 100
```

（2）全局变量

全局变量由系统定义和维护，被直接使用，但一般不自定义全局变量。SQL Server 中的所有全局变量都是用两个"@ @"标志作为前缀。

【例 2-3】 使用全局变量@ @ servername 来显示服务器的名称。

代码如下：

```
SELECT 'The name of the server is' + @ @ servername
```

【例 2-4】 把学号为 20090103 的成绩改为 89，@ @ rowcount 全局变量表示上一条语句所影响的行数。

代码如下：

```
UPDATE Scores   SET Score = 89   WHERE   StuID ='20090103'
IF (@ @ rowcount!  =0)
BEGIN
SELECT   'Update Success'
RETURN
END
```

说明：变量名的返回如表 2-4 所示。

表 2-4　变量名的返回

变 量 名	返　回
@@SERVERNAME	返回运行的本地服务器名称
@@SPID	返回当前用户进程的服务器进程标识符(ID)
@@VERSION	返回当前安装的日期、版本和处理器类型
@@LANGID	返回当前所使用的语言 ID 值
@@LANGUAGE	返回当前使用的语言名称
@@OPTIONS	返回当前 SET 选项的信息
@@TOTAL_READ	返回磁盘读操作的数目
@@TOTAL_WRITE	返回磁盘写操作的数目
@@TRANCOUNT	返回当前连接中处于激活状态的事务数目

2. 常量

常量指固定不变的数据，但在 SQL Server 中，数据称为常量。用 SET 语句赋给变量的数据，就可视为常量。所以，这时的常量，其实是指各种不同数据类型的数据表示法。

(1) 字符常量

若是字符型数据，对于一般字符请在前后加上英文单引号 (')，若是 Unicode 字符，请加上 N。例如：

```
SET @PID = N'F153342401'
```

建议：

若读者的应用环境中有可能以网页连接 SQL Server 数据库，则字段的数据类型和在 T-SQL中处理数据时，应尽量使用 Unicode 字符。

(2) 二进制常量

二进制数据的表示法以 0x 开头，其后的长度不定，不必使用单引号。例如：

```
DECLARE @x binary
SET @x =0x123
```

(3) 数字常量

所有数字数据在表示时，也不需使用单引号，且数字数据又有多种类型，分为整数和小数，又有一般数字和货币值等。例如：

```
DECLARE @xint
DECLARE @y money
SET @x =12
SET @y = $10.5
```

以上程序中首先声明两个变量，类型分别是 int 和 money，int 是整数，money 可以含有小数点和货币符号，其他可以是小数点的数字类型还有 decimal、real 和 float 等。

(4) 日期和时间常量

日期和时间数据都必须加上单引号，可以是各种合法的格式。例如：

```
DECLARE @xdatetime,@y datetime,@z datetime
SET @x='2010/11/23 12:00'
SET @y='11/23/2010'
SET @z='11 23,2010'
```

2.2.3 运算符及表达式

运算符是表示数据之间运算方式的运算符号，用来指定要在一个或多个表达式中执行的操作。一般根据处理数据类型不同可分为算术运算符、关系运算符、逻辑类运算符、范围运算符、多值列表运算符、用于子查询的运算符、空值运算符、字符模糊匹配运算符、字符串连接运算符等。表达式是由常量、变量、函数、操作符及圆括号组成的算式。表达式中的操作对象必须具有相同的数据类型，如果表达式中有不同类型的操作对象，则必须将它们转换成同种数据类型。

1. 算术表达式

算术表达式是由数值型变量、常量、函数和数值操作符组成的。用于对数值型数据进行常规的算术运算，如表2-5所示。

表2-5　数值运算符

运 算 符	含　义	优 先 级
( )	括号	高 ↓ 低
*、/	乘、除	
%	取模(或取余),取两数相除的余数	
+、-	加、减	

例如：

```
DECLARE @X INT
SET @X=2
SELECT @X*4+@X/2
--结果为9
```

2. 关系表达式

关系表达式用于数值、字符、日期型数据的比较运算。关系表达式的运算优先级相同，如表2-6所示。

表2-6　关系操作符

关系运算符	含　义	关系运算符	含　义
<	小于	<=	小于或等于
>	大于	>=	大于或等于
=	等于	#,<>,!=	不等于

例如：

```
'abc' < >'ABC'                 - -结果为 F
'abcde' ='abcd'                - -结果为 F
'abcd' ='abcde'                - -结果为 F
```

3. 逻辑表达式

逻辑表达式由逻辑型变量、常量、函数和字符运算符组成，用来对逻辑型数据进行各种逻辑运算，形成各种简单的逻辑结果。逻辑操作符如表 2-7 所示。

表 2-7　逻辑操作符

运算符	含 义
ALL	如果一系列的比较都为 TRUE,那么就为 TRUE
AND	如果两个布尔表达式都为 TRUE,那么就为 TRUE
ANY	如果一系列的比较中任何一个为 TRUE,那么就为 TRUE
BETWEEN	如果操作数在某个范围之内,那么就为 TRUE
EXISTS	如果子查询包含一些行,那么就为 TRUE
IN	如果操作数等于表达式列表中的一个,那么就为 TRUE
LIKE	如果操作数与一种模式相匹配,那么就为 TRUE
NOT	对任何其他布尔运算符的值取反
OR	如果两个布尔表达式中的一个为 TRUE,那么就为 TRUE
SOME	如果在一系列比较中,有些为 TRUE,那么就为 TRUE

例如：

```
18 >26   AND 31 >17                 - -结果为 F
18/2 >7 or  'abc' < >'ABC'          - -结果为 T
```

4. 字符表达式

字符表达式由字符型变量、常量、函数和字符操作符组成，用于字符串的连接或者比较。字符运算符如表 2-8 所示。

表 2-8　字符运算符

运算符	含 义	说 明
+	完全连接	连接两个字符串

例如：

```
select 'SQL server  ' +'数据库基础教程'   - -结果为:SQL Server  数据库基础教程
   'ABC' +',' +'EFG'                       - -结果是:ABC,EFG
```

5. 范围表达式

范围表达式由变量、常量、函数和范围操作符组成，用于取值范围的运算。

范围运算符：［not］between…and

范围表达式：[not] between 起始值 and 终止值

例如：

```
X between 5 and 10          --X>=5 且 X<=10 条件为真,X<5 或 X>10 为假
X not between 5 and 10      --X<5 或 X>10 条件为真,X>=5 且 X<=10 为假
```

注意：between 所选取的数据范围包括边界值，而 not between 则不包括边界值。

6. 多值列表表达式

多值列表运算符：[not] …in（…）

多值列表表达式：[not] 表达式 in（值 1,值 2,…,值 n）

说明：

① in（…）用于判断表达式的值是否等于所给出的值之一，只要与其中一个值相等，条件就为真；全部不等，则为假。

② not…in（…）用于判断表达式的值是否全部不等于所给出的值，所有的值一个也不相等，条件为真；只要有一个相等，则为假。

7. 用于子查询的表达式

（1）列表比较运算符：ANY | ALL

表达式格式：

表达式 比较运算符 ANY（子查询的一列值）

表达式 比较运算符 ALL（子查询的一列值）

说明：只要有一个比较成立，ANY 的结果为真。只有全部比较都成立：ALL 的结果为真。

（2）记录存在逻辑运算符：[not] exists

用于检查子查询返回的结果集中是否包含有记录，若包含，则 exists 为真；否则，为假。

8. 空值

空值是一个重要的概念。空值就是没有任何值。对数值，它非零；对字符，它非空格串；对逻辑，它非真非假。在应用中，空值的概念是十分有意义的。年龄不知道时，不能填零；姓名不知道时，不能填空字串等。

内存变量、数组变量、字段变量均可以赋以空值。变量赋以空值后，其类型不变。也就是说，空值不是一个数据类型。

空值运算符：[not] is null

空值表达式：表达式 [not] is null

说明：

① is null 表示判断表达式的值是否等于空值，为空时条件为真；否则，为假。

② Not is null 表示判断表达式的值是否不等于空值，不为空时，为真；否则，为假。

9. 字符模糊匹配

在搜索数据库中的数据时，可以使用 SQL 通配符替代一个或多个字符。SQL 通配符必须与 LIKE 运算符一起使用。

通配符运算符：[not] like '通配符'

通配符种类及使用：

_ ：下画线，代表单个任意字符，该符号只能匹配一个字符．“_ ”可以放在查询条件的任意位置，且只能代表一个字符。一个汉字只使用一个“_ ”表示。

% ：代表 0 个或多个字符的任意字符串。能匹配 0 个或更多字符的任意长度的字符串。在 SQL 语句中可以在查询条件的任意位置放置一个% 来代表一个任意长度的字符串。在查询条件时，也可以放置两个% 进行查询，但在查询条件中最好不要连续出现两个%

[ ]：代表指定字符中的任何一个单字符。在模式查询中可以利用“ [ ]”来实现查询一定范围的数据。[ ] 用于指定一定范围内的任何单个字符，包括两端数据

^：代表不在指定字符中的任何一个单字符。[^] 用来查询不属于指定范围（ [a-f]）或集合（ [abcdef]）的任何单个字符。

转义字符：在 where 子句后用 escape 子句指定一个转义字符。

【例 2-5】 代码“select * from alluser where username like 'M [^abc]%'”的含义。

代码表示从表 alluser 中查询用户名以 M 开头，且第二个字符不是 a，b，c 的数据。

【例 2-6】 用 where 子句后的 escape 子句搞定一个转义字符，把这个字符放在通配符的前面，该通配符就可以作为原来的普通字符使用了。

```
where abc like 't% %'
escape 't'
```

2.3　SQL Server 常用函数

SQL Server 2005 为用户提供了十分丰富的函数，灵活运用这些函数，不仅可以简化许多运算，而且能够加强和完善 SQL Server 的许多功能。SQL Server 提供了许多不同用途的标准函数帮助用户完成各种工作。

函数的一般格式：

```
函数名(自变量表)
```

函数与表达式类似，也是一种运算。只不过不必写出具体怎样运算，而是由每个函数来处理其运算方法。只需写上函数名，在随后的圆括号内写上自变量（参数），就可以根据自变量的值，由该函数得到一个结果值，称之为函数值。每个函数的自变量个数、类型、书写顺序都必须按照规定书写。下面只介绍最常用的函数。

2.3.1　数学函数

1. 平方根函数 SQRT（）

【格式】 SQRT（float_ expr）

【功能】 计算并返回 float_ expr 的算术平方根。

【例题】

```
SELECT SQRT(5*5)              --5.0
```

2. 绝对值函数 ABS（）

【格式】 ABS（numeric_ expr）

【功能】 计算并返回 numeric_ expr 的绝对值。

【例题】

```
SELECT  ABS(-213.27) --213.27
```

3. 四舍五入函数 ROUND（）

【格式】 ROUND（numeric_ expr，int_ expr）

【功能】 对 numeric_ expr 的值按指定的 int_ expr 精度进行四舍五入。

【例题】

```
SELECT ROUND(2.34259,4),ROUND(5234.5678,0),ROUND(5234.567,-1)
--2.34260         5235.0000         5230.000
```

4. 随机函数 RAND（）

【格式】 RAND（［int_ expr］）

【功能】 产生 0 ~ 1 的随机数。

【例题】

```
SELECT RAND()          --0.30763427168441504
```

5. 圆周率 π 函数 PI（）

【格式】 PI（）

【功能】 产生圆周率 π 的值。

【例题】

```
SELECT Pi()          --3.1415926535897931
```

2.3.2 字符处理函数

1. 取子字符串函数 SUBSTRING（）、LEFT（）、RIGHT（）

（1）截取子字符串函数 SUBSTRING（）

【格式】 SUBSTRING（〈字符串表达式〉，〈起始位置〉，〈长度〉）

【功能】 从〈字符串表达式〉中的〈起始位置〉截取子字符串，〈长度〉为所截取的子串的长度。

【例题】

```
declare @CN char(14)
SET @CN ='数据库程序设计'
SELECT SUBSTRING(@CN,5,2),SUBSTRING(@CN,1,4),SUBSTRING(@CN,13,3)
--序设     数据库程   NULL
```

若〈长度〉超过从〈起始位置〉到末尾的长度，则截取的子字符串为从〈起始位置〉到〈字符串表达式〉末尾的所有字符。例如：

```
SELECT SUBSTRING('SQL 程序设计教程',8, 8)          --教程
```

（2）左取子字符串函数 LEFT（）

【格式】 LEFT（〈子串左边起始位置〉[，〈长度〉]）

【功能】 从字符串表达式中的〈子串左边起始位置〉截取子字符串，〈长度〉为所截取的子串的长度。若〈长度〉为负值，则返回 NULL 值。

【例题】

```
SELECT LEFT('SQL Server 2005',3)          --SQL
```

（3）右取子字符串函数 RIGHT（）

【格式】 RIGHT（〈子串右边起始位置〉]）

【功能】 从字符串表达式中的〈子串右边起始位置〉截取子字符串到最后一个字符的部分。若子串右边起始位置〉为负值，则返回 NULL 值。

【例题】

```
SELECT RIGHT ('SQL Server 2005',4)    --2005
```

2. 求字符串长度函数 LEN（）

【格式】LEN〈字符串表达式〉

【功能】 返回〈字符串表达式〉中所包含的字符个数，即字符串长度。

【例题】

```
SELECT LEN('SQL Server 2005')          --15
```

3. 搜索子串位置函数 CHARINDEX（）

【格式】 CHARINDEX（〈字符串 1〉，〈字符串 2〉）

【功能】 寻找〈字符串 1〉在〈字符串 2〉中首次出现的起始位置。若〈字符串 2〉中不包含〈字符串 1〉，则返回值为零。此函数不能用于 TEXT 和 IMAGE 数据类型。

【例题】

```
declare @X char(20)
SET @X ='SQL Server 2005'
SELECT CHARINDEX('Server',@X)        -- 显示结果为 5
SELECT CHARINDEX('Server',@X)        -- 显示结果为 5
SELECT CHARINDEX('e',@X)             -- 显示结果为 6
```

4. 空格函数 SPACE（）

【格式】 SPACE（〈数值表达式〉）

【功能】 产生与〈数值表达式〉的值相同的空格数。

【例题】

```
SELECT '程序' +SPACE(4) +'设计'    - -程序    设计
```

注意：在“程序”和“设计”之间产生了4个空格字符。

5. 删除空格函数 LTRIM ( )、RTRIM ( )

(1) 删除前导空格函数 LTRIM ( )

【格式】 LTRIM（字符串）

【功能】 删除字符串前的所有空格。

【例题】

```
SELECT LTRIM('    程序设计')    - -程序设计
```

(2) 删除后导空格函数 RTRIM ( )

【格式】 RTRIM（字符串）

【功能】 删除字符串后的所有空格。

【例题】

```
SELECT RTRIM('    程序设计    ')    - -    程序设计
```

注意：程序设计后的4个空格被删除了。

2.3.3 日期和时间函数

1. 返回代表指定日期的指定日期部分的字符串函数 DATENAME ( )

【格式】 DATENAME（interval，date）

【功能】 返回日期 date 中，interval 指定部分所对应的字符串名称。

参数 interval 的设定值如表 2-9 所示。

表 2-9 参数 interval 的设定值

日期部分	返回描述	说 明	例 子	结果
Year	年份	1753 ~ 9999	SELECT DATENAME(year,'04/12/2010')	2010
Quarter	季节	1 ~ 4	SELECT DATENAME(quarter,'04/12/2010')	2
Month	月份	1 ~ 12	SELECT DATENAME(month,'04/12/2010')	4
Day	日期	1 ~31	SELECT DATENAME(day,'04/12/2010')	12
Weekday	星期	1 ~7	SELECT DATENAME(weekday,'04/12/2010')	1
Week	周数	0 ~ 51	SELECT DATENAME(week,'04/12/2010')	17
Hour	时钟	0 ~ 23	SELECT DATENAME(hour,'16:08:52')	16
Minute	分钟	0 ~ 59	SELECT DATENAME(minute,'16:08:52')	8
Second	秒钟	0 ~ 59	SELECT DATENAME(second,'16:08:52')	52

2. 系统日期和时间函数 GETDATE ( )

【格式】 GETDATE ( )

【功能】 返回系统当前的日期和时间。

【例题】 设当前系统日期和时间为 2010/04/23 上午 11 点 30 分 25 秒：

```
SELECT GETDATE()                               --2010-04-23 11:30:25
```

3. 求年份函数 YEAR（date）

【格式】 YEAR（date）

【功能】 返回系统指定日期中的年份。

【例题】 指定日期为 2010/04/23：

```
SELECT Year('4/23/2010')                    --2010
```

4. 求月份函数 MONTH（date）

【格式】 MONTH（date）

【功能】 返回系统指定日期中的月份。

【例题】 指定日期为 2010/04/23：

```
SELECT month('04/23/2010')                --4
```

5. 求日期函数 DAY（date）

【格式】 DAY（date）

【功能】 返回系统指定日期中的日期。

【例题】 指定日期为 2010/04/23：

```
SELECT day('4/23/2010')                   --23
```

2.3.4　转换函数

1. 数值转换为字符串函数 STR（）

【格式】 STR（〈数值表达式〉[，〈长度〉[，〈小数位数〉]]）

【功能】 将〈数值表达式〉的值转换为由〈长度〉和〈小数位数〉指定的字符串。如果没有指定长度，默认的长度值为 10，小数位数的默认值为 0。小数位数大于长度值时，STR（）函数将其下一位四舍五入。指定长度应大于或等于数字的符号位数 + 小数点前的位数 + 小数点位数 + 小数点后的位数。如果〈数值表达式〉的整数位数超过了指定的长度，则返回指定长度的“＊”。

【例题】

```
SELECT STR(1324.46,6,1)                          --1324.5
SELECT STR(1324.46,3,1),STR(1324.46,8,3)         --***    1324.460
```

2. 字符型与 ASCII 码互换函数 ASCII（）、CHAR（）

（1）字符转换 ASCII 码函数 ASCII（）

【格式】 ASCII（字符串表达式）

【功能】 将〈字符串表达式〉的第 1 个字符转换为 ASCII 码数据。

【例题】

```
SELECT ASCII('abcdef')                          --97
```

(2) ASCII 转换为字符函数 CHAR ()

【格式】 CHAR (数值)

【功能】 将 ASCII 码数值转换为相应的字符。

【例题】

```
SELECT CHAR(67)                                  --C
```

3. 字符串全部转换为大小写函数 LOWER ()、UPPER ()

(1) 把字符串全部转换为小写函数 LOWER ()

【格式】 LOWER (字符串表达式)

【功能】 将字符串表达式全部转换为相应的小写字符。

【例题】

```
SELECT LOWER('Abc'), LOWER('ABC')                --abc        abc
```

(2) 把字符串全部转换为大写函数 UPPER ()

【格式】 UPPER (字符串表达式)

【功能】 将字符串表达式全部转换为相应的大写字符。。

【例题】

```
SELECT UPPER('Abc'), UPPER('ABC')                --ABC    ABC
```

2.3.5 系统函数

系统函数用于获取有关计算机系统、用户、数据库和数据库对象的信息。系统函数可以让用户在得到信息后，使用条件语句，根据返回的信息进行不同的操作。与其他函数一样，可以在 SELECT 语句的 SELECT 和 WHERE 子句以及表达式中使用系统函数。

1. 返回当前应用程序名称函数 APP_ NAME ()

【格式】 APP_ NAME ()

【功能】 返回当前执行的应用程序的名称。

【例题】 测试当前应用程序是否为 SQL Server Query Analyzer 。

```
DECLARE @CurrentApp varchar(50)
SET @CurrentApp = APP_NAME()
IF @CurrentApp < > 'MS SQL Query Analyzer'
PRINT 'This process was not started by a SQL Query Analyzer query session. '
--运行结果:This process was not started by a SQL Query Analyzer query session.
--表明当前应用程序是 SQL Server Query Analyzer
```

2. 返回工作站标识号函数 HOST_ ID ()

【格式】 HOST_ ID ()

【功能】 返回服务器端计算机的标识号。

【例题】

```
declare @ hostID char(8)
select @ hostID  =  host_id( )
print @ hostID
 - -运行结果:3916
```

3. 返回工作站名称函数 HOST_ NAME ( )

【格式】 HOST_ NAME

【功能】 返回服务器端计算机的名称。

【例题】

```
declare @ hostNAME nchar(20)
select @ hostNAME  =  host_name( )
print @ hostNAME
 - -运行结果:GEMM-NB
```

4. 返回数据库用户名函数 USER_ NAME （）

【格式】 USER_ NAME （user_ id）

【功能】 根据用户的数据库 ID 号返回用户的数据库用户名，如果没有指定 user_ id，则返回当前数据库的用户名。

【例题】

```
usepangu
selectuser_name( )
 - -运行结果:dbo
```

2.4　本章小结

本章简要介绍了 SQL 的概念，主要介绍了数据的基本类型、存储类型、常量、变量、运算符及其与运算对象组合成的表达式和 SQL Server 常用函数。通过本章学习，可以了解 SQL 的有关概念、T-SQL 的组成和语法约定的功能，掌握数据的基本类型、存储类型、常量、变量、运算符及其与运算对象组合成的表达式和 SQL Server 常用函数等。

这一章的内容是学习后面章节和进一步开发数据库应用系统必备的基础知识，要求读者全面掌握。

本 章 习 题

一、思考题

1. 表达式的组成是什么？

2. 如何查看表达式的结果？
3. 什么是逻辑操作符？
4. 常用系统函数与表达式的区别？
5. 空值的含义是什么？

二、选择题

1. 命令 SELECT ROUND（337.2007，3）的执行结果是________。

A. 337.000　　B. 337.2010
C. 330.000　　D. 337.2007"

2. 命令 SELECT LEN（'THIS IS MY BOOK'）的执行结果是________。

A. 12　　B. 13　　C. 14　　D. 15

3. 命令 SELECT RIGHT（'数据库应用基础-SQL Server'，6）的执行结果是________。

A. Server　　B. 数据库应用　　C. SQL Server　　D. 显示错误

4. 连续执行以下命令之后，最后一条命令的输出结果是________。

```
declare @CN char(20)
SET @CN ='数据库应用基础-SQL Server'
SELECT SUBSTRING(@CN,6,2)
```

A. SQL　　B. server　　C. 应　　D. 基础

5. 连续执行以下命令之后，最后一条命令的输出结果是________。

```
DECLARE @X INT
SET @X =18
SELECT @X/3 +@X -12
```

A. 12　　B. 6　　C. 18　　D. 15

三、填空题

1. T-SQL 作为 SQL 的扩展，其组成部分包括数据定义语言、数据控制语言、数据操纵语言和系统存储过程。

2. 局部变量被引用时要在其名称前加上标志“@”，而且必须先用 DECLARE 语句声明，通过________语句或________语句给它们赋值，然后在声明它的语句、批处理或过程中使用，当批处理或过程执行完后它就丢失。

3. 执行 SELECT LEFT（'数据库应用基础'，4）的结果是________。

4. char 型数据的长度不超过________字节。

5. 执行以下命令序列

```
DECLARE @m INT
SET @m =len('119')
SET @m =@m +1
PRINT @m
```

的显示结果是________。

四、操作题

根据下列题目要求，测试数据与实验结果（可以抓图粘贴）。

1. 打开查询分析器，输入以下 SQL 语句，根据执行结果，了解 SQL Server 全局变量的含义。
2. 声明一个 CHAR 型局部变量，并为其赋值 。
3. 声明一些局部变量，为其赋值，并用 SELECT 语句显示结果 。
4. 声明一个局部变量，为其赋值，然后对变量取负和取反。
5. 查询表 Student 中所有 20 岁的学生的信息。
6. 求指定数的绝对值。
7. 对变量赋值并计算反余弦，然后将结果输出。
8. 求字符“A”“B”“AB”的 ASCII 值。
9. 产生一个使用 1 作为种子的随机数。
10. 取出字符串“ABCDEFG”中的“EF”。
11. 练习下列日期函数的用法。
12. 在 SM 数据库中，建立一个视图，并查看其内容。
13. 查找学号为 06001 的学生的姓名及其长度。
14. 取出所有同学的姓。
15. 查找“王_ ”在表 Student 中姓名列的某一特定行中的位置。

第 3 章　数据库和表

SQL Server 2005 是一种采用 T-SQL 语言的大型关系数据库管理系统，并且其中的表是非常重要的数据库对象，数据库中需要的数据都存储在各个表中，对数据的访问、验证、连接、完整性维护等都是通过对表的操作实现的，所以掌握对数据库和表的操作非常重要。前一章已经介绍了 SQL Server 2005 的基本数据类型，本章将介绍数据库的创建和管理，表的创建、管理和维护，数据完整性的实现方法。

3.1　创建和管理数据库

3.1.1　创建数据库

SQL Server 数据库都由表、视图、存储过程、用户、角色、规则、默认等数据库对象组成。SQL Server 中的每个数据库名都必须要符合系统标识符的命名规则，应该使用有一定意义的并且易于记忆的的名字来命名数据库。创建数据库，必须先确定数据库的名称、所有者(创建数据库的用户)、大小，以及用于存储该数据库的文件和文件组。

下面将分别使用对象资源管理器和在查询窗格中使用 T-SQL 语句创建数据库。

1. 使用对象资源管理器创建数据库

【例 3-1】 使用对象资源管理器创建“Library”数据库，使用默认的数据库参数。

① 单击“开始”按钮，单击“程序”→“Microsoft SQL Server 2005”→“Microsoft SQL Server Management Studio”，打开“SQL Server Management Studio”窗口，右击“对象资源管理器”窗格中的“数据库”结点，在弹出的快捷菜单中选择“新建数据库”命令，如图 3-1 所示。

② 此时将打开如图 3-2 所示的“新建数据库”窗口。在“常规”选项的“数据库名

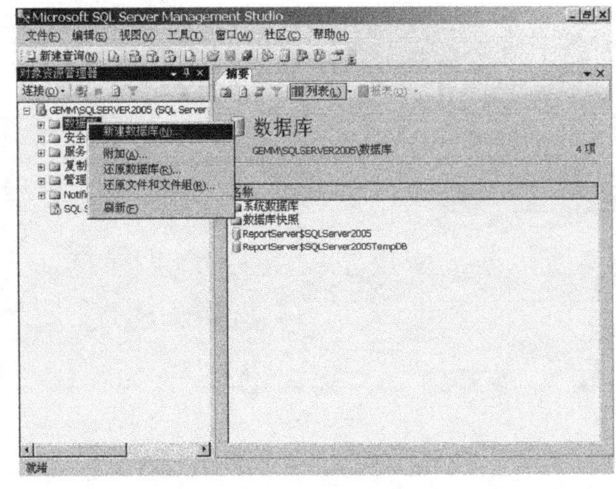

图 3-1　选择“新建数据库”命令

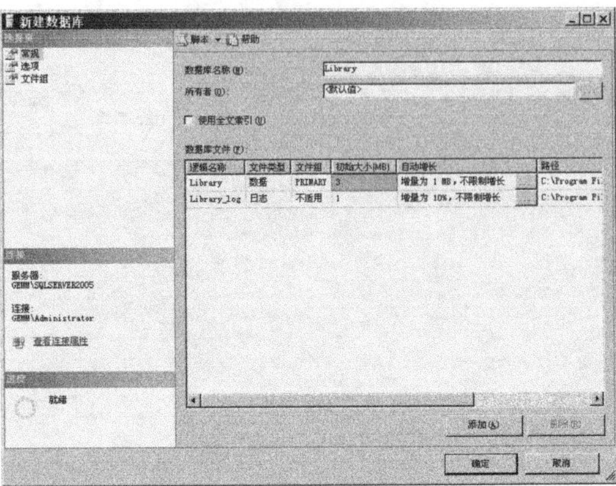

图 3-2　“新建数据库”窗口

称”文本框中输入要创建的数据库名称“Library”。所有者选择“默认值”。用户可以自行查看默认的数据库参数。

③ 在“新建数据库”窗口中单击“添加”按钮，可以添加新的数据库文件。

④ 单击“新建数据库”窗口中的“确定”按钮，在“对象资源管理器”的窗格中，就可以看到新建的“Library”数据库，如图 3-3 所示。

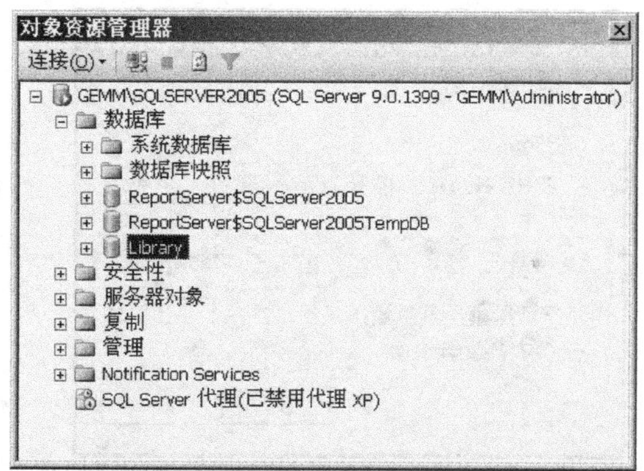

图 3-3　新建的“Library”数据库

【例 3-2】 使用“对象资源管理器”创建“Teaching”数据库，包含一个主要数据文件和一个事务日志文件。主要数据文件的逻辑名为“Teaching_ data”，初始容量大小为 5MB，最大容量为 50MB，文件的增长量为 20%。事务日志文件的逻辑名为“Teaching_ Log”，初始容量大小为 5MB，文件的增长量为 2MB，最大不受限制。数据文件和事务日志文件都放在“C:\Program Files\Microsoft SQL Server2005\MSSQL.1\MSSQL\DATA”文件夹下。

参照【例 3-1】中的步骤建立“Teaching”数据库。在“新建数据库”窗口的“常规”选项中进行相应设置。数据库参数设置如图 3-4 所示。

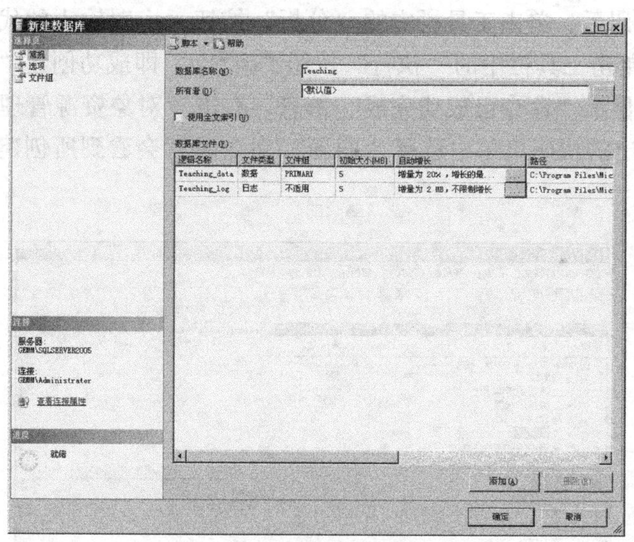

图 3-4　数据库参数设置

其中主要数据文件和事务日志文件的文件增长量和最大容量设置分别单击它们所在行的“自动增长”列中的按钮，具体参数设置分别如图 3-5 和图 3-6 所示。

2. 使用 T-SQL 语句创建数据库

使用 T-SQL 语句创建数据库的命令是：CREATE DATABASE。

最简单的方法就是创建数据库时使用默认的数据库参数。其语法格式如下：

```
CREATE DATABASE database_name
```

其中，database_ name 是新数据库的名称。

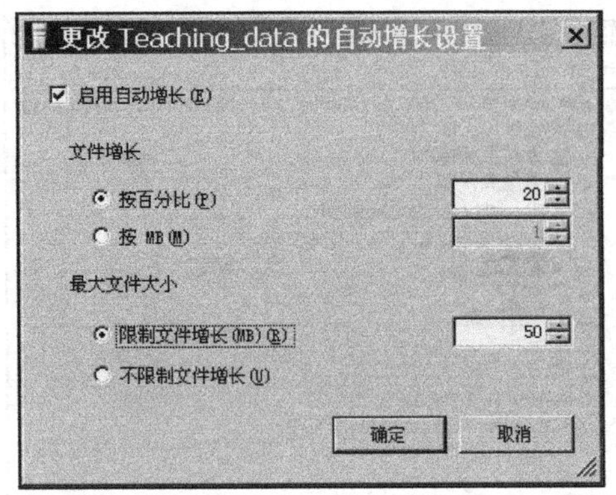

图 3-5　主要数据文件自动增长设置

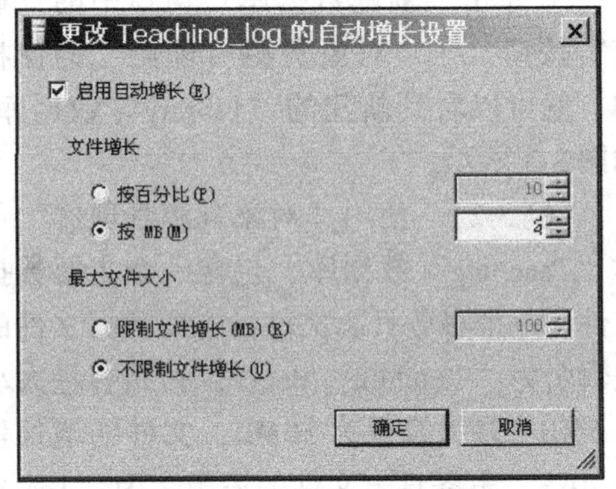

图 3-6　事务日志文件自动增长设置

【例 3-3】 使用 T-SQL 语句创建“Product”数据库，使用默认的数据库参数。

① 单击“SQL Server Management Studio”窗口中工具栏上的新建查询(N)按钮，在右侧窗格中将显示一个“查询”窗格，在其中输入如下代码：

```
CREATE DATABASEProduct
```

② 输入上述代码后，单击工具栏中的“分析”按钮✓，对输入的代码进行语法分析检查，检查通过后，单击工具栏中的“执行”按钮！执行(X)，即成功创建“Product”数据库并在“消息”窗格中显示“命令已成功完成”信息。右击“对象资源管理器”窗格中的“数据库”结点，在弹出的快捷菜单中选择“刷新”命令时就会看到所创建的数据库，结果如图 3-7 所示。

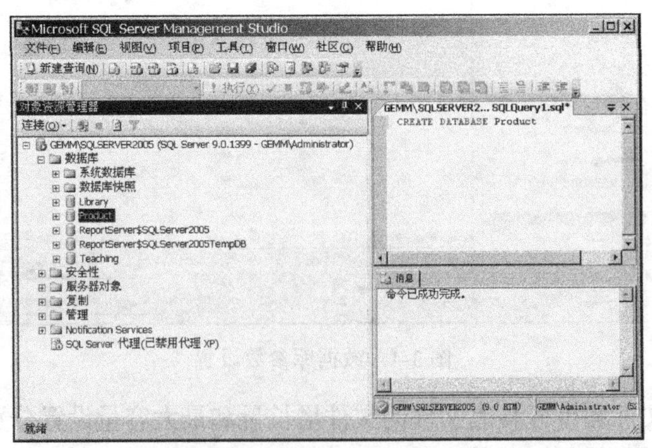

图 3-7　在查询窗格中创建“Product”数据库

如果要在创建数据库时自行设置数据库参数，则完整的语法如下：

```
CREATE DATABASE database_name
    ON [PRIMARY]
        {    ( NAME = logical_file_name,                           在主文件组中创建数据文件
              FILENAME = 'os_file_name',                           每个数据文件定义放
              [ , SIZE = size ]                                    在一对圆括号中,各
              [ , MAXSIZE = { max_size | UNLIMITED } ]             圆括号之间用逗号
              [ , FILEGROWTH = growth_increment ]                  分开
              ) [ ,...,n ]
        }[ ,...,n ]
      [ , { FILEGROUP filegroup_name [ DEFAULT ]                   在用户定义文件组中
          (    NAME = logical_file_name,                           创建数据文件
               FILENAME = 'os_file_name',                          用户定义文件组和主
               [ , SIZE = size ]                                   文件组之间用逗号间
               [ , MAXSIZE = { max_size | UNLIMITED } ]            隔。各个用户定义文
               [ , FILEGROWTH = growth_increment ]                 件组之间用逗号间隔。
             ) [ ,...,n ]                                          文件组内数据文件
          }[ ,...,n ] ]                                            定义
        [ LOG ON
          (    NAME = logical_file_name,
              FILENAME = 'os_file_name',
              [ , SIZE = size ]                                    创建日志文件。日志
              [ , MAXSIZE = { max_size | UNLIMITED } ]             文件定义规则同上
              [ , FILEGROWTH = growth_increment ]
          ) [ ,...,n ]
    ]
```

其中：

PRIMARY：在主文件组中指定文件。

NAME：指定文件的逻辑文件名为 logical_ file_ name。

FILENAME：指定文件的操作系统（物理）文件名为' os_ file_ name'。

SIZE：指定文件的大小为 size，size 单位可为 KB、MB、GB 或 TB。如果没有为主文件提供 size 将使用 model 数据库中的主文件的大小。如果指定了辅助数据文件或日志文件，但未指定该文件的 size，则数据库引擎将以 1MB 作为该文件的大小。

MAXSIZE：指定文件可以增大到的最大大小，默认为 MB。可指定一个整数 max_ size，不包含小数位，其中 maxsize 单位可为 KB、MB、GB 或 TB。如果未指定 max_ size，则文件将一直增大，直至磁盘已满。其中 UNLIMITED 指定文件将增长到磁盘已满。

FILEGROWTH：指定文件的自动增量为 growth_ increment。文件的 FILEGROWTH 设置不能超过 MAXSIZE 设置。growth_ increment 为每次需要新的空间时为文件添加的空间大小，单位可以为 KB、MB、GB、TB 或%；如果未指定单位则默认值为 MB；如果指定%，则增量大小为发生增长时文件大小的指定百分比。如果没有指定 FILEGROWTH，则数据文件的

默认值为 1MB，日志文件的默认增长比例为 10%，并且最小值为 64KB。

FILEGROUP：在用户定义文件组中指定文件，文件组名为 filegroup_ name，DEFAULT 用于将此文件组设置为默认文件组。

LOG ON：在其后指定日志文件。

【例 3-4】 使用 T-SQL 语句创建“Warehouse”数据库，包含一个主要数据文件和一个事务日志文件。主要数据文件的逻辑名为“Warehouse_ data”，操作系统文件名为“Warehouse_ data. mdf”，初始容量大小为 5MB，最大容量为 50MB，文件的增长量为 20%。事务日志文件的逻辑名为“Warehouse_ Log”，操作系统文件名为“Warehouse_ log. ldf”，初始容量大小为 5MB，文件的增长量为 2MB，最大不受限制。数据文件和事务日志文件都放在“E:\MySQLData\”文件夹下。

新建一个“查询”窗格，输入如下代码：

```
CREATE DATABASEWarehouse
ON PRIMARY
(NAME = Warehouse_data,
FILENAME = 'E:\MySQLData\Warehouse_data. mdf',
SIZE = 5Mb,
MAXSIZE = 50Mb,
FILEGROWTH = 20%)
LOG ON
( name = Warehouse_Log,
  FILENAME = 'E:\MySQLData\Warehouse_log. ldf',
  SIZE = 5Mb,
  FILEGROWTH = 2Mb)
```

执行代码并刷新数据库结点后会在“对象资源管理器”中看到所创建的“Warehouse”数据库。

注意：在创建数据库之前应先在 E 盘建立名为“MySQLData”的文件夹，如果此文件夹不存在，执行 T-SQL 语句后将会在“消息”窗口中看到如图 3-8 所示的错误信息。

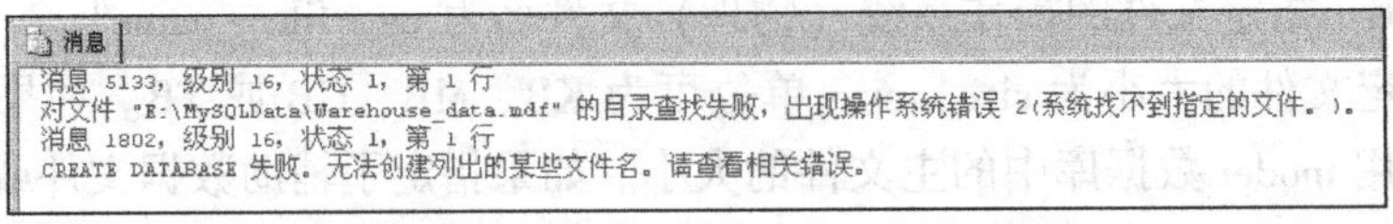

图 3-8 “消息”窗口中的错误信息

3.1.2 管理数据库

随着数据库的增长或变化，用户可能需要对数据库进行管理，主要包括查看数据库信息、打开数据库、更改数据库名称、修改数据库容量、删除数据库等操作。

1. 查看数据库信息

一个数据库创建以后，可以在“对象资源管理器”中方便地查看已建立的数据库信息。

【例 3-5】 使用“对象资源管理器”查看“Library”数据库信息。

在“对象资源管理器”窗格中展开“数据库”结点，右击要查看的“Library”数据库，如图 3-9 所示，在弹出的快捷菜单中选择“属性”命令，将出现如图 3-10 所示的“数据库属性-Library”窗口。它包括“常规”“文件”“文件组”“选项”“权限”“扩展属性”等选项，单击各个选项可以在右侧窗格中看到相关信息。

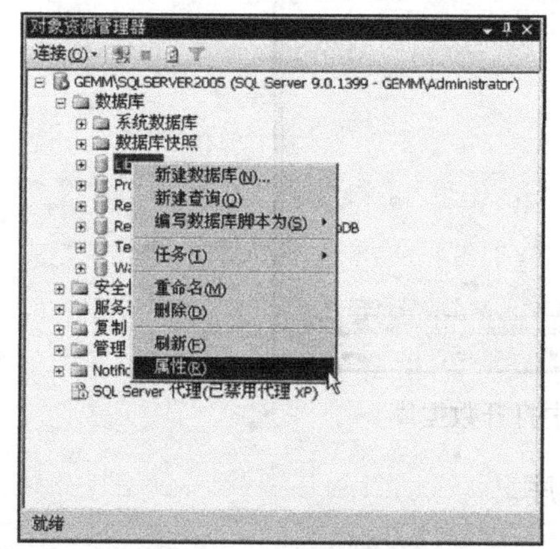

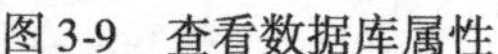
图 3-9　查看数据库属性

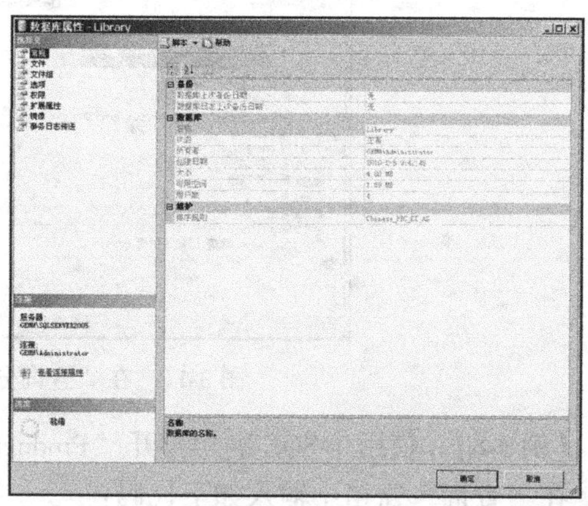

图 3-10　“数据库属性-Library”窗口

请用户参照【例 3-5】自行查看“Teaching”“Product”“Warehouse”的数据库信息。

2. 打开数据库

如果想在某数据库中进行创建数据库对象、添加数据、查询等操作，首先要打开此数据库并将其切换为当前操作数据库。

打开并切换数据库的操作简单又非常重要。如果没有指定操作数据库，查询都是针对当前打开的数据库进行的。当连接 SQL Server 服务器时，如果没有指定连接到哪一个数据库，则服务器会自动连接到默认的数据库。如果用户没有做过任何更改，用户默认的数据库则是 master 数据库。前面已经介绍过，master 数据库中保存的是 SQL Server 服务器的系统信息，用户操作不当会产生严重后果。所以为了避免此类问题，应及时切换数据库。

（1）使用“对象资源管理器”打开数据库

【例 3-6】　使用“对象资源管理器”打开“Library”数据库。

在“对象浏览器”窗格中展开“数据库”结点，单击要打开的“Library”数据库，则在右侧窗格中列出当前打开的数据库对象，包括数据库关系图、表、视图等。

（2）使用数据库下拉列表打开并切换数据库

【例 3-7】　使用数据库下拉列表打开“Teaching”数据库。

单击“SQL Server Management Studio”窗口中工具栏上的 新建查询(N) 按钮，在右侧窗格中将显示“查询”窗格，单击工具栏中的数据库下拉列表框 master ，如图 3-11 所示，选择“Teaching”数据库名，则将其设置为当前操作数据库。

（3）使用 T-SQL 语句打开并切换数据库

使用 T-SQL 语句打开并切换数据库的命令是 USE。其语法格式如下：

```
USE database_name
```

其中，database_ name 是要打开的数据库名称。

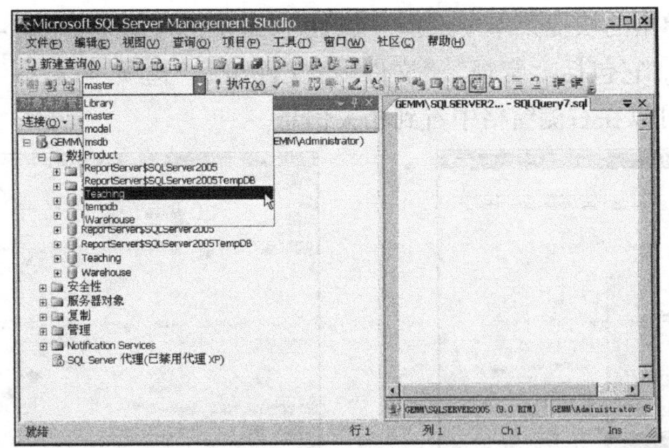

图 3-11　在“查询分析器”中打开数据库

【例 3-8】 使用 T-SQL 语句打开“Product”数据库。

在“查询”窗格中输入如下代码：

```
USE Product
```

然后单击“执行”按钮，则在当前数据库列表框中显示的数据库名为“Product”。

3. 修改数据库

在使用数据库的过程中，可以根据需要修改数据库属性。

（1）使用“对象资源管理器”修改数据库

【例 3-9】 使用“对象资源管理器”将“Warehouse”数据库重命名为“Warehouse1”。

在“对象资源管理器”窗格中，右击要更改名称的“Warehouse”数据库，在弹出的快捷菜单中选择“重命名”命令，如图 3-12 所示，输入新的数据库名称“Warehouse1”，按 <Enter> 键或单击空白处即可。

【例 3-10】 使用“对象资源管理器”修改“Library”数据库属性。修改数据文件的逻辑文件名为“Library_ data”，初始大小为 4MB，最大容量为 50MB，文件增长量为 15%。

在“对象资源管理器”窗格中，右击要修改的“Library”数据库，在弹出的快捷菜单中选择“属性”命令，将出现“数据库属性-Library”窗口，单击“文件”选项，在右侧窗格中按照题目要求进行修改，结果如图 3-13 所示。

（2）使用 T-SQL 语句修改数据库

使用 T-SQL 语句修改数据库的命令是：ALTER DATABASE。可以重命名数据库，增加、删除、修改数据库文件，增加、删除、修改数据库文件组。注意：数据库管理员或者拥有 ALTER DATABASE 权限的用户才有权限执行该语句。下面分别给出每一部分的语法。

①数据库重命名：

```
ALTER DATABASE database_name
MODIFY NAME = new_database_name
```

其中：

database_ name：要修改的数据库的名称。

MODIFY NAME = new_ database_ name：使用指定的名称 new_ database_ name 重命名数据库。

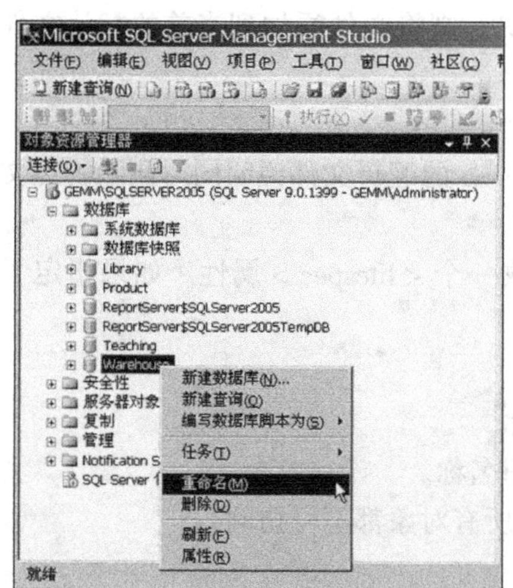

图 3-12　重命名数据库

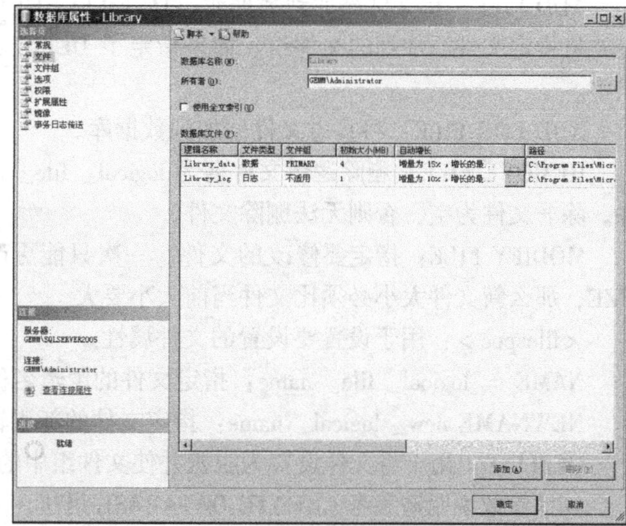

图 3-13　修改数据库属性

【例 3-11】　使用 T-SQL 语句将“Warehouse1”数据库重命名为“Warehouse”。

在“查询”窗格中输入如下代码：

```
ALTER DATABASEWarehouse1
MODIFY NAME  = Warehouse
```

然后单击“执行”按钮，则在当前数据库列表框中显示的数据库名为“Warehouse”。在“对象资源管理器”窗格中刷新数据库后也将看到数据库已重命名为“Warehouse”。

②增加、删除、修改数据库文件：

```
ALTER DATABASE database_name
ADD FILE  <filespec > [ ,... ,n ][ TO FILEGROUP { filegroup_name | DEFAULT } ]
| ADD LOG FILE  <filespec > [ ,... ,n ]
| REMOVE FILE logical_file_name
| MODIFY FILE  <filespec >

<filespec > : : =
(    NAME  = logical_file_name
     [ , NEWNAME  = new_logical_name ]
     [ , FILENAME  = 'os_file_name' ]
     [ , SIZE  = size ]
     [ , MAXSIZE  = { max_size | UNLIMITED } ]
     [ , FILEGROWTH  = growth_increment]
     [ , OFFLINE ]
)
```

其中：

ADD FILE：将文件添加到数据库。TO FILEGROUP { filegroup_ name | DEFAULT } 指定要将指定文件添加到的文件组。如果指定了 DEFAULT，则将文件添加到当前的默认文件组中。

ADD LOG FILE：将日志文件添加到数据库。

REMOVE FILE：删除逻辑文件名为 logical_ file_ name 的逻辑文件说明同时删除物理文件。除非文件为空，否则无法删除文件。

MODIFY FILE：指定要修改的文件。一次只能更改一个 <filespec> 属性。如果指定了 SIZE，那么新文件大小必须比文件当前大小要大。

<filespec>：用于设置要设置的文件属性。

NAME = logical_ file_ name：指定文件的逻辑名称。

NEWNAME new_ logical_ name：指定文件的新逻辑名称。

OFFLINE：用于将文件设置为脱机并使文件组中的所有对象都不可访问。

其他参数说明请参考 CREATE DATABASE 语法。

【例 3-12】 使用 T-SQL 语句增加“Library”数据库属性。在【例 3-10】中已经设置数据文件“Library_ data”的文件大小为 4MB、最大容量为 50MB，现在修改文件大小为 5MB、最大容量为 80MB。

在“查询”窗格中输入如下代码：

```
ALTER DATABASELibrary
MODIFY  FILE
( NAME = Library_data,
  SIZE = 5MB,
  MAXSIZE = 80MB)
```

单击“执行”按钮执行语句，查看“Library”数据库的属性会发现“Library”数据库属性已经被修改。

③增加、删除、修改数据库文件组：

```
ALTER DATABASE database_name
ADD FILEGROUP filegroup_name
| REMOVE FILEGROUP filegroup_name
| MODIFY FILEGROUP filegroup_name
{ { READONLY|READWRITE} | { READ_ONLY|READ_WRITE } | DEFAULT | NAME = new_filegroup_
name}
```

其中：

ADD FILEGROUP：将名为 filegroup_ name 的文件组添加到数据库。

REMOVE FILEGROUP：从数据库中删除名为 filegroup_ name 文件组。除非文件组为空，否则无法将其删除。

MODIFY FILEGROUP：修改名为 filegroup_ name 的文件组。

READ_ ONLY | READONLY：指定文件组为只读。不允许更新其中的对象。主文件组不能设置为只读。若要更改此状态，必须对数据库有独占访问权限。

READ_ WRITE | READWRITE：将该组指定为读/写。允许更新文件组中的对象。若要更改此状态，必须对数据库有独占访问权限。

DEFAULT：将默认数据库文件组更改为 filegroup_ name。

NAME = new_ filegroup_ name：将文件组名称重命名为 new_ filegroup_ name。

【例3-13】 使用 T-SQL 语句向“Library”数据库中增加一个文件组“MyGroup1”，在该文件组中包含两个数据文件和一个事务日志文件。第一个数据文件的逻辑文件名分别为“MyGroup1 _ data1”，操作系统文件名为“MyGroup1 _ Data1. ndf”，保存在 D 盘的 MySQLData 文件夹中，初始大小为 1MB，最大容量为 50MB，文件自动增量为 1MB；第二个数据文件的逻辑文件名为“MyGroup1 _ Data2”，操作系统文件名为“MyGroup1 _ data1. ndf”，保存在 E 盘的 MySQLData 文件夹中，初始大小为 2MB，最大容量为 50MB，文件自动增量为 10%。事务日志文件的逻辑文件名为“My_ log”，操作系统文件名为“My_ log. ldf”，保存在 E 盘的 MySQLData 文件夹中，初始大小为 1MB，最大容量为 50MB，文件自动增量为 1MB。

在“查询”窗格中输入如下代码：

```
ALTER DATABASE Library
ADD FILEGROUP MyGroup1
ALTER DATABASE Library
    ADD FILE
    (   NAME = MyGroup1_data1,
        FILENAME = 'D:\MySQLData\MyGroup1_Data1. ndf',
        SIZE = 1 MB,
        MAXSIZE = 50 MB,
        FILEGROWTH = 1 MB),
    (   NAME = MyGroup1_data2,
        FILENAME = 'E:\MySQLData\MyGroup1_Data2. ndf',
        SIZE = 2 MB,
        MAXSIZE = 50 MB,
        FILEGROWTH = 10%
    )
    TO FILEGROUP MyGroup1
ALTER DATABASE Library
    ADD LOG FILE
    (   NAME = My_log,
        FILENAME = 'E:\MySQLData\My_log. ldf',
        SIZE = 1,
        MAXSIZE = 50,
        FILEGROWTH = 1)
```

单击“执行”按钮执行语句即可实现修改，打开“Library”数据库的属性窗口，单击

“文件”选项，在右侧窗格中所添加的数据文件和事务日志文件如图 3-14 所示。

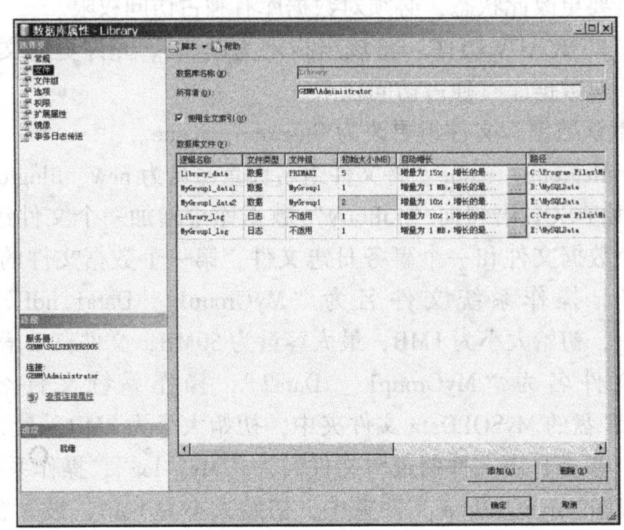

图 3-14　添加数据文件和事务日志文件

4. 删除数据库

对于不需要的数据库应该及时删除以释放数据库所占用的存储空间。数据库删除之后，文件及其数据都从服务器上的磁盘中删除。一旦删除数据库，它即被永久删除。所以在删除数据库之前，建议备份数据库，以防止错误删除导致的数据丢失。注意：不能删除系统默认数据库（当前操作数据库）。如果数据库正在使用，则无法删除。

(1) 使用“对象资源管理器”删除数据库

【例 3-14】 使用“对象资源管理器”删除“Warehouse”数据库。

在“对象资源管理器”窗格中展开“数据库”结点，右击要删除的“Warehouse”数据库，在弹出的快捷菜单中选择“删除”命令，将打开如图 3-15 所示的“删除对象”窗口。单击“确定”按钮，实现删除操作。

(2) 使用 T-SQL 语句删除数据库

使用 T-SQL 语句删除数据库的命令是：ALTER DATABASE。

```
DROP DATABASE database_name [ ,... ,n ]
```

其中：

database_ name：要删除的数据库的名称。

【例 3-15】 使用 T-SQL 语句删除“Product”数据库。

在“查询”窗格输入代码如下：

```
DROP DATABASE Product
```

单击“执行”按钮执行语句即可实现删除。当刷新“对象资源管理器”窗格中的“数据库”结点时就会看到“Product”数据库已被删除。

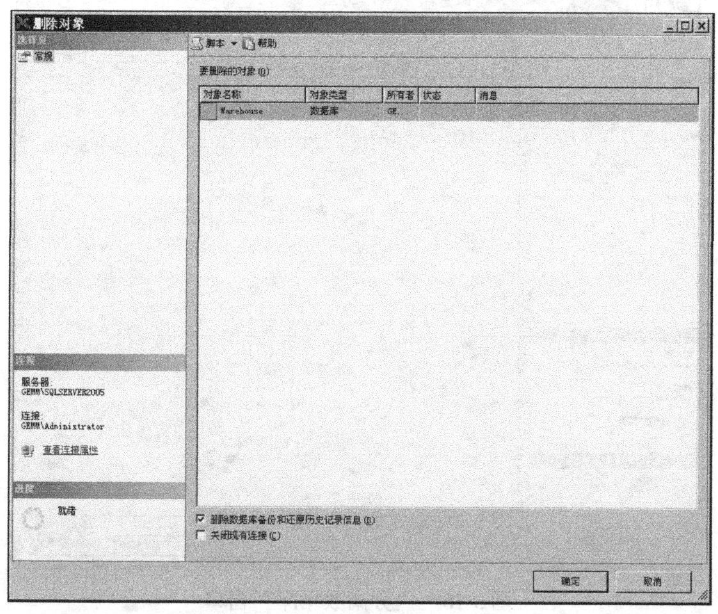

图 3-15　“删除对象”窗口

3.1.3　分离和附加数据库

分离数据库将数据库从某个 SQL Server 服务器中分离，但这并没有真正从磁盘中删除数据库文件。然后通过附加数据库，可以将没有加入到 SQL Server 服务器的数据库文件加到服务器中。

将数据库或数据库文件移动到另一服务器或磁盘有下面 3 个步骤：

① 分离数据库。

② 将数据库文件移到另一服务器或磁盘。

③ 通过指定移动文件的新位置附加数据库。

1. 分离数据库

【例 3-16】　使用“对象资源管理器”分离“Teaching”数据库。

在“对象资源管理器”窗格中，右击要分离的“Teaching”数据库，在弹出的快捷菜单中选择“任务”→“分离”命令，将打开如图 3-16 所示的“分离数据库”窗口，单击“确定”按钮，即可完成分离数据库的工作。

2. 附加数据库

附加数据库是分离数据库的逆操作。

【例 3-17】　假设现在分离了“Teaching”数据库之后已经将数据文件和日志文件移动到 E:\MySQLData 文件夹下，现在请使用对象资源管理器“Teaching”数据库附加到 SQL Server。

在“对象资源管理器”窗格中，右击“数据库”结点，在弹出的快捷菜单中选择“附加”命令，打开“附加数据库”窗口，单击“添加”按钮，找到要附加数据库的 .mdf 文件，单击“确定”按钮，即可完成附加数据库的工作，如图 3-17 所示。

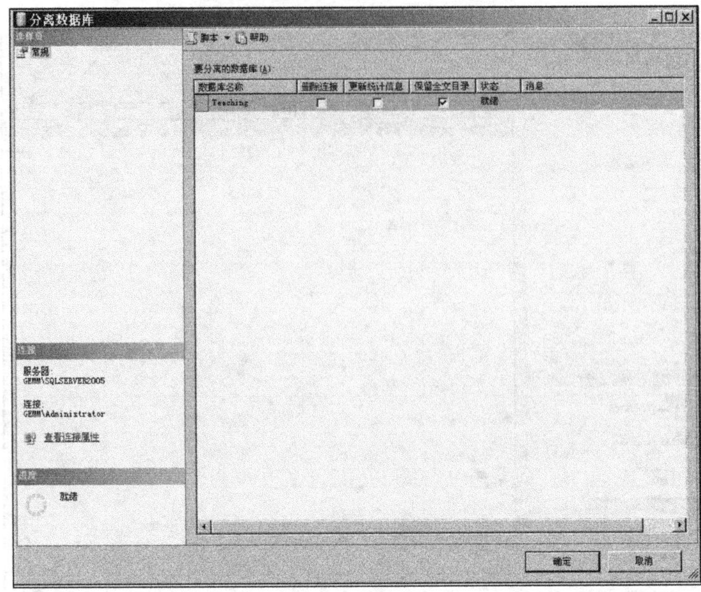

图 3-16 “分离数据库”窗口

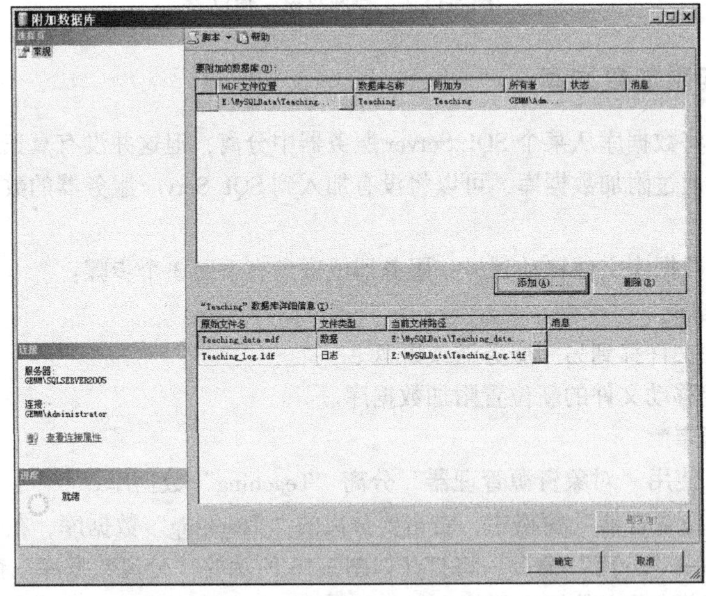

图 3-17 “附加数据库”窗口

3.2 创建和管理表

3.2.1 表简介

表是包含数据库中所有数据的数据库对象，也称为基本表（base table）。SQL Server 是关系数据库，关系模型采用二维表格的结构，一个关系对应数据库中的一个基本表。

在使用数据库的过程中，经常操作的就是基本表。与电子表格相似，数据在表中是按行和列的格式组织排列的。每行代表唯一的一条元组（记录），它是一条信息的组合；而每列代表记录中的一个域（属性、字段），每一列的名称称为属性名或字段名。例如，在包含学生基本信息的“学生表”中每一行代表一名学生，各列分别表示学生的详细资料，如学号、姓名、性别、民族、出生日期、专业等，如表 3-1 所示。

表 3-1　“学生”表

学　号	姓　名	性　别	民　族	出生日期	专　业
09101001	张强	男	汉	1991-1-9	生物医学工程
09101002	张丹	女	汉	1991-1-22	生物医学工程
09101003	王丽	女	回	1991-1-12	生物医学工程
09102001	李霞	女	汉	1988-11-12	自动化
09102002	赵扩	女	回	1990-10-19	自动化

3.2.2　创建表

当建立了数据库后，要分析考虑如何根据需要设计数据库中的表和如何创建各个表了。

创建表就是定义表结构以及向表中添加数据。

为了定义表的结构，需要明确这个表将包含哪些类型的数据，需要设置哪些字段，字段宽度是多少，哪些字段可以接受空值，哪些字段应设置为主键或者外键，是否使用约束以及在何处使用，是否需要建立索引等。

如果确切知道了上述问题，就可以快速地定义好这个表的结构。不过，有时候序号在使用数据库过程中去修改表的结构，当此时修改表结构的时候，要尽可能保留已存储在原表中的所有数据。

设计表的时候还要注意各个字段的列宽要合适，应以“够用”为目的，尽量占用最小的存储空间。

1. 使用“对象资源管理器”创建表

【例 3-18】　根据表 3-2 所示的“学生”表的表结构定义表结构，使用“对象资源管理器”在“Teaching”数据库中创建“学生”表。

表 3-2　“学生”表的表结构

含　义	字段名	数据类型	字段长度	是否为空	约　束
学号	Xh	char	8	否	主键
姓名	Xm	char	8	否	无
性别	Xb	char	2	否	无
民族	Mz	varchar	10	是	无
出生日期	Csrq	datetime	不用指定	是	无
专业号	Zyh	Char	2	专业号	外键

（1）打开定义表的窗格

在“对象资源管理器”窗格中展开“数据库”结点，再展开“Teaching”数据库结点，右击该数据库的“表”结点，在弹出的快捷菜单中选择“新建表”命令，将打开表设计窗格，如图 3-18 所示。

（2）添加字段

在表设计窗格的上部网格中，分别输入表结构的各列字段名称、数据类型、数据长度和允许空等项。在表设计窗格的下部网格中，对上部网格中选择的字段设置附加属性，经常设置的是数据类型和长度。

(3) 修改表结构

请参考 3.2.4 节添加、修改、删除列。

(4) 设置主键

右击“Xh”列并在弹出的快捷菜单中选择“设置主键”，则在该列名左侧出现一个钥匙图标。若要删除该主键，则可以按同样方法将另一列设置为主键，或者右击“Xh”列并在弹出的快捷菜单中选择“移除主键”。

(5) 保存表

单击定义表的窗格右上方的“关闭”按钮，弹出对话框询问是否保存，单击该对话框下方的“是”按钮，打开“选择名称”对话框，如图 3-19 所示，输入表名“Xs”并单击“确定”按钮，完成表的定义。

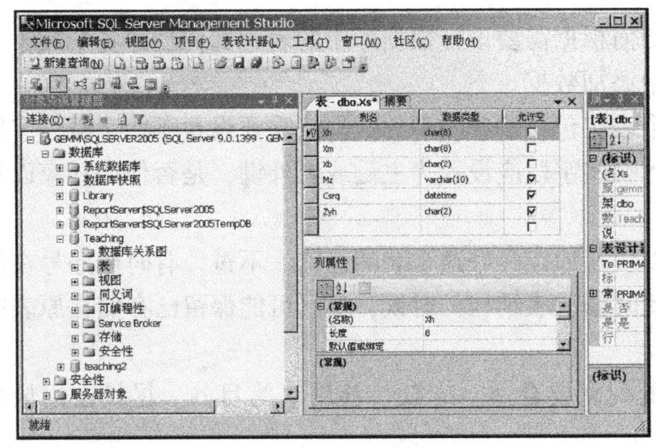

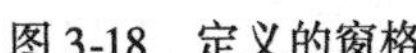
图 3-18 定义的窗格

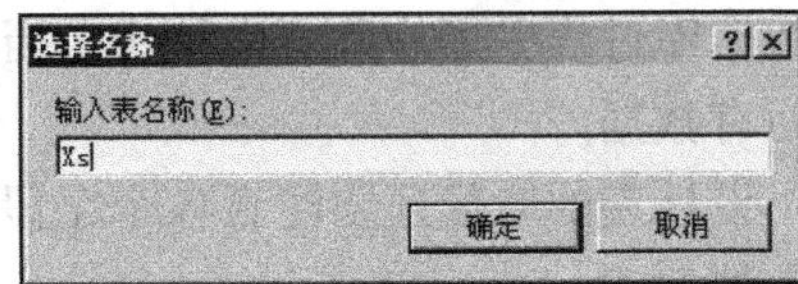

图 3-19 “选择名称”对话框

2. 在查询分析器中使用 T-SQL 语句创建表

使用 T-SQL 语言创建表结构的命令是：CREATE TABLE。其基本语法格式如下：

```
CREATE TABLE table_name
    ( <column_definition> | <table_constraint> [ ,...,n ] )
    [ ON{ filegroup | "default" } ]
    [ TEXTIMAGE_ON { filegroup | "default" } ]
<column_definition> ::=
    column_nametype_name [ ( precision [ , scale ]) ]
    [ NULL | NOT NULL ]
    [ CONSTRAINT constraint_name ] DEFAULT constant_expression ]
    [ <column_constraint> [ ...n ] ]
```

其中：

table_ name：指定在当前数据库中新建表的名称，须在一个数据库中是唯一的，且遵循 T-SQL 语言中的标识符规则。

< column_ definition >：表示列的定义。

column_ name：指定表中列的名称，在该表内必须唯一。

type_ name [(precision [, scale])]：列的数据类型定义。type_ name 指定列的数据类型；precision 指定新数据类型的精度；scale 指定新数据类型的小数位数。

NULL | NOT NULL：设置空值/非空值约束。NULL 表示该列可以接收空值。如果缺省和 NULL 含义相同。

[CONSTRAINT constraint_ name] DEFAULT constant_ expression：设置默认值约束。CONSTRAINT 表示约束定义的开始；constraint_ name 是默认约束名；DEFAULT 是默认约束关键词；constant_ expressio 是该列默认值。

<column_ constraint>列的其他约束的定义。将在 3.2.3 节中介绍。

< table_ constraint >表约束的定义。将在 3.2.3 节中介绍。

ON { filegroup | "default"}：如果指定了 filegroup，则该表将存储在命名的文件组中，数据库中必须存在该文件组。如果指定了"default"，或者根本未指定（即 ON），则表存储在默认文件组中。

TEXTIMAGE_ ON { filegroup | "default" }：指定 TEXT、NTEXT、IMAGE、varchar(max)、nvarchar（max）、varbinary（max）等列的数据存储在哪个数据库文件组。若省略该子句，这些类型的数据就和表一起存储在相同的文件组中。如果表中没有 TEXT、NTEXT 和 IMAGE 列，则可以省略此句。

【例 3-19】 根据表 3-3 所示的表结构，使用 T-SQL 语句创建“教师”表。

表 3-3 “教师”表的表结构

含 义	字 段 名	数据类型	字段长度	是否为空	约 束
教师号	Jsh	char	8	否	主键
姓名	Xm	char	8	否	无
性别	Xb	char	2	否	无
民族	Mz	varchar	10	是	无
出生日期	Csrq	datetime	不用指定	是	无
专业	Zy	varchar	20	是	无
职称	Zc	char	6	是	无
部门	Bm	char	5	是	无

在“查询”窗格中输入如下代码：

```
USE teaching
GO
CREATE TABLE Js
(  Jsh        char(8) PRIMARY KEY,
   Xmchar(8) NOT NULL,
   Xbchar(2),
   Mzvarchar(10),
   Csrqdatetime,
   Zyvarchar(20),
   Zcchar(6),
   Bmchar(5)    )
GO
```

执行代码并在“对象资源管理器”中右击“teaching”数据库结点下的表结点，在弹出的快捷菜单中选择“刷新”，将看到所创建的“Js”表，结果如图 3-20 所示。

注意：在执行创建表的代码之前，一定要将 teaching 数据库设置为当前数据库；否则，表将创建到默认数据库中。

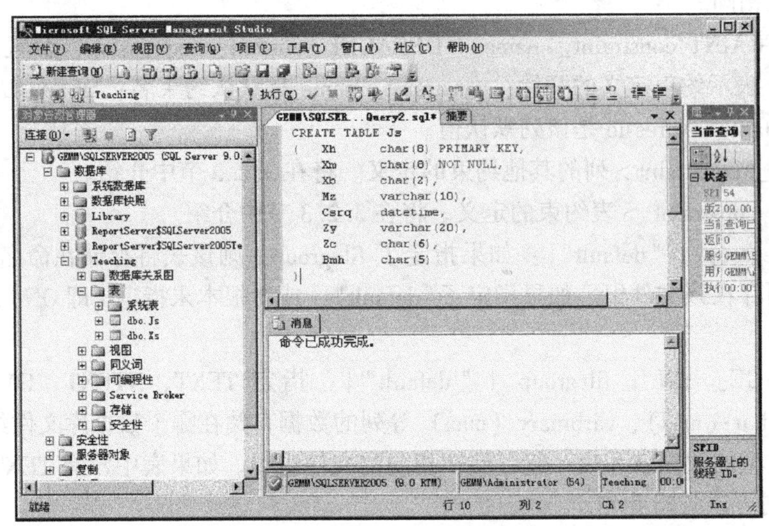

图 3-20　创建“Js”表的窗口

请自行完成下面 3 个题目。

【例 3-20】　根据表 3-4 所示的表结构，使用 T-SQL 语句创建“专业”表。

表 3-4　“专业”表的表结构

含　义	字 段 名	数 据 类 型	字 段 长 度	是 否 为 空	约　束
专业号	Zyh	Char	2	否	主键
专业名	Zym	Varchar	20	否	无

【例 3-21】　根据表 3-5 所示的表结构，使用 T-SQL 语句创建“班级”表。

表 3-5　“学生”表的表结构

含　义	字 段 名	数 据 类 型	字 段 长 度	是 否 为 空	约　束
班号	Bh	char	5	否	主键
班长	Bz	char	8	是	

【例 3-22】　根据表 3-6 所示的表结构，使用 T-SQL 语句创建“部门”表。

表 3-6　“部门”表的表结构

含　义	字 段 名	数 据 类 型	字 段 长 度	是 否 为 空	约　束
部门号	Bmh	char	5	否	主键
部门名称	Bmmc	varchar	30	是	
部门电话	Bmdh	char	11	是	

3.2.3　设置约束

在定义表时还需要进一步定义，如主键、空值的设定，使数据库用户能够根据应用的需要对基本表的定义做出更为精确和详尽的规定。

1. 使用T-SQL语句设置约束

表的约束可以有下面两种方式：

列约束：在列的定义中给出对该列数据的约束条件。表中任意一行在该列上的值若在改变时破坏了规定的条件，将拒绝这种操作。

表约束：即在所有列定义后面给出的约束。表中任一行在该列（或列集合）上的值若在改变时破坏了规定的条件，将拒绝这种操作。

可以在创建表的时候设置约束，也可以在修改表的时候设置约束。

下面给出创建表时设置约束的语法。

（1）列约束

列约束是对某一个特定列的约束，包含在列定义中，直接跟在该列的其他定义之后，用空格分隔。在前面创建表的定义中已经包含空值/非空值约束和默认值约束，下面介绍主码约束、唯一约束、外码约束和检查约束，在表的定义中它们遵守 <column_ constraint> 部分的语法规则，格式如下：

```
<column_constraint> ::= [ CONSTRAINT constraint_name ]
{  { PRIMARY KEY | UNIQUE }
   | [ FOREIGN KEY ]
        REFERENCES ref_table_name [ ( ref_column ) ]
        [ ON DELETE { NO ACTION | CASCADE | SET NULL | SET DEFAULT } ]
        [ ON UPDATE { NO ACTION | CASCADE | SET NULL | SET DEFAULT } ]
        [ NOT FOR REPLICATION ]
   | CHECK [ NOT FOR REPLICATION ] ( logical_expression )
}
```

其中：

[CONSTRAINT constraint_ name]：可以缺省不写。

CONSTRAINT：表示约束定义的开始。

constraint_ name：默认约束名。

为了便于理解，下面分别列出每种约束的单个定义。每种约束的书写位置请参考表定义和列约束定义的语法。

1）空值/非空值约束用于设置某列上的值是否允许为空。语法如下：

```
NULL | NOT NULL
```

其中：

NULL：表示该列上值允许为空，即允许接受空值。

NOT NULL：表示该列上值不允许为空。

NULL不是0也不是空白，更不是填入字符串“NULL”，而是表示“不知道”“不确定”“没有数据”的意思。例如，主键列就不允许出现空值，否则就失去了唯一标识一条记录的作用。对于非主属性，若不注明此约束，则隐含为空值约束。

2）默认值约束用于设置当不给某列输入值时采用默认值。语法如下：

```
[ CONSTRAINT constraint_name ] DEFAULT constant_expression
```

其中：

DEFAULT：默认约束关键词。

constant_ expressio：该列默认值。

3）主码（键）约束。

用于设置基本表的主码（键）起唯一标识作用，其值不能为 NULL，也不能重复。一个关系只能有一个主码。

语法如下：

```
[ CONSTRAINT constraint_name ] PRIMARY KEY
```

其中：

PRIMARY KEY：主码（键）约束关键词。

4）唯一约束。

用于指明基本表在某列上的取值必须唯一，系统为保证其唯一性，最多该列只可以出现一个 NULL 值。在表约束中可以为一组列设置唯一约束。列唯一约束的语法如下：

```
[ CONSTRAINT constraint_name ] UNIQUE
```

其中：

UNIQUE：唯一约束关键词。

PRIMARY KEY 与 UNIQUE 的区别：在一个基本表中只能定义一个 PRIMARY KEY 约束，但可定义多个 UNIQUE 约束；对于指定为 PRIMARY KEY 的一个列或多个列的组合，其中任何一列都不能出现空值，而对于 UNIQUE 所约束的唯一键，则允许出现一个空值。注意：不能为同一个列或一组列既定义 UNIQUE 约束，又定义 PRIMARY KEY 约束。

5）外码（键）约束。

用于指定某一个列作为外码。其中，包含外码的表称为从表；包含外码所引用的主码（或唯一键）的表称主表。系统保证从表在外码上的取值要么为空值，要么是主表中某一个主码值（或唯一键值），以此保证主表和从表之间一对多的联系。在表约束中可以为一组列设置外码约束。列外码（键）约束的语法如下：

```
[ CONSTRAINT constraint_name ]
    [ FOREIGN KEY ] REFERENCES ref_table_name [ ( ref_column ) ]
        [ ON DELETE { NO ACTION | CASCADE | SET NULL | SET DEFAULT } ]
        [ ON UPDATE { NO ACTION | CASCADE | SET NULL | SET DEFAULT } ]
        [ NOT FOR REPLICATION ]
```

其中：

[FOREIGN KEY] REFERENCES：为列中的数据提供外码约束。

ref_ table_ name：FOREIGN KEY 约束引用的表（即主表，也叫父表）的名称

ref_ column：FOREIGN KEY 约束所引用的表中的一列名（即主表的主码或唯一键）。

ON DELETE { NO ACTION | CASCADE | SET NULL | SET DEFAULT }：指定如果子表中的行具有引用关系，并且被引用行已从父表中删除，则对子表中这些行将发生什么操作。默认值为 NO ACTION。

NO ACTION：数据库引擎将引发错误，并回滚对（撤销）父表中相应行的删除操作。

CASCADE：如果从父表中删除了一行，则将从引用表中删除相应行。

SET NULL：如果从父表中删除了一行，则子表中组成外键的相应值都将设置为 NULL。若要执行此约束，外键列必须可为空值。

SET DEFAULT：如果从父表中删除了一行，则子表中组成外键的相应值都将设置为默认值。若要执行此约束，所有外键列必须有默认定义。如果某个列可为空值，并且未设置默认值，组成外键的相应值都将设置为 NULL。

ON UPDATE { NO ACTION | CASCADE | SET NULL | SET DEFAULT }：指定如果子表中发生更改的行有引用关系，并且被引用行在父表中已更新，则这些行将发生什么操作。默认值为 NO ACTION。

NO ACTION：数据库引擎将引发错误，并回滚（撤销）对父表中相应行的更新操作。

CASCADE：如果在父表中更新了一行，则将在子表中更新相应行。

SET NULL：如果在父表中更新了一行，则子表中组成外键的相应值都将设置为 NULL。若要执行此约束，外键列必须可为空值。

SET DEFAULT：如果在父表中更新了一行，则子表中组成外键的相应值都将设置为默认值。若要执行此约束，所有外键列必须有默认定义。如果某个列可为空值，并且未设置默认值，组成外键的相应值都将设置为 NULL。

NOT FOR REPLICATION：当执行更新或删除操作时，将不会强制执行此约束。

6）检查约束。

用于设置列值所允许的范围。语法如下：

```
[ CONSTRAINT constraint_name ] CHECK [ NOT FOR REPLICATION ] ( logical_expression )
```

其中：

CHECK：是检查约束关键词。

logical_ expression：是该列值所允许的范围。

NOT FOR REPLICATION：是当执行插入、更新或删除操作时将不会强制执行此约束。

【例 3-23】 根据表 3-7 所示的表结构，使用 T-SQL 语句创建“课程”表。

表 3-7 “课程”表的表结构

含 义	字 段 名	数据类型	字段长度	是否为空	约 束
课程号	Kch	char	4	否	主键
课程名	Kcm	varchar	30	否	唯一
学时数	Xss	Int	不用指定	是	10~60
课程性质	Kcxz	char	4	是	默认值“考试”
类别	Lb	char	6	是	取值为“基础课”“专业课”“选修课”
教师号	Jsh	char	8	是	外键，主表为教师表，主键为 Jsh

在“查询”窗格中输入如下代码：

```
CREATE TABLE Kc
( Kch   char(4) CONSTRAINT pk_Kch PRIMARY KEY,
  Kcm   varchar(30)NOT NULL CONSTRAINT unique_Kcm UNIQUE,
  Xss   Int CONSTRAINT check_Xss CHECK(Xss between 10 and 60),
  Kcxz   char(4) CONSTRAINT default_Kcxz default '考试',
  Lb   char(6) CONSTRAINT check_Lb CHECK(Lb ='基础课' or Lb ='专业课' or Lb ='选修课'),
  Jsh   char(8) CONSTRAINT fk_Jsh_Jsh FOREIGN KEY REFERENCES Js(Jsh)   )
```

执行代码并在“对象资源管理器”中刷新“teaching”数据库结点下的表结点，将看到所创建的“Kc”表。

注意：主表和从表中相关字段的数据类型定义必须一致。

(2) 表约束

表约束是对某一个特定列或列集（多个列的集合）的约束，在表的定义中它位于所有列定义之后，与前面的列定义用逗号分隔。在所有的约束中，主码约束、唯一约束、外码约束和检查约束可以定义为表约束，在表的定义中它们遵守 <table_ constraint>部分的语法规则，格式如下：

```
< table_constraint > ::=[ CONSTRAINT constraint_name ]
{ { PRIMARY KEY | UNIQUE } [ CLUSTERED | NONCLUSTERED ] (column [ ASC | DESC ] [ ,
...,n ] )
  | FOREIGN KEY  ( column [ ,...,n ] )
      REFERENCES referenced_table_name [ ( ref_column [ ,...,n ] ) ]
      [ ON DELETE { NO ACTION | CASCADE | SET NULL | SET DEFAULT } ]
      [ ON UPDATE { NO ACTION | CASCADE | SET NULL | SET DEFAULT } ]
      [ NOT FOR REPLICATION ]
  | CHECK [ NOT FOR REPLICATION ] ( logical_expression ) }
```

其中：

在列约束中已出现过的标识符请参考列约束语法说明。

CLUSTERED | NONCLUSTERED：指示为 PRIMARY KEY 或 UNIQUE 约束创建聚集索引或非聚集索引。PRIMARY KEY：约束默认为 CLUSTERED；UNIQUE 约束默认为 NONCLUSTERED。

Column：指定主键列的名称。

ASC | DESC：指定索引列的排序方式，ASC 是升序，DESC 是降序。如果缺省则按升序排序。

【例 3-24】 根据表 3-8 所示的表结构，使用 T-SQL 语句创建“成绩”表。

表 3-8 “成绩”表的表结构

含义	字段名	数据类型	字段长度	是否为空	约束	
学号	Xh	char	8	否	主键	外键:主表为学生表(学号)
课程号	Kch	char	4	否		外键:主表为课程表(课程号)
成绩	Cj	numeric	精度 3,小数位 1	否	取值在 0 ~ 100 之间	

在“查询”窗格中输入如下代码：

```
CREATE TABLE Cj
(  Xh      char(8),
   Kch     char(4),
   Cj      numeric(3,1) NOT NULL CHECK(Cj > =0 and Cj < =100),
   CONSTRAINT pk_Xh_Kch PRIMARY KEY(Xh,Kch),
   FOREIGN KEY ( Xh ) REFERENCES Xs ( Xh ), - -缺省了 CONSTRAINT constraint_name
   FOREIGN KEY ( Kch ) REFERENCES Kc ( Kch )  - -缺省了 CONSTRAINT constraint_name)
```

执行代码并在“对象资源管理器”中刷新“teaching”数据库结点下的表结点，将看到所创建的“Cj”表。

2. 使用“对象资源管理器”设置约束

【例 3-25】 新建一个“teaching2”数据库，在该数据库下快速建立“教师”表和“课程表”（此处“课程表”只加非空约束），使用“对象资源管理器”为“课程表”设置表 3-7 中所要求的各种约束。

使用“对象资源管理器”新建“teaching2”数据库，设置“teaching2”为当前数据库。然后分别创建“教师表”和“课程表”，表设计窗格分别如图 3-21 和图 3-22 所示。

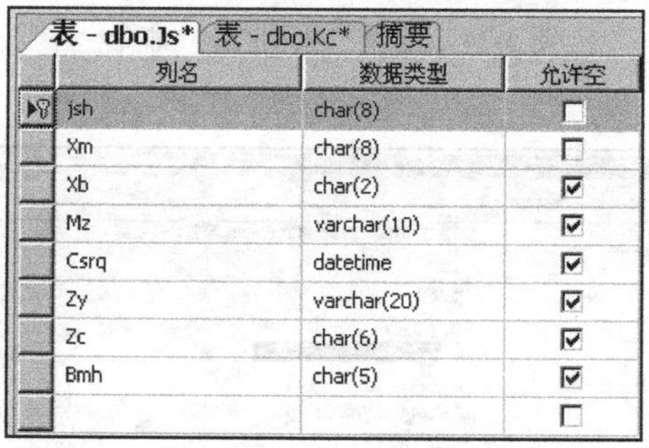

表 - dbo.Js* | 表 - dbo.Kc* | 摘要

列名	数据类型	允许空
jsh	char(8)	☐
Xm	char(8)	☐
Xb	char(2)	☑
Mz	varchar(10)	☑
Csrq	datetime	☑
Zy	varchar(20)	☑
Zc	char(6)	☑
Bmh	char(5)	☑
		☐

图 3-21　创建“Js”表的表设计窗格

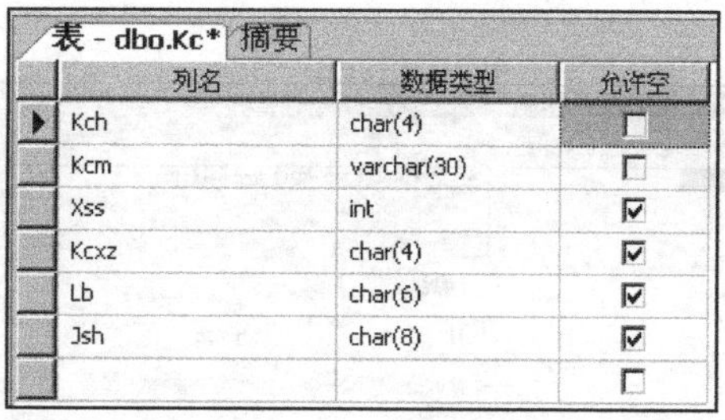

表 - dbo.Kc* | 摘要

列名	数据类型	允许空
Kch	char(4)	☐
Kcm	varchar(30)	☐
Xss	int	☑
Kcxz	char(4)	☑
Lb	char(6)	☑
Jsh	char(8)	☑
		☐

图 3-22　创建“Kc”表的表设计窗格

（1）空值/非空值约束

该约束已经在建表的时候设置好，即设置 Kch 和 Kcm 为非空值约束。

（2）主码（键）约束

如果已经关闭“课程”表的表设计窗格，则在“对象资源管理器”中右击“课程”表，在弹出的快捷菜单中选择“修改”命令，打开如图 3-22 所示的表设计窗格。

在“Kc”表的表设计窗格中右击“Kch”字段，在弹出的快捷菜单中选择“设置主键”命令，如图 3-23 所示。也可以单击工具栏中的“设置主键”按钮，完成设置后在该列名左侧出现一个钥匙图标。如果需要将多列设置为主键，则选中多个字段，再设置主键。

（3）唯一约束

在“Kc”表的表设计窗格中右击“Kcm”字段，并在弹出的快捷菜单中选择“索引/键”命令，如图 3-24 所示。

也可以单击工具栏中的“管理索引和键”按钮，打开“索引/键”对话框。

此时将打开如图 3-25 所示的“索引/键”对话框。在“索引/键”对话框中，单击“添加”按钮，则左侧列表框中出现唯一键名“IX_ Kc”（其右侧有一个“*”号，表示是正在编辑的键)，在右侧的“常规”选项的“类型”下拉列表中选择“唯一键”，在“是唯一的”下拉列表中选择“是”，当然也可以在“标识”文本框中修改“名称”值（键名），结果如图 3-26 所示。设置好相关选项后，单击“关闭”按钮，完成唯一约束的创建。

（4）默认值约束

在“Kc”表的表设计窗格中右击“Kcxz”字段，在下方“列属性”选项卡的“默认值或绑定”文本框中输入默认值“考试”，如图 3-27 所示。

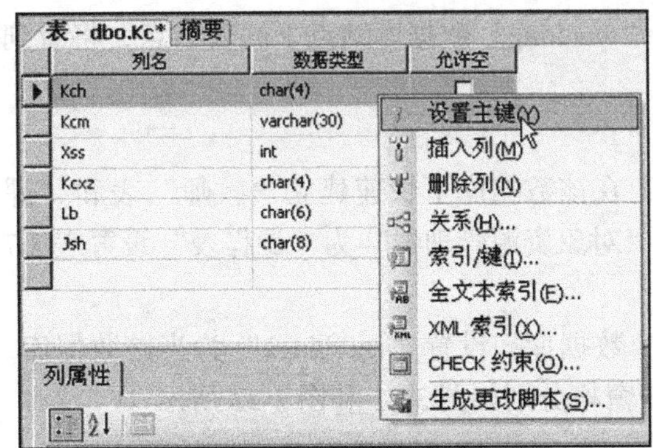

图 3-23　选择“设置主键”命令

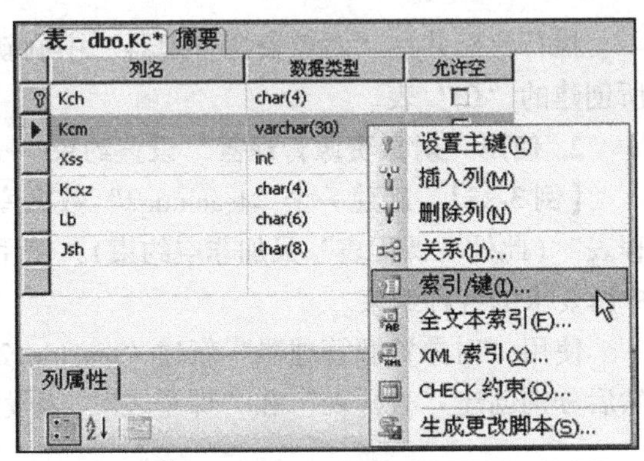

图 3-24　选择“索引/键”命令

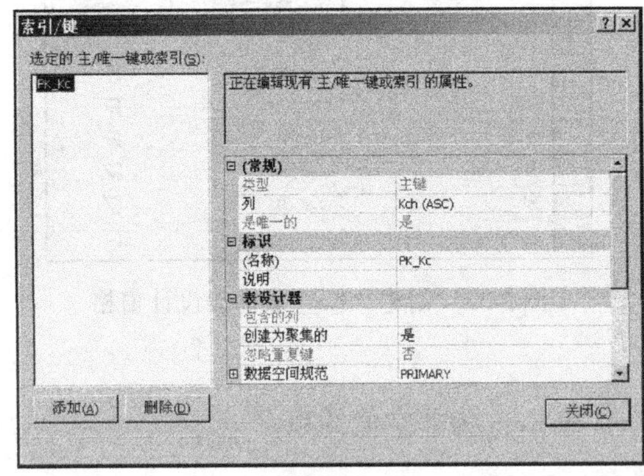

图 3-25　“索引/键”对话框

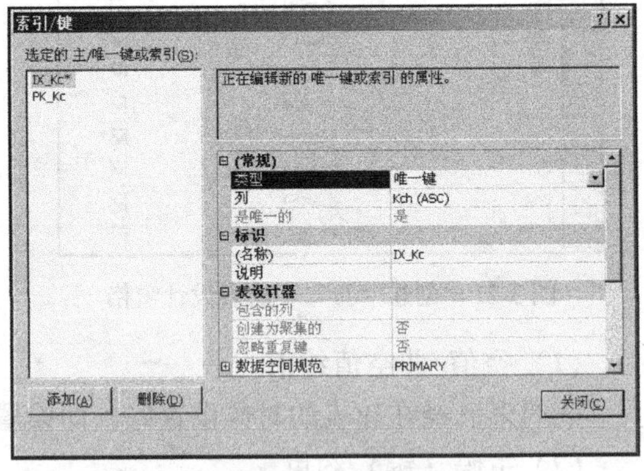

图 3-26　设置唯一约束的相关选项

注意：单引号不用输入，输入“考试”然后按 <Enter> 键后会自动生成。

(5) 外码（键）约束

在“Kc”表的表设计窗格中右击“Jsh”字段，并在弹出的快捷菜单中选择“关系”命令，如图 3-28 所示，打开“外键关系”对话框。

也可以单击工具栏中的“关系”按钮，打开“外键关系”对话框。

在“外键关系”对话框中，单击“添加”按钮，则左侧列表框中出现外键名“FK_ Kc _ Kc”，如图 3-29 所示。

在“外键关系”对话框中，单击右侧“表和列规范”选项，则在该行出现按钮，单击▭按钮打开“表和列”对话框。

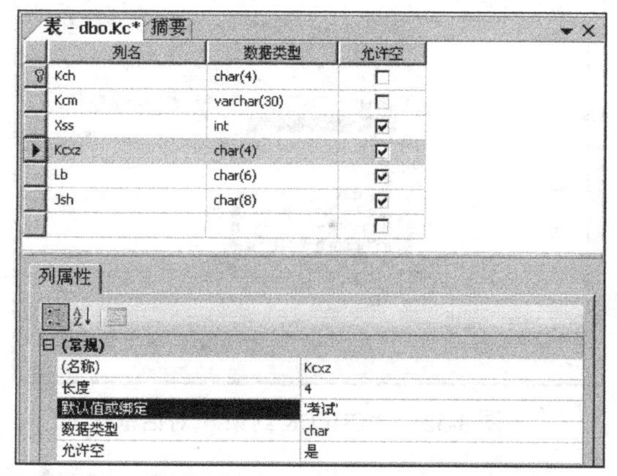

图 3-27　输入默认值

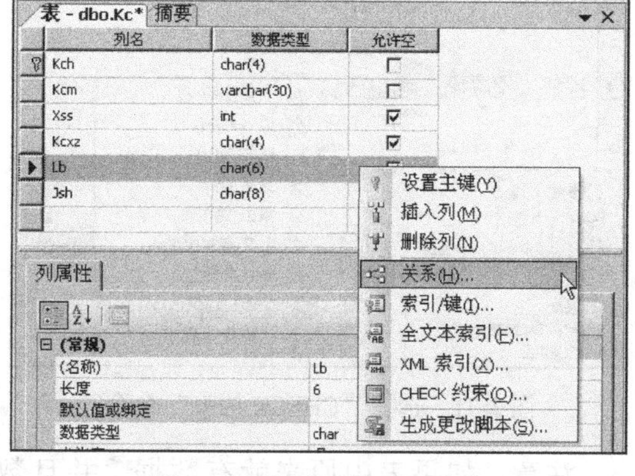

图 3-28　选择“关系”命令

在“主键表”下拉列表中选择“Js”表，“外键表”选项使用默认值“Kc”表，分别在“主键表”和“外键表”的下面选择“Jsh”字段，结果如图 3-30 所示。

单击“确定”按钮，关闭“表和列”对话框。在“外键关系”对话框中单击“关闭”按钮完成外键约束的创建。

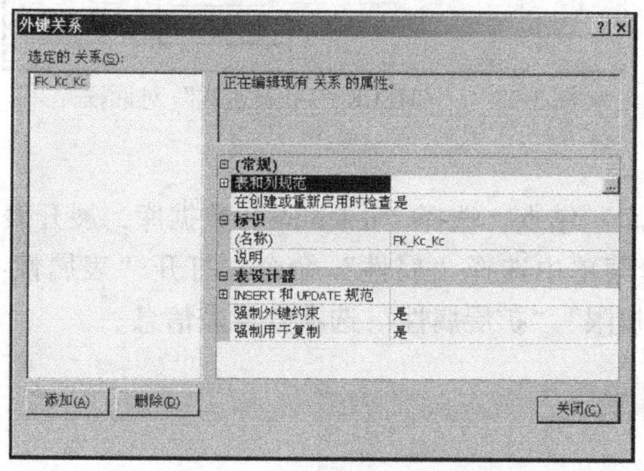

图 3-29　“外键关系”对话框

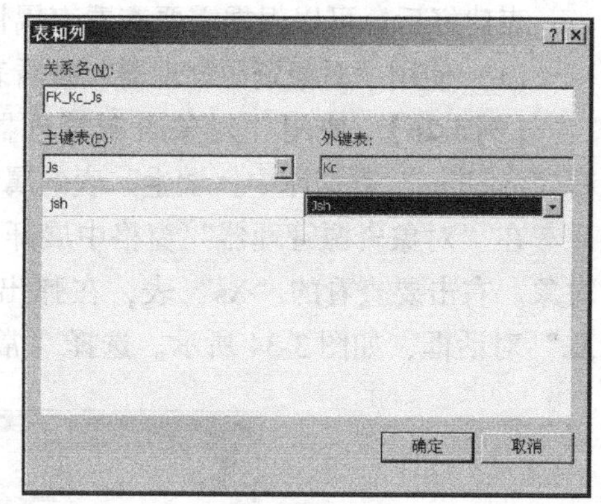

图 3-30　“表和列”对话框

（6）检查约束

在“Kc”表的表设计窗格中右击“Lb”字段，在弹出的快捷菜单选择“CHECK 约束”命令，如图 3-31 所示，将打开“CHECK 约束”对话框。

也可以单击工具栏中的“管理 CHECK 约束”按钮▭，打开“CHECK 约束”对话框。

在“CHECK 约束”对话框中，单击“添加”按钮，则左侧列表框中出现检查约束名“CK_ Kc”，然后单击右侧的“表达式”选项，则在该行出现▭按钮，如图 3-32 所示。

单击▭按钮打开“CHECK 约束表达式”对话框，输入“（[Lb] ='基础课' or [Lb] ='专业课' or [Lb] ='选修课'）”，如图 3-33 所示。

单击“确定”按钮，关闭“CHECK 约束表达式”对话框。在“CHECK 约束”对话框中单击“关闭”按钮完成检查约束的创建。

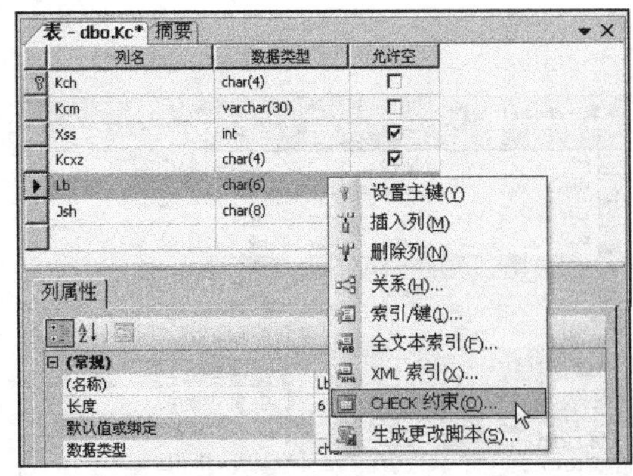

图 3-31　选择“CHECK 约束”命令

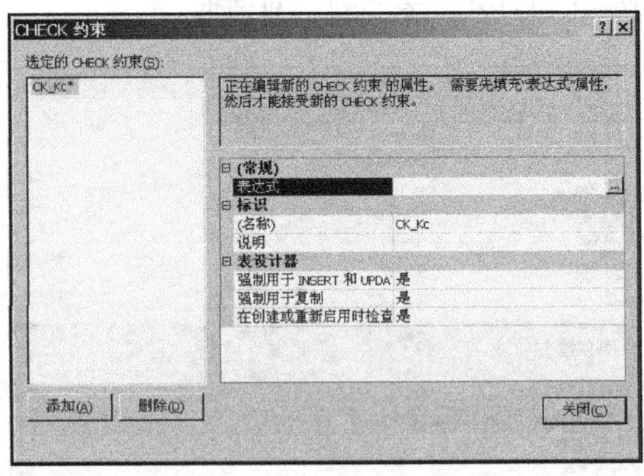

图 3-32　“CHECK 约束”对话框

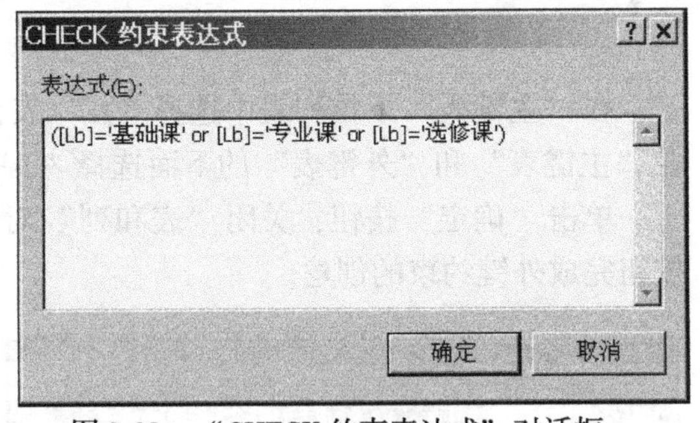

图 3-33　“CHECK 约束表达式”对话框

注意：如果表中原来就有数据，并且数据类型或范围与所创建的约束冲突，则不能成功创建该约束。

3.2.4　管理表

1. 查看表属性

表建好后，可以根据需要查看表属性。

（1）使用“对象资源管理器”查看表属性

【例 3-26】 使用“对象资源管理器”查看“teaching”数据库中“学生”表的属性。

在“对象资源管理器”窗格中展开“数据库”结点，选择“teaching”数据库，展开表对象。右击要查看的“Xs”表，在弹出的快捷菜单中选择“属性”命令，打开“表属性-Xs”对话框，如图 3-34 所示。选择“常规”“权限”“扩展属性”选项查看表信息。

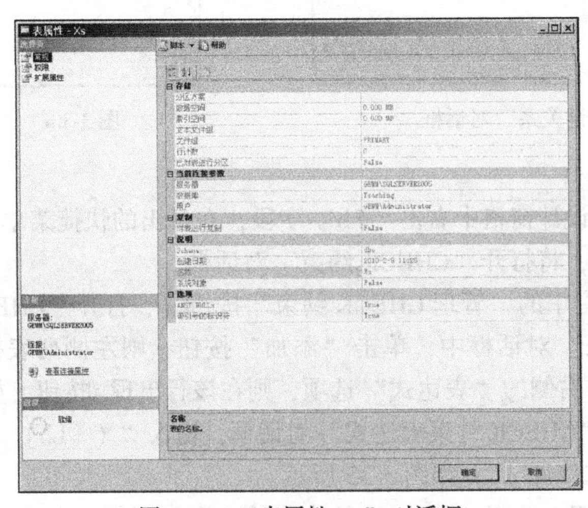

图 3-34　“表属性-Xs”对话框

（2）使用 T-SQL 语句查看表属性

可以使用系统存储过程 sp_ help 查看当前数据库中的表属性。语法格式如下：

```
sp_help ['table_name']
```

其中：

table_ name：要查看的表名。

【例 3-27】　使用 T-SQL 语句查看“teaching”数据库中“教师”表的属性。

在“查询”窗格中输入如下代码：

```
sp_help 'Js'
```

执行代码，结果如图 3-35 所示。

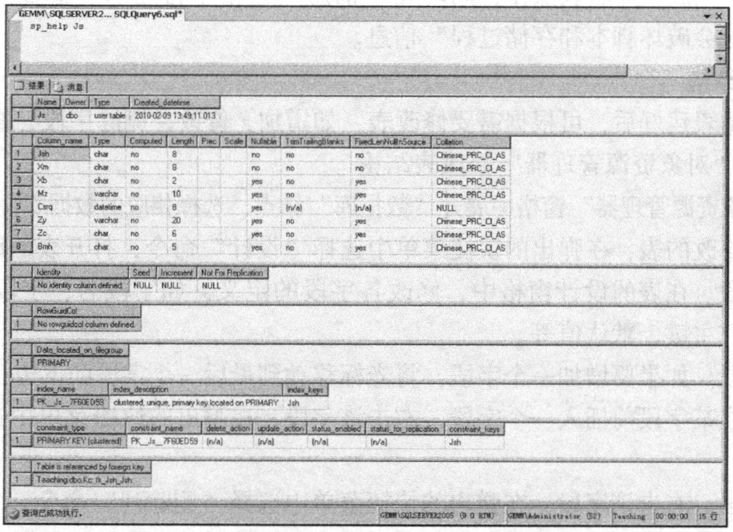

图 3-35　使用 sp_ help 存储过程查看表属性

2. 重命名表

在对数据库表进行操作时，常常会涉及对表的重新命名，当重命名表时，表名在包含该表的各数据库关系图中自动更新。

注意：如果现有的查询、视图、用户自定义函数、存储过程或程序中引用该表，则重命名表将使这些对象无效。

（1）使用“对象资源管理器”重命名表

【例 3-28】　使用“对象资源管理器”将“teaching”数据库中“班级”表的表名由“Bj”更改为“班级”。

在“对象资源管理器”窗格中展开“数据库”结点，选择“teaching”数据库，展开表对象。右击要重命名的“Bj”表，在弹出的快捷菜单中选择“重命名”命令，输入新的表名“班级”，按 <Enter> 键或单击空白处即可。

（2）使用 T-SQL 语句重命名表

可以使用系统存储过程 sp_ rename 更改当前数据库中用户创建的对象名称。语法如下：

```
sp_rename 'object_name', 'new_name'
```

其中：

对象可以是表、索引、列等。

object_ name：对象原名称。

new_ name：对象新名称。

【例 3-29】 使用 T-SQL 语句将“teaching”数据库中“部门”表的表名由“Bm”更改为“部门”。

在“查询”窗格中输入如下代码：

```
sp_rename 'Bm ', '部门'
```

执行代码，完成重命名表操作，同时在“消息”窗格中将显示“警告：更改对象名的任一部分都可能会破坏脚本和存储过程”信息。

3. 修改表结构

数据库中的表建好后，可根据需要修改表，如增加、修改、删除字段，修改字段属性。

（1）使用“对象资源管理器”修改表结构

①在“对象资源管理器”窗格中展开“数据库”结点，选择相应的数据库，展开表对象。

②右击要修改的表，在弹出的快捷菜单中选择“设计”命令，打开表的设计窗格。

③修改字段。在表的设计窗格中，修改各字段的定义，如字段名、字段类型、字段长度、是否为空、主键、默认值等。

④添加字段。如果要增加一个字段，将光标移动到最后一个字段的下边，输入新字段的定义。如果要在某字段前插入一个字段，右击该字段，在弹出的快捷菜单中选择“插入列”命令。

⑤删除字段。右击该字段，在弹出的快捷菜单中选择“删除列”命令。

【例 3-30】 使用“对象资源管理器”修改“部门”表结构，修改“部门名称”字段长度为 20，添加一个“主任”字段，数据类型为 char，字段长度为 8，删除“部门电话”字段。

请读者自行完成。

（2）使用 T-SQL 语句修改表结构

使用 T-SQL 语言修改表结构的命令是：ALTER TABLE。下面介绍其语法的两个部分：表字段的修改和表约束的修改。

修改表字段的语法如下：

```
ALTER TABLE table_name
ALTER COLUMN column_name type_name [ ( precision [ ,scale ] ) ] [ NULL | NOT NULL ]
| ADD
        { < column_definition >
        } [ ,... ,n ]
| DROP COLUMN column_name [ ,... ,n ]
```

其中：

table_ name：要修改的表名。

ALTER COLUM：指定要更改的列。

column_ name：要修改或删除的列名。

type_ name：指定新的数据类型名称。

ADD：添加一个或多个列的定义。

DROP COLUMN：指定要删除的列。

【例3-31】 使用T-SQL语句修改“教师”表结构，修改“部门”字段数据类型为varchar，字段长度为20，添加一个“备注”字段，数据类型为varchar，字段长度为100，删除“专业”字段。

在“查询”窗格中输入如下代码：

```
ALTER TABLE Js
    ALTER COLUMN Bm char(20)
ALTER TABLE Js
    ADD Bz varchar(100)
ALTER TABLE Js
    DROP COLUMN Zy
```

执行代码，则实现相应操作。

修改表约束的语法如下：

```
ALTER TABLE table_name
  ADD <table_constraint> [ ,... ,n ]
    | DROP [ CONSTRAINT ] constraint_name [ ,... ,n ]
```

其中：

ADD：添加一个或多个约束。

DROP [CONSTRAINT] constraint_ name：指定要删除的约束或列的名称。

【例3-32】 新建一个“teaching3”数据库，在该数据库下快速建立“教师”表和“课程”表（此处“课程”表只加非空约束），使用T-SQL语句为“课程”表设置表3-7中所要求的各种约束。

参照例3-25，完成建数据库和建表操作。在查询窗格中输入如下代码：

```
ALTER TABLE Kc
    ADD CONSTRAINT PK_Kch  PRIMARY KEY (Kch)
ALTER TABLE Kc
    ADD CONSTRAINT UK_Zyh UNIQUE(Kcm)
ALTER TABLE Kc
    ADD CONSTRAINT CHK_Xss CHECK (Xss between 10 and 60)
ALTER TABLE Kc
    ADD CONSTRAINT DEF_Kcxz DEFAULT '考试' FOR Kcxz
ALTER TABLE Kc
    ADD CONSTRAINT CHK_Lb CHECK (Lb ='基础课' or Lb ='专业课' or Lb ='选修课')
ALTER TABLE Kc
    ADD CONSTRAINT FK_KcJs FOREIGN KEY (Jsh) REFERENCES Js(Jsh)
```

执行代码，则实现相应操作。

【例 3-33】 使用 T-SQL 语句删除“teaching3”数据库的“课程”表中的两个 CHECK 约束。

在“查询”窗格中输入如下代码：

```
ALTER TABLEKc
    DROPCONSTRAINT CHK_Xss, CHK_Lb
```

执行代码，则实现相应操作。

【例 3-34】 使用 T-SQL 语句给“teaching”数据库的“学生”表中“专业号”字段添加外键约束，主表为“专业”表，对应的主键为“专业号”字段。

请用户自行完成。

4. 删除表

有些情况下必须删除表：例如要在数据库中实现一个新的设计或释放空间时。删除表后，该表的结构定义、数据、全文索引、约束和索引都从数据库中永久删除。

下面将分别使用“对象资源管理器”和 T-SQL 语句删除“班级”表和“部门”表。

(1) 使用“对象资源管理器”删除表

【例 3-35】 使用“对象资源管理器”删除“teaching”数据库中的“班级”表。

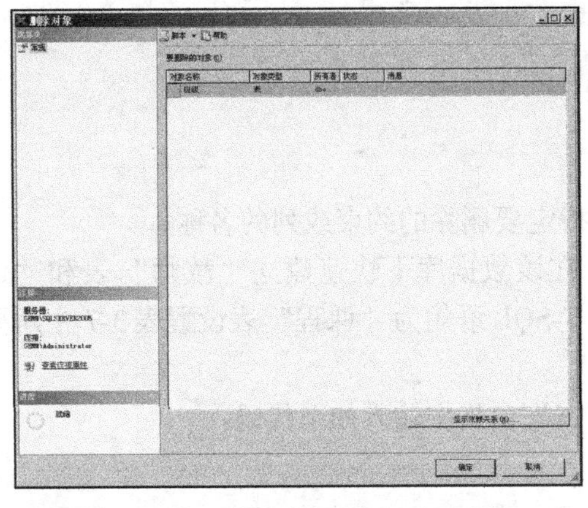

图 3-36 “删除对象”窗口

在“对象资源管理器”窗格中展开“数据库”结点，选择相应的“teaching”数据库并展开其中的表结点。右击要删除的“Bj”表，在弹出的快捷菜单中选择“删除”命令，打开如图 3-36 所示的“删除对象”窗口，单击“确定”按钮即可删除“班级”表。

(2) 使用 T-SQL 语句删除表

使用 T-SQL 语句删除表的命令是：DROP TABLE。其语法格式如下：

```
DROP TABLE table_name [ ,...,n ]
```

其中：

table_ name：要删除的当前数据库中的表名。

注意：不能使用 DROP TABLE 删除被 FOREIGN KEY 约束引用的主表，必须先删除引用 FOREIGN KEY 约束或从表。

【例 3-36】 使用 T-SQL 语句删除“teaching”数据库中的“部门”表。

在“查询”窗格中输入如下代码：

```
DROP TABLE 部门
```

执行代码并在“对象资源管理器”中刷新“teaching”数据库结点下的表结点，将看到“部门”表已被删除。

3.2.5 数据操作

一个表创建以后，只是一个空表，若想实现数据存储，则向表中添加数据。在使用和维护数据库的过程中随时要对数据做添加、修改、删除、查询操作。

下面将以“teaching”数据库为例分别使用“对象资源管理器”和T-SQL语句实现数据操作。经过前几小节的操作，现在“teaching”数据库中的表及结构如下：

专业（专业号，专业名）

学生（学号，姓名，性别，民族，出生日期，专业号）

教师（教师号，姓名，性别，民族，出生日期，职称，部门，备注）

课程（课程号，课程名，学时数，课程性质，类别，教师号）

成绩（学号，课程号，成绩）

1. 使用“对象资源管理器”进行数据操作

【例3-37】 使用“对象资源管理器”在“专业”表中进行数据操作。

（1）查看数据

在“对象资源管理器”窗格中展开“数据库”结点，选择相应的数据库，展开表结点。右击要查看的“专业”表，在弹出的快捷菜单中选择“打开表”命令，就会打开表格形式的“结果”窗格，如图3-37所示。

（2）添加数据

在表中“＊”号所在行可以输入新记录，如果输入数据的单元格右侧显示“感叹号”，则表示数据还未提交给数据库。添加的数据如图3-38所示。

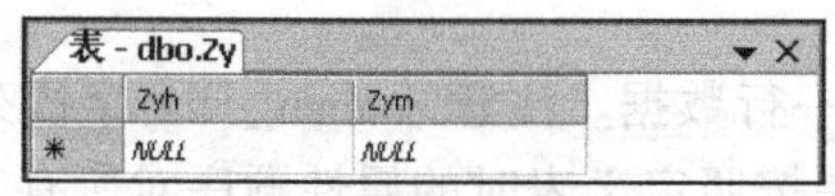

图3-37 “结果”窗格

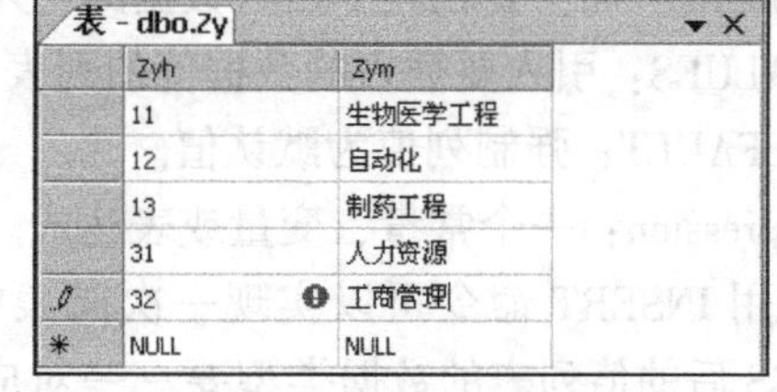

图3-38 向表中输入数据

（3）修改数据

单击“Zyh”为“13”的单元格，选中“13”，直接输入“21”。

（4）删除数据

右击“Zyh”为“32”的单元格所在行左侧的灰色区域，在弹出的快捷菜单中选择“删除”命令，将出现如图3-39所示的对话框，单击“是”按钮删除该行数据。

图3-39 删除数据对话框

对数据的操作更常用的是在查询分析器使用 T-SQL 语句。下面将分别介绍数据的添加、修改、删除和最简单的一个查询的语法。

2. 使用 T-SQL 语句进行数据操作

(1) 查看数据

使用 T-SQL 语句查看表中记录的命令是 SELECT。关于 SELECT 的更详细语法将在第 4 章介绍，此处仅给出查询单个表中所有记录的最简单语法。语法格式如下：

```
SELECT * FROM table_name
```

【例 3-38】 使用 T-SQL 语句查看“专业”表中的数据。

在“查询”窗格其中输入如下代码：

```
SELECT * FROM Zy
```

执行代码将看到查询结果如图 3-40 所示。

(2) 添加数据

使用 T-SQL 语句向表中添加记录的命令是 INSERT。语法格式如下：

```
INSERT [ INTO]table_name( column_list )
    VALUES ( { DEFAULT | NULL | expression } [ ,... n ] )
```

其中：

table_ name：将要接收数据的表名称。

column_ list：要在其中插入数据的一列或多列的字段名表，字段名间用逗号间隔。

VALUES：引入要插入的数据值的列表。

DEFAULT：强制列值为默认值。

expression：一个常量、变量或表达式。

使用 INSERT 命令可以实现一次向表中追加一行数据。注意 column_ list 字段列表和 VALUES 后的值列表的数据类型要一一对应，如果按照定义表时的属性顺序对所有字段给值，则可以省略 column_ list 字段列表。

【例 3-39】 使用 T-SQL 语句向“学生”表中添加如图 3-41 所示数据。

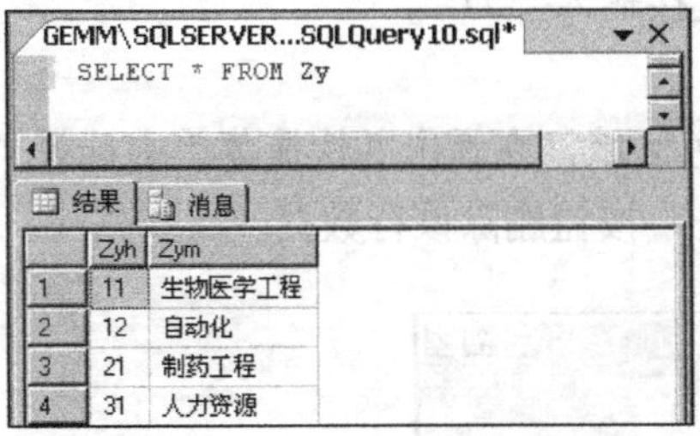

GEMM\SQLSERVER...SQLQuery10.sql*

```
SELECT * FROM Zy
```

结果 | 消息

	Zyh	Zym
1	11	生物医学工程
2	12	自动化
3	21	制药工程
4	31	人力资源

图 3-40　显示“专业”表数据

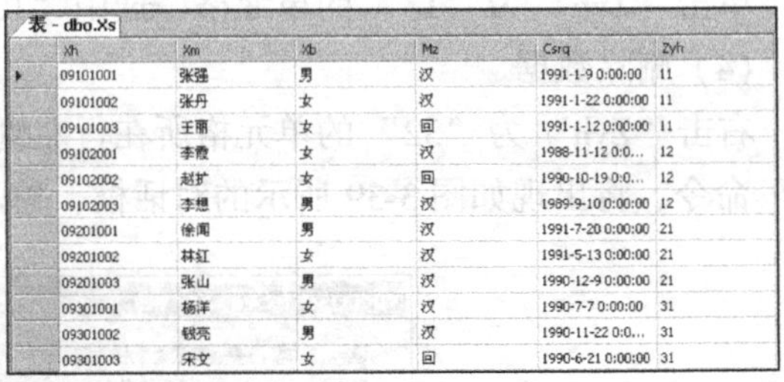

表 - dbo.Xs

Xh	Xm	Xb	Mz	Csrq	Zyh
09101001	张强	男	汉	1991-1-9 0:00:00	11
09101002	张丹	女	汉	1991-1-22 0:00:00	11
09101003	王丽	女	回	1991-1-12 0:00:00	11
09102001	李霞	女	汉	1988-11-12 0:0...	12
09102002	赵扩	女	回	1990-10-19 0:0...	12
09102003	李想	男	汉	1989-9-10 0:00:00	12
09201001	徐闻	男	汉	1991-7-20 0:00:00	21
09201002	林红	女	汉	1991-5-13 0:00:00	21
09201003	张山	男	汉	1990-12-9 0:00:00	21
09301001	杨洋	女	汉	1990-7-7 0:00:00	31
09301002	钱亮	男	汉	1990-11-22 0:0...	31
09301003	宋文	女	回	1990-6-21 0:00:00	31

图 3-41　“学生”表数据

在“查询”窗格中输入如下代码：

```
INSERT INTO Xs (Xh,Xm,Xb,Mz,Csrq,Zyh)
VALUES('09101001','张强','男','汉','1991-1-9','11')
INSERT INTO Xs (Xh,Xm,Xb,Mz,Csrq,Zyh)
VALUES('09101002','张丹','女','汉','1991-1-22','11')
INSERT INTO Xs (Xh,Xm,Xb,Mz,Csrq,Zyh)
VALUES('09101003','王丽','女','回','1991-1-12','11')
INSERT INTO Xs (Xh,Xm,Xb,Mz,Csrq,Zyh)
VALUES('09102001','李霞','女','汉','1988-11-12','12')
INSERT INTO Xs (Xh,Xm,Xb,Mz,Csrq,Zyh)
VALUES('09102002','赵扩','女','回','1990-10-19','12')
INSERT INTO Xs (Xh,Xm,Xb,Mz,Csrq,Zyh)
VALUES('09102003','李想','男','汉','1989-9-10','12')
INSERT INTO Xs (Xh,Xm,Xb,Mz,Csrq,Zyh)
VALUES('09201001','徐闻','男','汉','1991-7-20','21')
INSERT INTO Xs (Xh,Xm,Xb,Mz,Csrq,Zyh)
VALUES('09201002','林红','女','汉','1991-5-13','21')
INSERT INTO Xs (Xh,Xm,Xb,Mz,Csrq,Zyh)
VALUES('09201003','张山','男','汉','1990-12-9','21')
INSERT INTO Xs (Xh,Xm,Xb,Mz,Csrq,Zyh)
VALUES('09301001','杨洋','女','汉','1990-7-7','31')
INSERT INTO Xs (Xh,Xm,Xb,Mz,Csrq,Zyh)
VALUES('09301002','钱亮','男','汉','1990-11-22','31')
INSERT INTO Xs (Xh,Xm,Xb,Mz,Csrq,Zyh)
VALUES('09301003','宋文','女','回','1990-6-21','31')
```

注意：char、varchar和datetime型数据在SQL语句中的值外加单引号。“专业号”字段值必须是在“专业”表中已有的“专业号”字段值，否则将违反约束，SQL Server将拒绝添加数据。

【例3-40】 使用T-SQL语句向“教师”表中添加如图3-42所示的数据。

表 - dbo.Js

Jsh	Xm	Xb	Mz	Csrq	Zc	Bm	Bz
19907005	毛志远	男	满	1960-1-22 0:00:00	教授	计算机	NULL
19907006	杨成泽	女	回	1979-10-19 0:0...	讲师	英语	NULL
19937012	徐炳晔	男	汉	1965-7-20 0:00:00	副教授	英语	NULL
19997006	王丽丽	女	回	1970-9-12 0:00:00	副教授	数学	NULL
20007011	张红梅	女	汉	1978-1-30 0:00:00	讲师	计算机	NULL
20057012	赵东胜	男	汉	1983-11-12 0:0...	助教	数学	NULL

图3-42 “教师”表数据

在“查询”窗格中输入如下代码：

```
INSERT INTO Js (Jsh,Xm,Xb,Mz,Csrq,Zc,Bm)
VALUES('20007011','张红梅','女','汉','1978-1-30','讲师','计算机')
INSERT INTO Js (Jsh,Xm,Xb,Mz,Csrq,Zc,Bm)
VALUES('19907005','毛志远','男','满','1960-1-22','教授','计算机')
```

```
INSERT INTO Js (Jsh,Xm,Xb,Mz,Csrq,Zc,Bm,Bz)
VALUES('19997006','王丽丽','女','回','1970-9-12','副教授','数学',NULL)
INSERT INTO Js (Jsh,Xm,Xb,Mz,Csrq,Zc,Bm,Bz)
VALUES('20057012','赵东胜','男','汉','1983-11-12','助教','数学',NULL)
INSERT INTO Js
VALUES('19907006','杨成泽','女','回','1979-10-19','讲师','英语',NULL)
INSERT INTO Js
VALUES('19937012','徐炳晔','男','汉','1965-7-20','副教授','英语',NULL)
```

注意：如果要输入空值，则应在 SQL 语句中不列出该字段或者向该字段中输入 NULL。

【例 3-41】 使用 T-SQL 语句向“课程”表中添加如图 3-43 所示的数据。

表 - dbo.Kc

	Kch	Kcm	Xss	Kcxz	Lb	Jsh
▶	1	高等数学	60	考试	基础课	19907006
	2	英语	60	考试	基础课	19937012
	3	计算机文化基础	40	考查	基础课	20007011
	4	英语口语	30	考查	选修课	19937012
	5	数据结构	30	考查	选修课	NULL

图 3-43 “课程”表数据

在“查询”窗格中输入如下代码：

```
INSERT INTO Kc (Kch,Kcm,Xss,Kcxz,Lb,Jsh)
VALUES('1','高等数学',60,'考试','基础课','19907006')
INSERT INTO Kc (Kch,Kcm,Xss,Kcxz,Lb,Jsh)
VALUES('2','英语',60,DEFAULT,'基础课','19937012')
INSERT INTO Kc
VALUES('3','计算机文化基础',40,'考查','基础课','20007011')
INSERT INTO Kc
VALUES('4','英语口语',30,'考查','选修课','20007011')
INSERT INTO Kc
VALUES('5','数据结构',30,'考查','选修课',NULL)
```

注意：对于 Int 型数据直接输入数字即可。如果对“课程性质”字段输入默认值，则在 SQL 语句中直接写 DEFAULT。“学时数”字段应输入［10，60］范围内的值，否则将违反 CHECK 约束；“类别”字段输入值应为“基础课”“专业课”“选修课”，否则将违反 CHECK 约束；“教师号”字段值必须是在“教师”表中已有的“教师号”字段值，否则将违反约束。如果违反约束，SQL Server 将拒绝添加数据。

【例 3-42】 使用 T-SQL 语句向“成绩”表中添加如图 3-44 所示的数据。

在“查询”窗格中输入如下代码：

表 - dbo.Cj

Xh	Kch	Cj
09101001	1	90.0
09101001	2	94.0
09101001	3	98.3
09101001	4	90.0
09101002	1	80.0
09101002	2	92.0
09101002	3	65.7
09101003	1	88.0
09101003	2	85.0
09101003	3	82.5
09102001	1	70.0
09102001	2	69.0
09102001	3	83.3
09102002	1	84.0
09102002	2	94.0
09102002	3	88.8
09102002	4	87.0
09102003	1	95.0
09102003	2	50.0
09102003	3	95.3
09201001	1	40.0
09201001	2	66.0
09201001	3	74.5
09201002	1	59.0
09201002	2	40.0
09201002	3	55.5
09201003	1	60.0
09201003	2	74.0
09201003	3	78.5
09201003	4	75.0

图 3-44 “成绩”表数据

```
INSERT INTO Cj (Xh,Kch,Cj) VALUES('09101001','1',90)
INSERT INTO Cj (Xh,Kch,Cj) VALUES('09101002','1',80)
INSERT INTO Cj (Xh,Kch,Cj) VALUES('09101003','1',88)
INSERT INTO Cj VALUES('09102001','1',70)
INSERT INTO Cj VALUES('09102002','1',84)
INSERT INTO Cj VALUES('09102003','1',95)
INSERT INTO Cj VALUES('09201001','1',40)
INSERT INTO Cj VALUES('09201002','1',59)
INSERT INTO Cj VALUES('09201003','1',60)
INSERT INTO Cj VALUES('09101001','2',94)
INSERT INTO Cj VALUES('09101002','2',92)
INSERT INTO Cj VALUES('09101003','2',85)
INSERT INTO Cj VALUES('09102001','2',69)
INSERT INTO Cj VALUES('09102002','2',94)
INSERT INTO Cj VALUES('09102003','2',50)
INSERT INTO Cj VALUES('09201001','2',66)
INSERT INTO Cj VALUES('09201002','2',40)
INSERT INTO Cj VALUES('09201003','2',74)
INSERT INTO Cj VALUES('09101001','3',98.26)
INSERT INTO Cj VALUES('09101002','3',65.65)
INSERT INTO Cj VALUES('09101003','3',82.5)
INSERT INTO Cj VALUES('09102001','3',83.3)
INSERT INTO Cj VALUES('09102002','3',88.8)
INSERT INTO Cj VALUES('09102003','3',95.3)
INSERT INTO Cj VALUES('09201001','3',74.5)
INSERT INTO Cj VALUES('09201002','3',55.5)
INSERT INTO Cj VALUES('09201003','3',78.5)
INSERT INTO Cj VALUES('09101001','4',90)
INSERT INTO Cj VALUES('09102002','4',87)
INSERT INTO Cj VALUES('09201003','4',75)
```

注意："成绩"字段值自动实现四舍五入。在表中不能存在"学号"和"课程号"组合完全相同的记录，否则将违反主键约束；"学号"字段值必须是在"学生"表中已有的"学号"字段值，否则将违反外键约束；"课程号"字段值必须是在"课程"表中已有的"课程号"字段值，否则将违反外键约束。如果违反约束，SQL Server 将拒绝添加数据。

(3) 修改数据

使用 T-SQL 语句修改表中记录值的命令是 UPDATE。语法格式如下：

```
UPDATEtable_name
SETcolumn_name = { expression | DEFAULT | NULL }
[ WHERE <search_condition> ]
```

其中：

table_ name：要修改数据的表名。

search_ condition：修改条件。

【例 3-43】 使用 T-SQL 语句将"成绩"表中学号是 09201003 的学生所选修的课程号为 4 的课程成绩改为 70 分。

在"查询"窗格中输入如下代码：

```
UPDATE Cj
SET Cj = 70
WHERE Xh = '09201003'and Kch = '4'
```

执行代码，打开"Cj"表，将看到最后一行记录的成绩为 70。

【例 3-44】 使用 T-SQL 语句将"成绩"表中课程号为 4 的所有学生的成绩都加 1 分。

在"查询"窗格中输入如下代码：

```
UPDATE Cj
SET Cj = Cj +1
WHERE Kch = '4'
```

执行代码，打开"Cj"表，将看到课程号为 4 的 3 个学生的成绩都加了 1 分。

(4) 删除数据

使用 T-SQL 语句删除表中记录的命令是 DELETE。语法格式如下：

```
DELETE [FROM] table_name
[ WHERE <search_condition> ]
```

其中：

table_ name：要删除数据的表名。

search_ condition：删除条件。

注意：如果要删除表中所有行，可以使用 TRUNCATE TABLE 语句，因为此操作不需要写入事务日志，它比 DELETE 命令要快。其语法格式如下：

```
TRUNCATE TABLE table_name
```

【例 3-45】 使用 T-SQL 语句删除“学生”表中专业号为 31 的学生记录。

在“查询”窗格中输入如下代码：

```
DELETE FROM Xs
WHERE Zyh = '31'
```

执行代码，打开“Xs”表，将看到专业号为 31 的 3 个学生记录已被删除。

3.3 数据完整性

数据库中数据完整性是指数据库运行时，应避免输入或输出时出现不符合语义的错误数据，而始终保持其数据的正确性。对于一个数据库进行操作时，首先判断其是否复合完整性约束，符合约束则此操作才能执行，否则将拒绝此操作。

数据完整性包括实体完整性、域完整性、参照完整性、用户定义的完整性 4 类。

3.3.1 实体完整性（entity integrity）

实体完整性要求表的每一行在表中是唯一的实体，即在表中不能存在完全相同的记录。实体完整性可以通过设置 UNIQUE 约束、PRIMARY KEY 约束、IDENTITY 约束、索引等多种方法来实现。

例如，创建学生表时设置“学号”是主键，现在学生表中已存在学号为“0901002”的记录，则 SQL Server 数据库将拒绝向学生表中添加学号为“0901002”的新记录。

3.3.2 域完整性（domain integrity）

域完整性保证一个数据库不包含无意义或不合理的值，即表中的数据必须在一个特定的范围之内。域完整性可以使用 DEFAULT 约束、CHECK 约束、FOREIGN KEY 约束、NOT NULL 约束和规则（rule）等多种方法来实现。

例如，创建学生表时给“性别”添加 CHECK 约束，限定其只能取值“男”或“女”，则 SQL Server 数据库将拒绝接受除了“男”和“女”之外的其他值。

3.3.3 参照完整性（referential integrity）

参照完整性定义了一个数据库中不同的列和不同的表之间的关系，是维护相关数据表之间数据一致性的手段。该约束常用于具有一对多联系的两个表中，两个表的主键列和外键列的数据应对应一致。它体现在 3 个方面：

- 禁止在从表中插入包含主表中不存在的关键字的数据行。
- 禁止会导致从表中的相应值孤立的主表中的外关键字值改变。
- 禁止删除在从表中有对应记录的主表记录。

3.3.4 用户定义完整性（user-defined integrity）

用户定义完整性允许用户定义不属于上述 3 类完整性约束的特定业务规则。用户完整性可以通过用户定义数据类型、规则、存储过程和触发器来实现。

在 3.2.3 节中已经介绍了如何设置 6 种约束，关于数据完整性的其他实现方法将在后续的章节中介绍。

3.4 本章小结

本章主要介绍了创建数据库、查看数据库信息、打开数据库、修改数据库、删除数据库，以及分离和附加数据库的方法。其中修改数据库包括重命名数据库、增加数据库文件、删除数据库文件、修改数据库文件等操作。其次介绍了创建表、在创建表时添加约束、查看表属性、修改表、重命名表、修改表结构、删除表、表的数据操作以及实现数据完整性的方法。其中，修改表结构包括添加、修改、删除列和添加、删除约束；表的数据操作包括数据的添加、修改、删除、查询操作。添加数据是操纵数据的前提，修改和删除数据是数据库不可缺少的操作，查询数据是数据操作中最重要的操作。基于 T-SQL 语句的查询是 T-SQL 语言的精髓。最后介绍了如何应用主键约束、唯一约束、空值/非空值约束、检查约束、外键约束、默认约束等实现数据完整性。数据完整性的设计是数据库设计的重要内容之一。

本 章 习 题

一、思考题

1. 什么是分离和附加数据库？如何分离和附加数据库？
2. 如何更改列名和表名？
3. 在添加数据时，char 和 varchar 型数据值在 SQL 语句中如何表示？
4. TRUNCATE TABLE 语句和 DELETE 语句都能实现删除表中所有数据的功能，两者有什么不同？
5. 在添加数据时，如果输入的数据违反了约束，SQL Server 会如何处理？

二、填空题

1. 打开并将其切换为当前操作数据库的命令是________。
2. 删除数据库的命令是________。
3. 关系模型采用二维表格的结构，一个关系对应数据库中的一个________。
4. 修改表的命令是________。
5. T-SQL 中提供了________、________、________、________4 种表约束。

三、选择题

1. 创建数据库使用________命令。

A. create database　　B. alter database

C. drop database　　D. dbcc shrinkdatabase

2. 使用 create database 命令创建数据库时，给出的数据库名是________。

A. 数据库逻辑名　　　　B. 数据库物理名
C. 数据文件名　　　　　D. 日志文件名

3. 如果修改数据库的主要数据文件大小为5.5MB，则参数 size 的正确写法是________。
A. 5.5　　　　　　B. 5.5M
C. 5500KB　　　　 D. 5500K

4. 数据表中某个属性值为 NULL，则表示该数据值是________。
A. 0　　　　　　　B. 空字符
C. 空字符串　　　　D. 无任何数据

5. 向表中添加日期型数据时，正确的格式是________。
A. "1977-12-22 "　　　B. '1977-12-22'
C. #1977-12-22#　　　 D. <1977-12-22>

四、操作题

1. 数据库操作。

（1）创建名为“Student”的数据库。

（2）创建名为“MyDB”的数据库。其主要数据文件名是“MyDB_ data”，物理文件保存在“D:\MyDB”文件夹下，名为“MyDB_ data. mdf”，初始大小是5MB，最大为60MB，文件增量是2%；其日志文件名是“MyDB_ log”，物理文件保存在“D:\MyDB”文件夹下，名为“MyDB_ log. ldf”，初始大小是2MB，最大不受限制，文件增量是1MB。

（3）将“MyDB”数据库的主要数据文件扩大到7MB。

（4）向“MyDB”数据库中添加“MyGroup”文件组。

（5）向“MyDB”数据库中增加一个数据文件“MyDB_ data1”和一个日志文件“MyDB _ log1”，两个文件均保存在“E:\MyDB”下，物理文件名分别为“MyDB_ data1. ndf”和“MyDB_ log1. ldf”，初始大小是2MB，最大为50MB，文件增量是2%，并将数据文件添加到“MyGroup”文件组中。

（6）删除“Student”数据库。

2. 在“MyDB”数据库中完成表操作。

（1）创建图书表、读者表和借阅表。各表中字段数据类型和数据长度的确定参考表3-9～3-11，并根据图3-45所示的E-R图为表建立恰当的约束。

（2）参考表3-9～3-11，向各表中添加数据。

（3）修改借阅表中借书证号是“10002”的学生所借阅的书号为“TP1”的图书还书日期为“2009-12-22”。

（4）删除图书表中书号为“O3”的图书信息。

表3-9 图书表

书　号	书　名	作　者	出版日期	价　格	出 版 社
TP1	数据库	王娜	2006-2-1	28	机械工业
TP2	计算机网络	刘霞	2007-5-1	25	人民邮电
TP3	计算机基础	张丽	2008-8-1	30	清华大学
I2	高等教育	宋欣	2007-3-1	26	高等教育
I3	教育研究	王强	2006-5-1	25	高等教育
O3	项目管理	曹红	2006-10-1	18	机械工业

表 3-10　读者表

借书证号	姓　名	性　别	出生日期	班　级
10001	张三	男	1990-2-28	09101
10002	李四	女	1991-3-20	09101
10003	王五	女	1990-6-2	09101
20001	周六	男	1990-9-12	09102
20002	吴七	男	1991-10-12	09102
20003	赵八	女	1991-11-11	09102

表 3-11　借阅表

书　号	借书证号	借书日期	还书日期
TP1	10001	2009-10-15	2009-10-25
TP2	10002	2009-10-19	2009-11-01
TP1	10002	2009-12-11	
I2	20001	2009-10-19	2009-10-30
I3	20001	2009-10-19	2009-11-04
I3	20002	2009-12-10	

图 3-45　图书借阅 E-R 图

第 4 章　数据的查询

在所有数据操作中，查询是非常重要的一个操作。在 T-SQL 语言中，SELECT 语句的功能非常强大，理解并掌握它的功能需要认真地学习和运用，前一章已经介绍了查询单个表中所有记录的最简单语法，本章将详细介绍如何灵活运用 SELECT 语句实现数据库的基本子句查询、数据汇总、更复杂的多表查询和嵌套查询，并介绍索引的概念和索引的使用方法。

4.1　SELECT 语句结构

SQL 语言提供 SELECT 语句，通过查询操作可得到所需的信息。查询的结果仍是一个表。

SELECT 语句的基本格式是由 SELECT 语句、FROM 子句和 WHERE 子句组成的 SQL 查询语句。SELECT 用于指定查询结果集中的列，FROM 指定了数据的来源，WHERE 指定了查询的条件。

SELECT 语句的完整语法比较复杂，其主要语法格式如下：

```
SELECT select_list
[ INTO new_table ]
FROM table_source
[ WHERE search_condition ]
[ GROUP BY group_by_expression]
[ HAVING search_condition]
[ ORDER BY order_expression [ ASC | DESC ] ]
```

其中：

SELECT select_ list：指定描述结果集的列。它是一个以逗号分隔的表达式列表，可以是星号（*）、表达式、字段名表、变量等。

INTO new_ table：用于将查询结果生成一个新表，new_ table 指定新表的名称。

FROM table_ source：指定要查询的表或者视图。

WHERE search_ conditions：用来限定查询的范围和查询的条件。

GROUP BY group_ by_ expression：GROUP BY 子句根据 group_ by_ expression 列中的值将结果集分成组。

HAVING search_ condition：HAVING 子句是应用于结果集的附加筛选。尽管 HAVING 子句前并不是必须要有 GROUP BY 子句，但 HAVING 子句通常与 GROUP BY 子句一起使用。

ORDER BY order_ expression [ASC | DESC]：指定结果集中行的排序顺序。order_ expression 指定排序字段。关键字 ASC 和 DESC 用于指定升序还是降序排列。

SELECT 语句的执行过程是：

根据 WHERE 子句的检索条件，从 FROM 子句指定的基本表或视图中选取满足条件的元组，再按照 SELECT 子句中指定的列，投影得到结果表。

如果有 GROUP BY 子句，则将查询结果按照 group_ by_ list 相同的值进行分组。

如果 GROUP BY 子句后有 HAVING 短语，则只输出满足 HAVING 条件的元组。

如果有 ORDER BY 子句，查询结果还要按照其后指定列的值进行排序。

4.2 基本子句查询

4.2.1 SELECT 子句

SELECT 子句用于定义查询结果集中的列。常将 SELECT 后面的内容称作选择列表。选择列表是一系列以逗号分隔的表达式。每个表达式定义结果集中的一列。结果集中列的排列顺序与选择列表中表达式的排列顺序相同。选择列表可以有如下不同的表达方式。

1. 使用星号（*）输出所有列

【例 4-1】 查询“学生”表的所有信息。

代码如下：

```
SELECT * FROM Xs
```

结果如图 4-1 所示。

2. 输出特定列

选择列表中的表达式是多个以逗号分隔的列名。结果集中列的排列顺序与选择列表中表达式的排列顺序相同。

【例 4-2】 查询“学生”表中学生的学号、姓名和出生日期。

代码如下：

```
SELECTXh,Xm,Csrq FROM Xs
```

结果如图 4-2 所示。

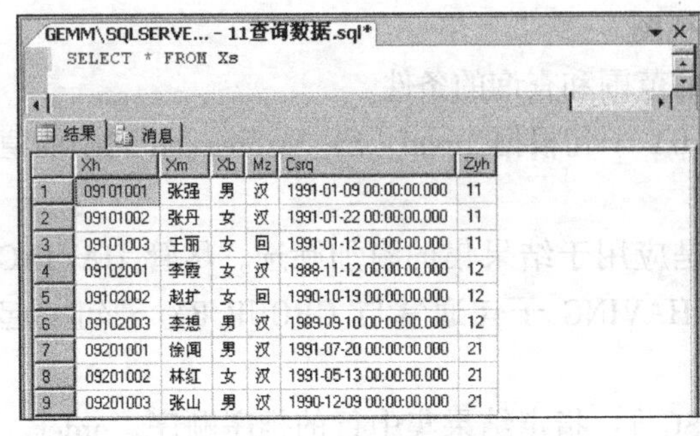

	Xh	Xm	Xb	Mz	Csrq	Zyh
1	09101001	张强	男	汉	1991-01-09 00:00:00.000	11
2	09101002	张丹	女	汉	1991-01-22 00:00:00.000	11
3	09101003	王丽	女	回	1991-01-12 00:00:00.000	11
4	09102001	李霞	女	汉	1988-11-12 00:00:00.000	12
5	09102002	赵扩	女	回	1990-10-19 00:00:00.000	12
6	09102003	李想	男	汉	1989-09-10 00:00:00.000	12
7	09201001	徐闻	男	汉	1991-07-20 00:00:00.000	21
8	09201002	林红	女	汉	1991-05-13 00:00:00.000	21
9	09201003	张山	男	汉	1990-12-09 00:00:00.000	21

图 4-1 查询所有列

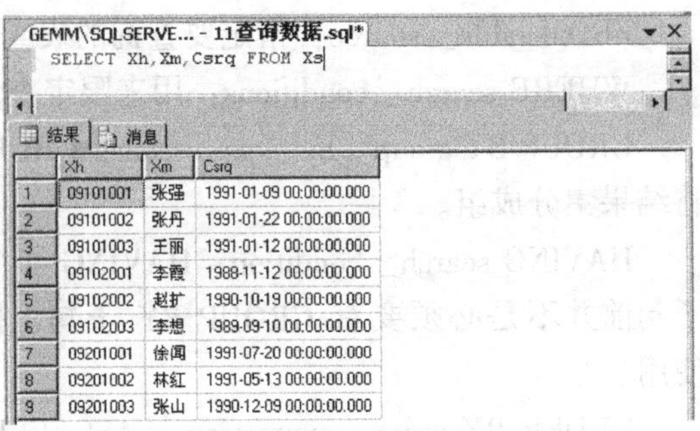

	Xh	Xm	Csrq
1	09101001	张强	1991-01-09 00:00:00.000
2	09101002	张丹	1991-01-22 00:00:00.000
3	09101003	王丽	1991-01-12 00:00:00.000
4	09102001	李霞	1988-11-12 00:00:00.000
5	09102002	赵扩	1990-10-19 00:00:00.000
6	09102003	李想	1989-09-10 00:00:00.000
7	09201001	徐闻	1991-07-20 00:00:00.000
8	09201002	林红	1991-05-13 00:00:00.000
9	09201003	张山	1990-12-09 00:00:00.000

图 4-2 查询特定列

3. 计算列

【例 4-3】　查询“学生”表中学生的学号、姓名和年龄。

代码如下：

```
SELECT Xh,Xm,Year(GETDATE())-YEAR(csrq) FROM Xs
```

结果如图 4-3 所示。

注意：GETDATE（）函数用于获取系统日期；Year（）函数用于获取日期中的年份。

4. 给列起别名

可以给列起别名，尤其是当表中的一个或多个列是计算列的时候，别名将显示在字段列表中。

给列起别名有以下 3 种表达方式：

计算表达式 AS 别名

计算表达式 别名

别名 = 计算表达式。

【例 4-4】　查询“学生”表中学生的学号、姓名和年龄，要求字段列表用中文名字。

代码如下：

```
SELECT Xh as 学号,Xm 姓名,年龄 = Year(GETDATE())-YEAR(csrq)
FROM Xs
```

结果如图 4-4 所示。

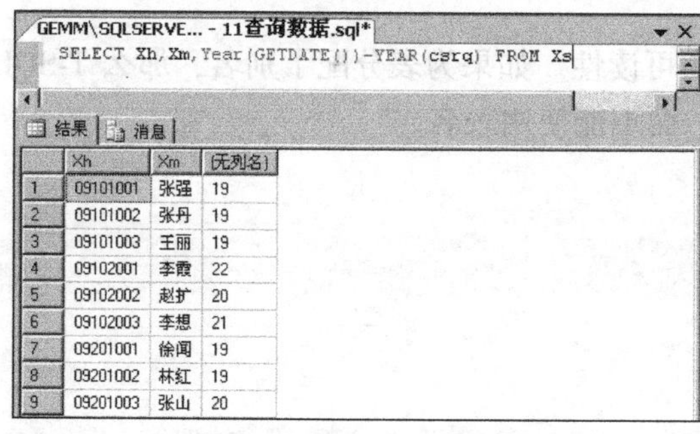

	Xh	Xm	(无列名)
1	09101001	张强	19
2	09101002	张丹	19
3	09101003	王丽	19
4	09102001	李霞	22
5	09102002	赵扩	20
6	09102003	李想	21
7	09201001	徐闻	19
8	09201002	林红	19
9	09201003	张山	20

图 4-3　查询中包含计算列

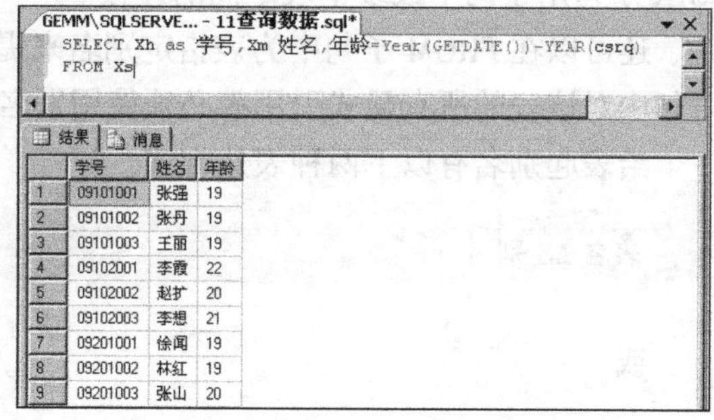

	学号	姓名	年龄
1	09101001	张强	19
2	09101002	张丹	19
3	09101003	王丽	19
4	09102001	李霞	22
5	09102002	赵扩	20
6	09102003	李想	21
7	09201001	徐闻	19
8	09201002	林红	19
9	09201003	张山	20

图 4-4　查询中给列起别名

5. 去掉重复元组

当选择表中部分列的时候，可能在结果集中出现相同的记录，可以在字段列表前加关键字 DISTINCT 来去掉重复的记录。

【例 4-5】　查询“成绩”表中已学过课程的学生学号。

代码如下：

```
SELECT DISTINCT Xh FROM Cj
```

结果如图 4-5 所示。

6. 显示前 n 条记录

在字段列表前加关键字“TOP n”，则查询结果集中只显示表中前 n 条记录；如果在字段列表前加关键字“TOP n PERCENT”，则查询结果集中只显示表中前面 n% 条记录。

【例 4-6】 查询“成绩”表中的前 5 条记录。

代码如下：

```
SELECT TOP 5 * FROM Cj
```

结果如图 4-6 所示。

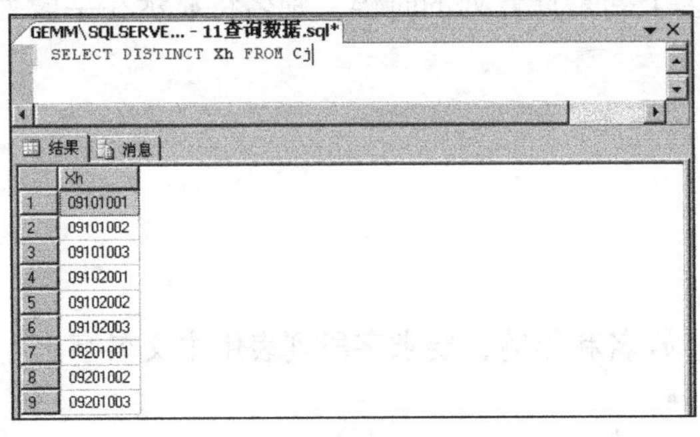

图 4-5 去掉重复元组

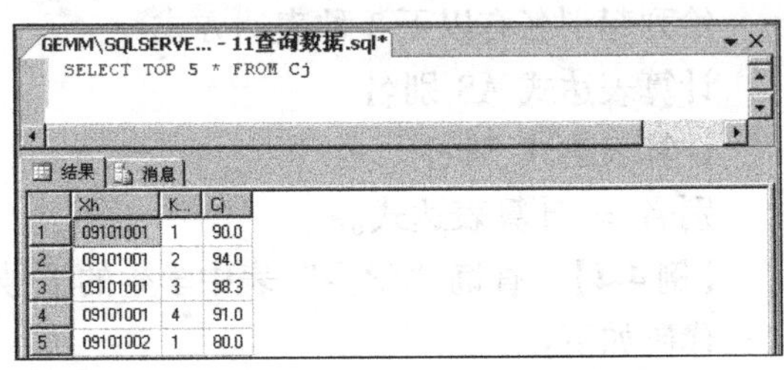

图 4-6 显示前 5 条记录

4.2.2 FROM 子句

FROM 子句指定了数据的来源，它是可以用逗号分隔的表名和 JOIN 子句的列表。其中 JOIN 子句用于两个或多个表之间的连接。

还可以在 FROM 子句中为表指定别名来提高可读性。如果为表分配了别名，那么 T-SQL 语句中对该表的所有显式引用都必须使用别名，而不能使用表名。

给表起别名有以下两种表达方式：

```
表名 AS 别名
```

或

```
表名 别名
```

4.2.3 WHERE 子句

WHERE 是筛选器。它指定一系列查询条件，只有那些满足条件的行才能包含在结果集中。

WHERE 子句中的限定条件可包括下面几种形式：

1. 比较搜索条件

使用比较运算符比较两个表达式的大小。比较运算符有 = （等于）、< > （不等于）、< （小于）和 > （大于）。

【例 4-7】 从成绩表中查询学号为 09101001 的学生的考试成绩。

代码如下：

```
SELECT *
FROM Cj
WHERE Xh = '09101001'
```

结果如图 4-7 所示。

2. 范围搜索条件

使用 BETWEEN…AND（或 NOT BETWEEN…AND）查找属性值在（或不在）指定范围内的所有记录，该范围包含下限和上限的值。

【例 4-8】 从成绩表中查询优秀（成绩在［90，100］区间）的成绩信息。

代码如下：

```
SELECT *
FROM Cj
WHERE Cj BETWEEN 90 AND 100
```

结果如图 4-8 所示。

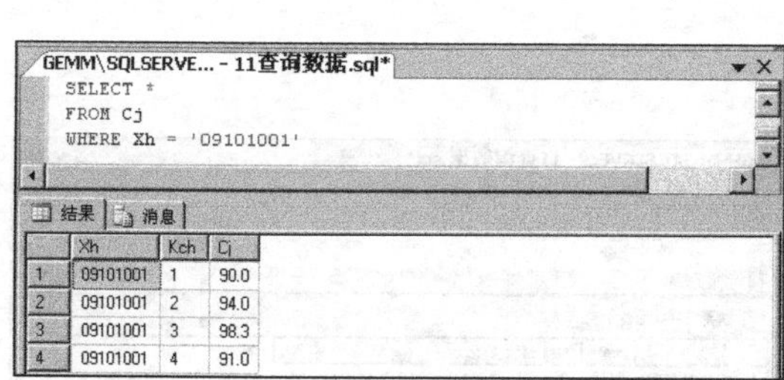

图 4-7　限定条件为比较搜索条件的查询

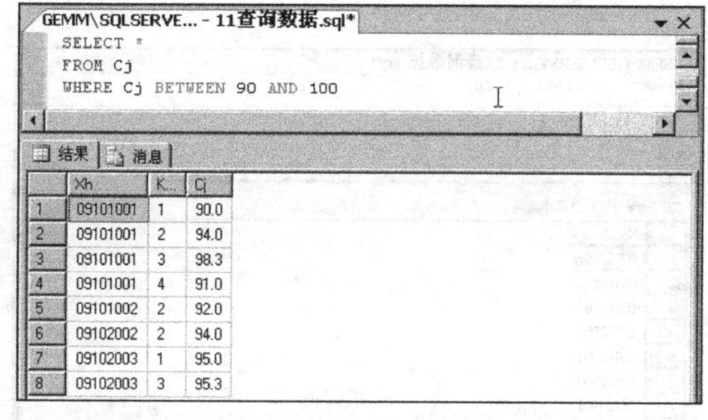

图 4-8　限定条件为范围搜索条件的查询

3. 列表搜索条件

可以使用 IN（或 NOT IN）来查找属性值属于（或不属于）指定集合的记录。

【例 4-9】 从“成绩”表中查询修了课程号为 1 和 4 的课程的学生学号。

代码如下：

```
SELECT DISTINCT Xh
FROM Cj
WHERE Kch IN('1','4')
```

结果如图 4-9 所示。

4. 搜索条件中的模式匹配

如果不能给出精确的查询条件，可以使用 LIKE（或 NOT LIKE）来查找与指定模式相匹配（或不匹配）的字符串、日期或时间值，实现模糊查询。

其中 LIKE（或 NOT LIKE）后的字符串包含值要匹配的模式，可以包含如下 4 种通配符的任意组合：

%：包含零个或多个字符的任意字符串。例如，'a% b''acb''aghdb''ab'4 个字符串都满足该匹配串。

_ ：表示单个字符。例如，'a_ b''acb''adb''aeb'4 个字符串都满足该匹配串。

[ ]：指定范围（如 [c-e]）或集合（如 [cde]）内的任何单个字符。例如，'a [c-e] b'或'a [cde] b''acb''adb''aeb'几个字符串都满足该匹配串，而'afb'则不满足该匹配串。

[^]：不在指定范围（如 [^c-e]）或集合（如 [^cde]）内的任何单个字符。'a [^c-e] b'或'a [^cde] b''acb''adb''aeb'几个字符串都不满足该匹配串，而'afb'则满足该匹配串。

【例 4-10】 从“学生”表中查询 99101 班的学生信息（学号前 5 位为班号）。

代码如下：

```
SELECT *
FROM Xs
WHERE Xh LIKE'09101%'
```

结果如图 4-10 所示。

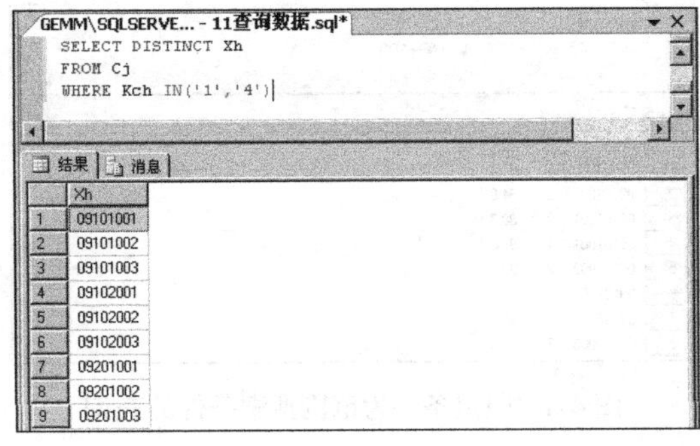

图 4-9　限定条件为列表搜索条件的查询

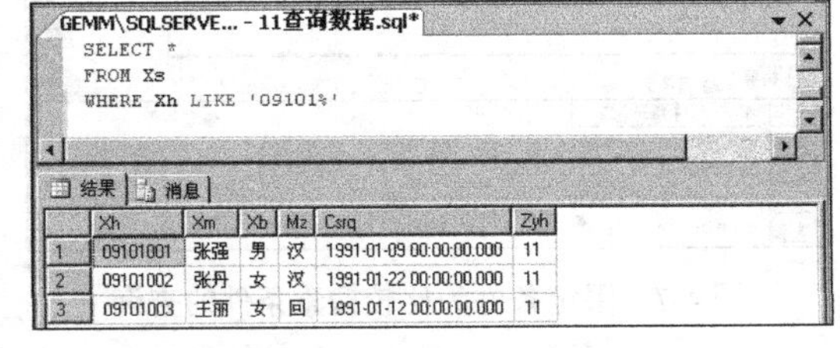

图 4-10　限定条件带有模式匹配的查询

5. NULL 比较搜索条件

可以使用 IS NULL（或 IS NOT NULL）来判断某列是空值（或非空）。

【例 4-11】 从“课程”表中查询还没有分配给老师教学任务的课程信息。

代码如下：

```
SELECT *
FROM Kc
WHERE Jsh IS NULL
```

结果如图 4-11 所示。

6. 逻辑运算符

可以使用逻辑运算符 AND、OR、NOT 连接上述条件，构成一个组合条件进行查询。

【例 4-12】　从“成绩”表中查询 09101 班的选修了课程号是 4 的课程的成绩。

代码如下：

```
SELECT *
FROM Cj
WHERE Xh Like('09101%') AND Kch ='4'
```

结果如图 4-12 所示。

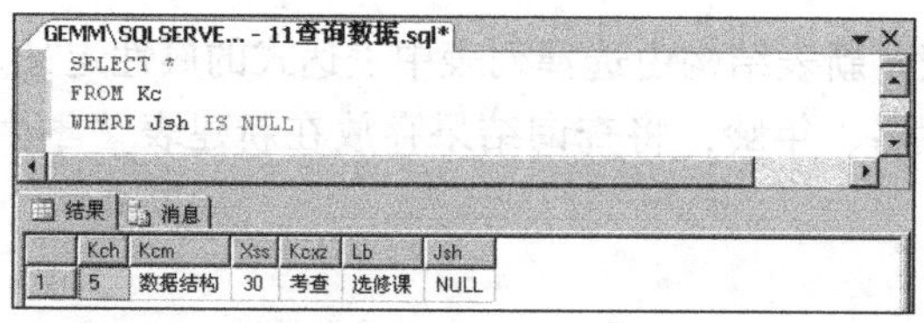

	Kch	Kcm	Xss	Kcxz	Lb	Jsh
1	5	数据结构	30	考查	选修课	NULL

图 4-11　限定条件为 NULL 比较搜索条件的查询

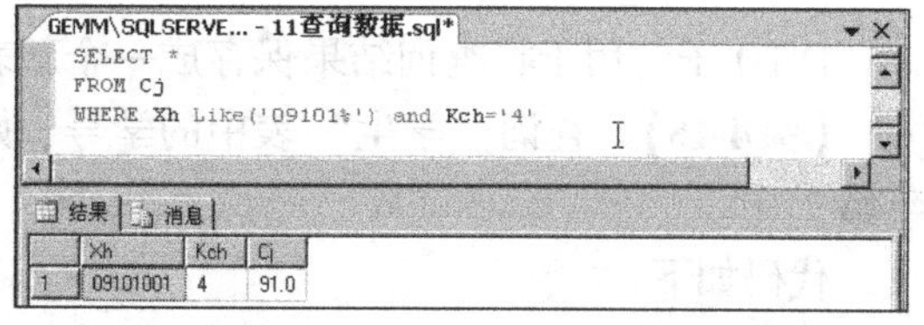

	Xh	Kch	Cj
1	09101001	4	91.0

图 4-12　限定条件中带有逻辑运算符的查询

4.2.4　ORDER BY 子句

可以使用 ORDER BY 子句对查询结果按照一列或多列进行排序。

排序可以是升序的（ASC），也可以是降序的（DESC）。如果没有指定排序的顺序是升序还是降序，系统将默认为升序。

当按多列排序时，先按前面的列排序，如果值相同再按后面的列排序。

【例 4-13】　查询“学生”表中的学生信息，查询结果集按性别升序排列。

代码如下：

```
SELECT *
FROM Xs
ORDER BY Xb
```

结果如图 4-13 所示。

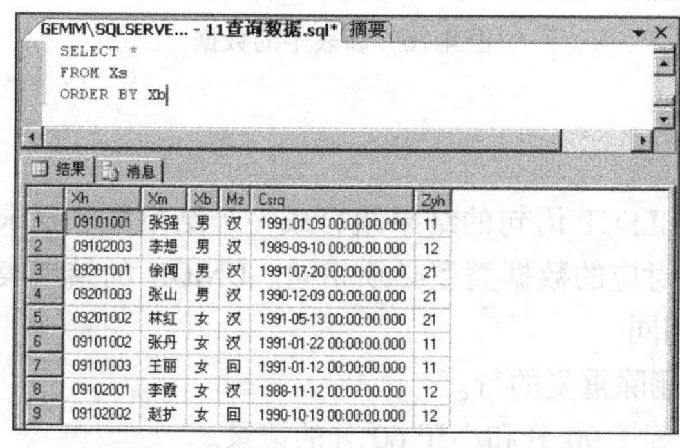

	Xh	Xm	Xb	Mz	Csrq	Zyh
1	09101001	张强	男	汉	1991-01-09 00:00:00.000	11
2	09102003	李想	男	汉	1989-09-10 00:00:00.000	12
3	09201001	徐闻	男	汉	1991-07-20 00:00:00.000	21
4	09201003	张山	男	汉	1990-12-09 00:00:00.000	21
5	09201002	林红	女	汉	1991-05-13 00:00:00.000	21
6	09101002	张丹	女	汉	1991-01-22 00:00:00.000	11
7	09101003	王丽	女	回	1991-01-12 00:00:00.000	11
8	09102001	李霞	女	汉	1988-11-12 00:00:00.000	12
9	09102002	赵扩	女	回	1990-10-19 00:00:00.000	12

图 4-13　按单个字段对结果集进行排序

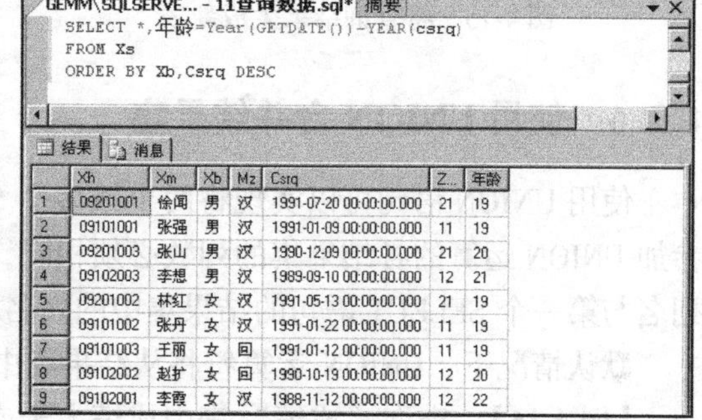

	Xh	Xm	Xb	Mz	Csrq	Z...	年龄
1	09201001	徐闻	男	汉	1991-07-20 00:00:00.000	21	19
2	09101001	张强	男	汉	1991-01-09 00:00:00.000	11	19
3	09201003	张山	男	汉	1990-12-09 00:00:00.000	21	20
4	09102003	李想	男	汉	1989-09-10 00:00:00.000	12	21
5	09201002	林红	女	汉	1991-05-13 00:00:00.000	21	19
6	09101002	张丹	女	汉	1991-01-22 00:00:00.000	11	19
7	09101003	王丽	女	回	1991-01-12 00:00:00.000	11	19
8	09102002	赵扩	女	回	1990-10-19 00:00:00.000	12	20
9	09102001	李霞	女	汉	1988-11-12 00:00:00.000	12	22

图 4-14　按多个字段对结果集进行排序

【例 4-14】　查询“学生”表中的学生信息，查询结果集先按性别升序排列，然后再按照年龄升序（即按出生日期降序）排列。为了方便查看结果，输出“年龄”计算列。

代码如下：

```
SELECT *,年龄=Year(GETDATE())-YEAR(csrq)
FROM Xs
ORDER BY Xb,Csrq DESC
```

结果如图 4-14 所示。

4.2.5 INTO 子句

INTO 子句用于将查询结果保存成一个新表。新表结构由选择列表中表达式的属性定义。

【例 4-15】 查询"学生"表中的学号、姓名、年龄，将查询结果存放在新建表"学生年龄"中。

代码如下：

```
SELECT Xh as 学号,Xm as 姓名,年龄=Year(GETDATE())-YEAR(csrq)
INTO 学生年龄
FROM Xs
```

结果如图 4-15 所示。刷新"对象资源浏览器"窗格中的表结点，可以看到新建的"学生年龄"表，打开该表如图 4-16 所示。

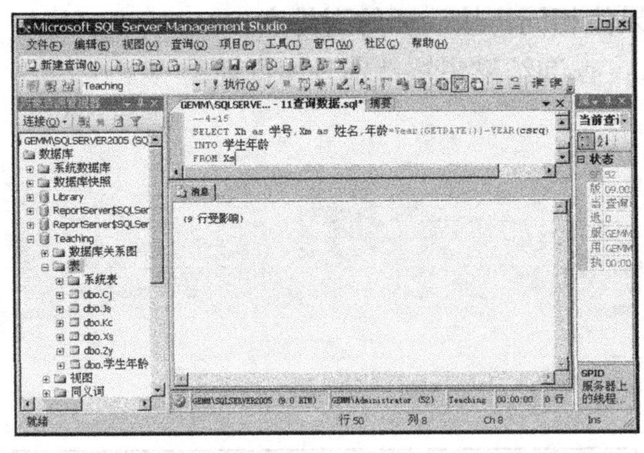

图 4-15 将查询结果生成新表

表 - dbo.学生年龄 | 摘要

学号	姓名	年龄
09101001	张强	19
09101002	张丹	19
09101003	王丽	19
09102001	李霞	22
09102002	赵扩	20
09102003	李想	21
09201001	徐闻	19
09201002	林红	19
09201003	张山	20

图 4-16 新表中的数据

4.2.6 使用 UNION 合并结果集

使用 UNION 语句可以实现将两个或多个 SELECT 语句的结果组合成一个结果集。要求参加 UNION 运算的各结果集的列数必须相同，对应的数据类型必须相同。UNION 的结果集列名与第一个 SELECT 语句的结果集中的列名相同。

默认情况下，UNION 运算符将从结果集中删除重复的行。

【例 4-16】 查询"成绩"表中成绩大于或等于 90 分和小于 60 分的记录。

代码如下：

```
SELECT * FROM Cj WHERE Cj > =90
UNION
SELECT * FROM Cj WHERE Cj <60
```

结果如图 4-17 所示。

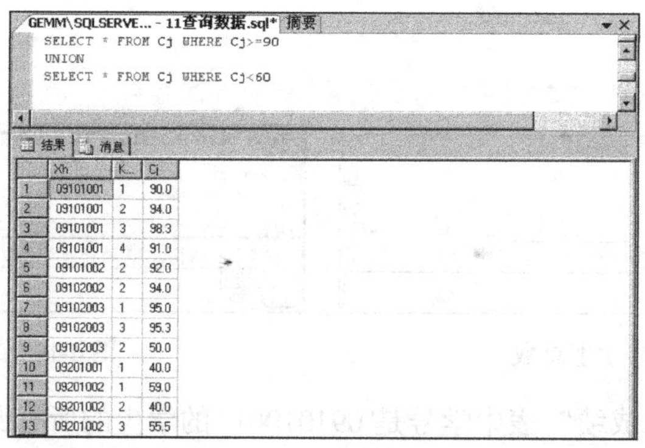

	Xh	K...	Cj
1	09101001	1	90.0
2	09101001	2	94.0
3	09101001	3	98.3
4	09101001	4	91.0
5	09101002	2	92.0
6	09102002	2	94.0
7	09102003	1	95.0
8	09102003	3	95.3
9	09102003	2	50.0
10	09201001	1	40.0
11	09201002	1	59.0
12	09201002	2	40.0
13	09201002	3	55.5

图 4-17　合并多个结果集

4.3　数据汇总

用户经常需要对查询结果集进行统计，例如求和、平均值、最大值、最小值、个数等。这些统计功能可以通过聚合函数、GROUP 子句、COMPUTE 子句实现。

4.3.1　使用聚合函数

使用聚合函数可以在查询结果集中生成汇总值。除了 COUNT（*）函数外，其他汇总函数都处理单个字段中全部符合条件的值以生成一个结果集。聚合函数主要有：

COUNT（*）：统计记录的个数。

COUNT（<列名>）：统计一列中值的个数。

SUM（<列名>）：统计一列中值的和（该列必须是数值型）。

AVG（<列名>）：统计一列值的平均值（该列必须是数值型）。

MAX（<列名>）：求一列值的最大值。

MIN（<列名>）：求一列值的最小值。

说明：在上述聚合函数的 * 号和 <列名> 前面可以使用 DISTINCT 或 ALL 关键字。其中，DISTINCT 用于去掉指定列中重复的信息；ALL 是不取消重复信息，默认值是 ALL。

【例 4-17】　查询“学生”表中的学生总数。

代码如下：

```
SELECT COUNT( * ) AS 学生总数
FROM Xs
```

结果如图 4-18 所示。

【例 4-18】 查询“成绩”表中'09101'班所学过的'1'号课程的总分。

代码如下：

```
SELECT SUM(Cj) AS 总分
FROM Cj
WHERE Xh LIKE '09101%' AND Kch = '1'
```

结果如图 4-19 所示。

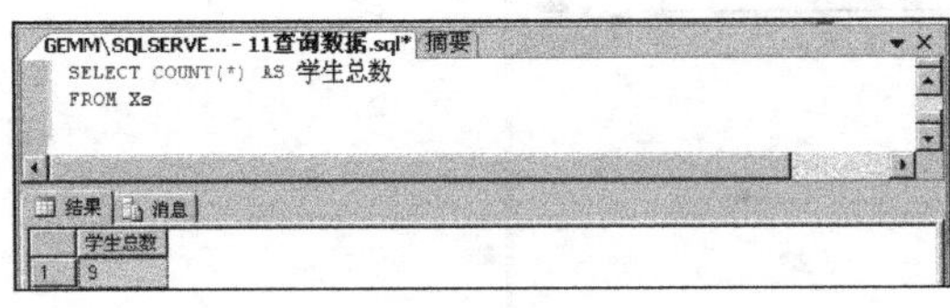

图 4-18　统计学生总数

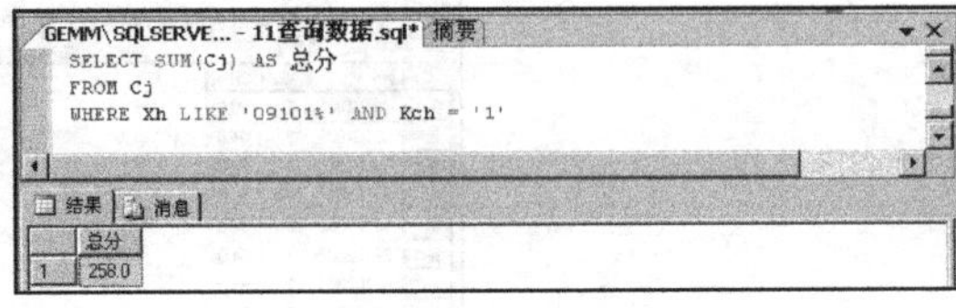

图 4-19　求课程总分

【例 4-19】 查询“成绩”表中学号是'09101001'的学生的所有课程的平均分。

代码如下：

```
SELECT AVG(Cj) AS 平均分
FROM Cj
WHERE Xh = '09101001'
```

结果如图 4-20 所示。

【例 4-20】 查询“成绩”表中'1'号课程的最高分。

代码如下：

```
SELECT MAX(Cj) AS 最高分
FROM Cj
WHERE Kch = '1'
```

结果如图 4-21 所示。

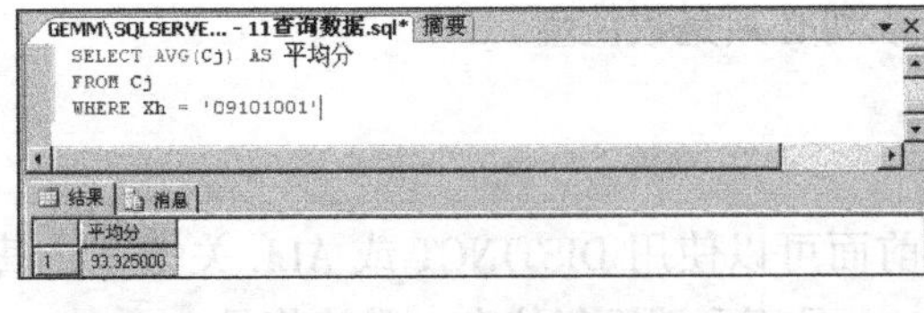

图 4-20　求课程平均分

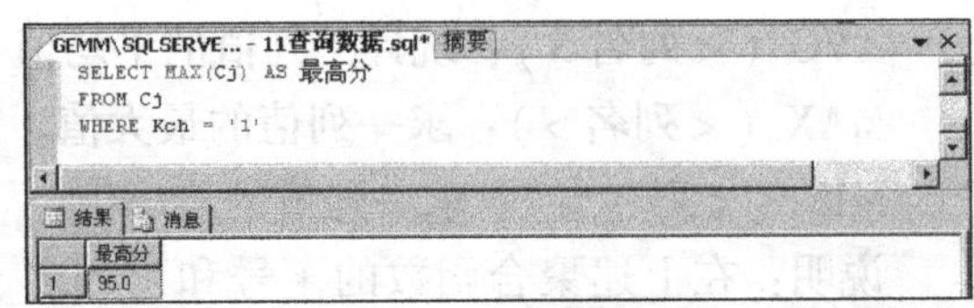

图 4-21　求课程最高分

【例 4-21】 查询“学生”表中的最小年龄。

代码如下：

```
SELECT MIN(Year(GETDATE())-YEAR(csrq)) AS 年龄
FROM Xs
```

结果如图 4-22 所示。

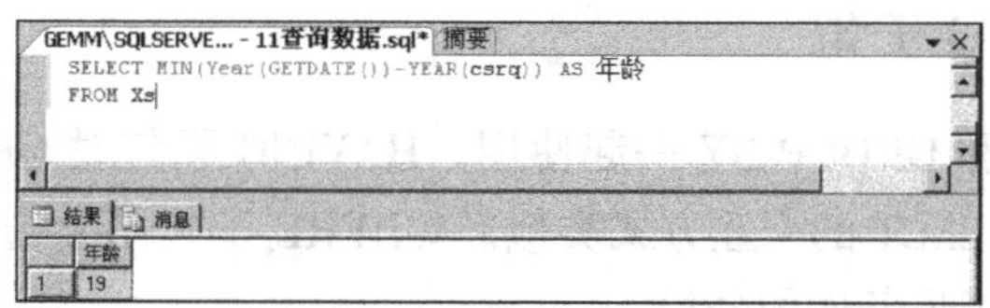

图 4-22　求最小年龄

4.3.2　使用 GROUP BY 子句

GROUP BY 子句用来将查询结果集按某一列或多列分成多个组。GROUP BY 后跟用于分组的字段名称列表（也叫分组列表），它决定查询结果分组的依据和顺序。GROUP BY 子句将按照分组列表中指定的字段进行分组，将该字段相同的记录组成一组，对每一组记录进行汇总计算并生成一条记录。

【例 4-22】　查询"学生"表中每个班的平均年龄。

代码如下：

```
SELECT LEFT(Xh,5) AS 班级,AVG(Year(GETDATE())-YEAR(csrq)) AS 平均年龄
FROM Xs
GROUP BY LEFT(Xh,5)
```

结果如图 4-23 所示。

注意：LEFT（Xh，5）函数用于求 Xh 字段中的前 5 个字符。SELECT 子句中的列名必须是 GROUP BY 子句中已有的列名或计算列，如 LEFT（Xh，5）。

【例 4-23】　查询"学生"表中每个专业的男生和女生的平均年龄。

代码如下：

```
SELECT Zyh,Xb,AVG(Year(GETDATE())-YEAR(csrq)) AS 平均年龄
FROM Xs
GROUP BY Zyh,Xb
```

结果如图 4-24 所示。

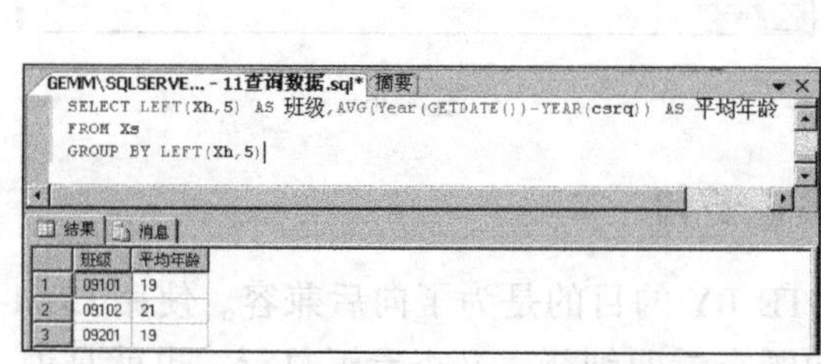

图 4-23　求每个班的平均年龄

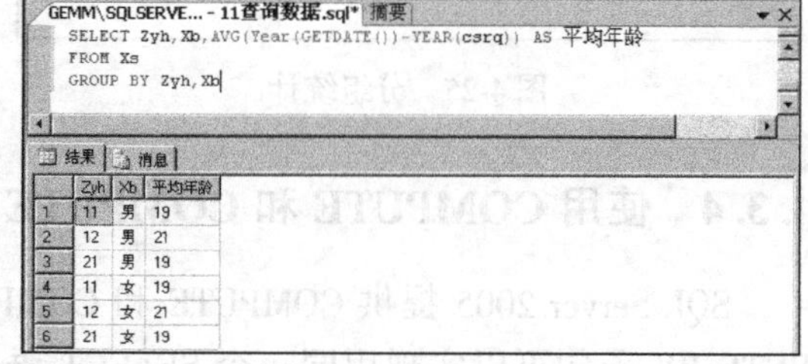

图 4-24　求每个专业的男生和女生的平均年龄

注意：GROUP BY 的分组列表中可包含多个字段，系统将根据字段的先后顺序，对结果

集进行更加详细的分组。

4.3.3 使用 HAVING 子句

HAVING 子句经常和 GROUP BY 一起使用。HAVING 子句对 GROUP BY 子句设置条件的方式与 WHERE 和 SELECT 的交互方式类似。WHERE 子句用于选择满足条件的记录，而 HAVING 子句用于选择满足条件的分组。

【例 4-24】 查询“成绩”表中课程选课人数大于或等于 4 的各课程号和相应的选课人数。

代码如下：

```
SELECT Kch,COUNT( * ) AS 选课人数
FROM Cj
GROUP BY Kch
HAVING COUNT( * ) > =4

SELECT Kch,COUNT( * ) AS 选课人数
FROM Cj
GROUP BY Kch
```

结果如图 4-25 所示。

从运行结果可以看出，下面 3 行代码实现将“成绩”表按 Kch 相同的记录分成一组，共分成 4 组；上面 4 行代码实现进一步从 4 个分组中选出前 3 个选课人数大于或等于 4 的分组。

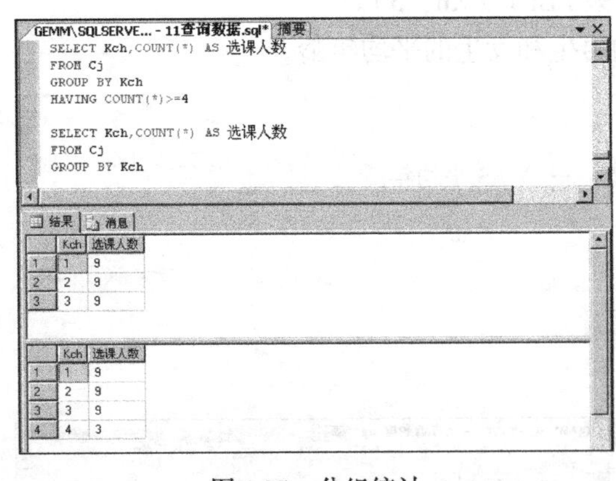

图 4-25 分组统计

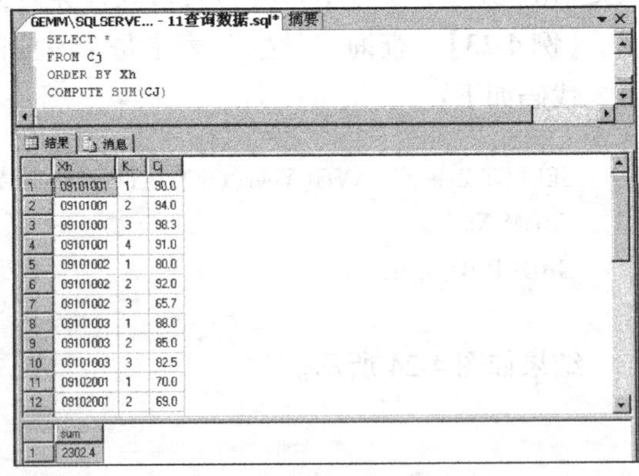

图 4-26

4.3.4 使用 COMPUTE 和 COMPUTE BY 子句

SQL Server 2005 提供 COMPUTE 和 COMPUTE BY 的目的是为了向后兼容。使用 COMPUTE BY 子句可以实现用同一个 SELECT 语句既查看明细行，又查看汇总行。也就是说，COMPUTE BY 既可以计算子组的汇总值，又可以计算整个结果集的汇总值。

【例 4-25】 查询“成绩”表中所有学生成绩的总和，并显示详细记录。

代码如下：

```
SELECT *
FROM Cj
ORDER BY Xh
COMPUTE SUM(CJ)
```

结果如图 4-26 所示。

注意：SELECT 语句有两个结果集：每个组的第一个结果集是包含选择列表信息的所有明细行；第二个结果集有一行，包含 COMPUTE 子句中所指定的聚合函数的合计。

【例 4-26】　查询“成绩”表中每个学生成绩总和，并显示详细记录。

代码如下：

```
SELECT *
FROM Cj
ORDER BY Xh
COMPUTE SUM(Cj) BY Xh
```

结果如图 4-27 所示。

注意：COMPUTE 可带 BY 子句，BY <列名>用于按指定的字段进行分组计算，此时符合 SELECT 条件的每个组都有两个结果集：一是每个组的第一个结果集是明细行集，其中包含该组的选择列表信息；二是每个组的第二个结果集有一行，包含该组的 COMPUTE 子句中所指定的聚合函数的小计。

GEMM\SQLSERVE... - 11查询数据.sql*　摘要

```
SELECT *
FROM Cj
ORDER BY Xh
COMPUTE SUM(Cj) BY Xh
```

结果　消息

	Xh	K...	Cj
1	09101001	1	90.0
2	09101001	2	94.0
3	09101001	3	98.3
4	09101001	4	91.0

	sum
1	373.3

	Xh	K...	Cj
1	09101002	1	80.0
2	09101002	2	92.0
3	09101002	3	65.7

	sum
1	237.7

图 4-27　COMPUTE BY 分组汇总

4.4　连接查询

4.4.1　连接简介

通过连接，可以从两个或多个表中根据各个表之间的逻辑关系来查询数据。连接查询是关系数据库中最重要的查询。

可以在 FROM 或 WHERE 子句中指定内部连接；而只能在 FROM 子句中指定外部连接。在 FROM 子句中指定连接条件有助于将这些连接条件与 WHERE 子句中的其他条件分开，建议用这种方法来指定连接。

在 FROM 子句中指定连接条件的语法如下：

```
FROM first_table join_type second_table [ON (join_condition)]
```

其中：

first_ table：要连接的第一个表。

second_ table：要连接的第二个表。

join_ type：指定要执行的连接类型：内部连接、外部连接或交叉连接。

join_ condition：指定两个表的连接条件，也叫连接谓词。连接条件中常使用比较运算符。

4.4.2 连接的类型

连接可分为以下几类：

1. 交叉连接

交叉连接又称作非限制连接，也叫笛卡儿积。交叉连接从两个表中任取一条记录拼接成结果集中的一条记录。结果集中的列为 SELECT 子句中列出的两个表属性列。交叉连接的结果集中会产生一些没有用的记录，所以该运算很少使用。

在 FROM 子句中可以使用 CROSS JOIN 关键字来指定交叉连接。

2. 内部连接

内部连接也叫内连接，是典型的连接运算。内部连接将两个表中符合连接条件的两个记录拼接成结果集中的一条记录。结果集中的列为 SELECT 子句中列出的两个表属性列。

内部连接包括等值连接和自然连接。

在 FROM 子句中可以使用 [INNER] JOIN 关键字来指定内部连接。

3. 外部连接

外部连接也叫外连接。

外部连接包括左向外部连接、右向外部连接或完整外部连接。

左向外部连接不但将两个表中符合连接条件的两个记录拼接成结果集中的一条记录，还将左表中不符合连接条件的记录也与右表拼接，此时右表中的列中填充 NULL 值。结果集中的列为 SELECT 子句中列出的两个表属性列。

在 FROM 子句中可以使用“LEFT [OUTER] JOIN”关键字来指定左向外部连接。

右向外部连接不但将两个表中符合连接条件的两个记录拼接成结果集中的一条记录，还将右表中不符合连接条件的记录也与左表拼接，此时左表中的列中填充 NULL 值。结果集中的列为 SELECT 子句中列出的两个表属性列。

在 FROM 子句中可以使用“RIGHT [OUTER] JOIN”关键字来指定右向外部连接。

完整外部连接是内部连接、左向外部连接、右向外部连接的并集。它不但将两个表中符合连接条件的两个记录拼接成结果集中的一条记录；又将左表中不符合连接条件的记录也与右表拼接，此时右表中的列中填充 NULL 值；还将右表中不符合连接条件的记录也与左表拼接，此时左表中的列中填充 NULL 值。结果集中的列为 SELECT 子句中列出的两个表属性列。

在 FROM 子句中可以使用“FULL [OUTER] JOIN”关键字来指定完整外部连接。

4.4.3 连接查询

1. 等值连接查询

等值连接在内部连接的连接条件中使用“ = ”运算符。它返回两个表中的所有列，但只返回在连接列中具有相等值的行。

【例 4-27】　将“学生”表和“专业”表进行等值连接。

代码如下：

```
SELECT *
FROM Xs Join Zy on Xs. Zyh = Zy. Zyh
```

结果如图 4-28 所示。

注意： *在多表查询时，如果要引用不同表的同名属性，则在列名前应加上表名前缀，即用“表名．属性名”的形式加以区分。*

内部连接的运算符也可用于非等值连接，但不常用。

2. 自然连接查询

在等值连接查询中，如果 SELECT 子句中不存在重复列，则称为自然连接查询。

在例 4-27 的结果集中存在两个重复的 Zyh 列，下面的例子实现去掉重复列。

【例 4-28】　查询学生的学号、姓名、专业名。

代码如下：

```
SELECT Xh,Xm,Zym
FROM Xs Join Zy on Xs. Zyh = Zy. Zyh
```

结果如图 4-29 所示。

3. 自连接查询

一个表可以与自己进行连接，称为自连接。使用自连接的时候，必须为表指定别名，以示区别。

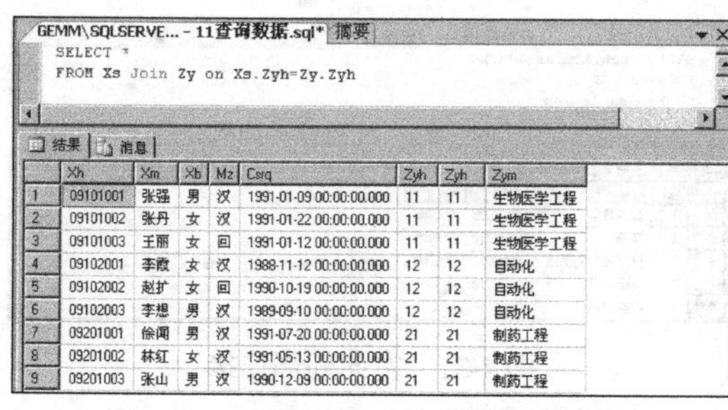

Xh	Xm	Xb	Mz	Csrq	Zyh	Zyh	Zym
09101001	张强	男	汉	1991-01-09 00:00:00.000	11	11	生物医学工程
09101002	张丹	女	汉	1991-01-22 00:00:00.000	11	11	生物医学工程
09101003	王丽	女	回	1991-01-12 00:00:00.000	11	11	生物医学工程
09102001	李薇	女	汉	1988-11-12 00:00:00.000	12	12	自动化
09102002	赵扩	女	回	1990-10-19 00:00:00.000	12	12	自动化
09102003	李想	男	汉	1989-09-10 00:00:00.000	12	12	自动化
09201001	徐闻	男	汉	1991-07-20 00:00:00.000	21	21	制药工程
09201002	林红	女	汉	1991-05-13 00:00:00.000	21	21	制药工程
09201003	张山	男	汉	1990-12-09 00:00:00.000	21	21	制药工程

图 4-28　等值连接

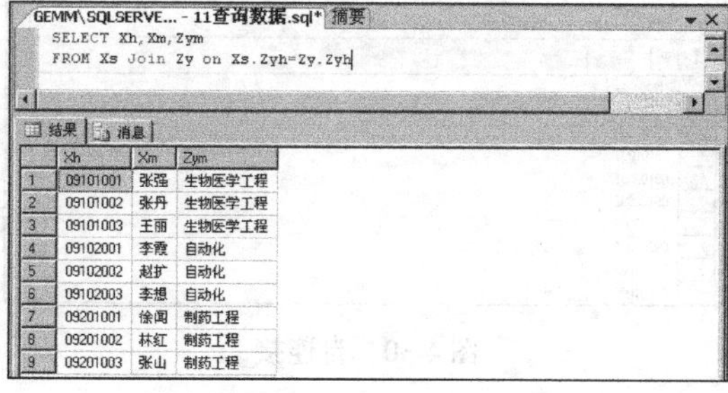

Xh	Xm	Zym
09101001	张强	生物医学工程
09101002	张丹	生物医学工程
09101003	王丽	生物医学工程
09102001	李薇	自动化
09102002	赵扩	自动化
09102003	李想	自动化
09201001	徐闻	制药工程
09201002	林红	制药工程
09201003	张山	制药工程

图 4-29　自然连接

【例 4-29】　查询至少学过两门课的学生学号。

代码如下：

```
SELECT DISTINCT C1. Xh
FROM Cj AS C1 JoinCj AS C2
ON C1. Xh  =  C2. Xh
WHERE C1. Kch  < >  C2. Kch
```

结果如图 4-30 所示。

例 4-29 还可以按下面的形式书写代码：

```
SELECT DISTINCT C1. Xh
FROM Cj AS C1 JoinCj AS C2
ON C1. Xh = C2. Xh
ANDC1. Kch < > C2. Kch
```

4. 左向外部连接查询

内部连接消除了与另一个表中的行不匹配的行。而外部连接返回 FROM 子句中提到的至少一个表的所有行。在左向外部连接中，将返回左表中的所有行，其中左表不满足条件的记录在拼接时，右表中的相应列中填充 NULL 值。

【例 4-30】 将“课程”表与“教师”表进行左向外部连接，查看教学任务安排情况。

代码如下：

```
SELECT Kch,Kcm,Js. Jsh,Xm
FROM Kc LEFT JOIN Js
ON Kc. Jsh = Js. Jsh
```

结果如图 4-31 所示。

5. 右向外部连接查询

在右向外部连接中，将返回右表中的所有行，其中右表不满足条件的记录在拼接时，左表中的相应列中填充 NULL 值。

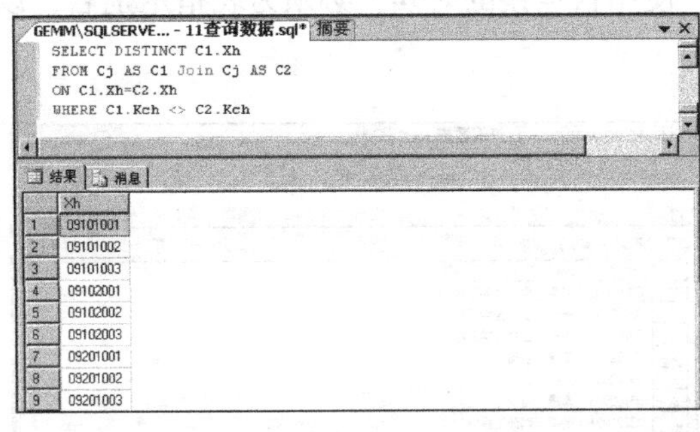

图 4-30 自连接

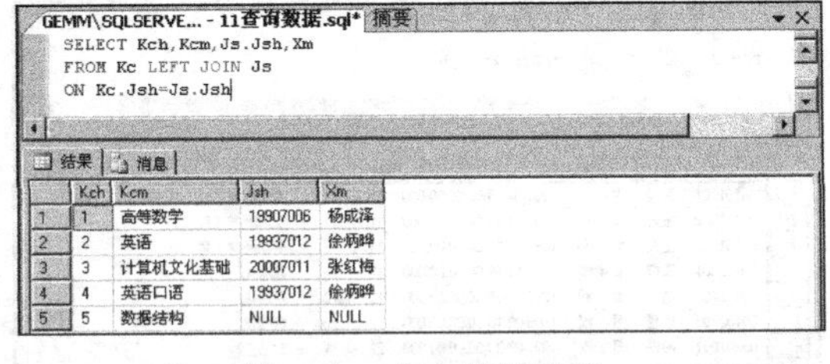

图 4-31 左向外部连接

【例 4-31】 将“课程”表与“教师”表进行右向外部连接，查看教学任务安排情况。

代码如下：

```
SELECT Kch,Kcm,Js. Jsh,Xm
FROM Kc RIGHT JOIN Js
ON Kc. Jsh = Js. Jsh
```

结果如图 4-32 所示。

6. 完整外部连接查询

在完整外部连接中，将返回两个表的所有行。其中，左表中不满足条件的记录在拼接时，右表中的相应列中填充 NULL 值；右表中不满足条件的记录在拼接时，左表中的相应列中填充 NULL 值。

【例 4-32】 将“课程”表与“教师”表进行完整外部连接，查看教学任务安排情况。

代码如下：

```
SELECT Kch,Kcm,Js. Jsh,Xm
FROM Kc FULL JOIN Js
ON Kc. Jsh = Js. Jsh
```

结果如图 4-33 所示。

GEMM\SQLSERVE... - 11查询数据.sql*　摘要

```
SELECT Kch,Kcm,Js.Jsh,Xm
FROM Kc RIGHT JOIN Js
ON Kc.Jsh=Js.Jsh
```

结果　消息

	Kch	Kcm	Jsh	Xm
1	NULL	NULL	19907005	毛志远
2	1	高等数学	19907006	杨成泽
3	2	英语	19937012	徐炳铧
4	4	英语口语	19937012	徐炳铧
5	NULL	NULL	19997006	王丽丽
6	3	计算机文化基础	20007011	张红梅
7	NULL	NULL	20057012	赵东胜

图 4-32　右向外部连接

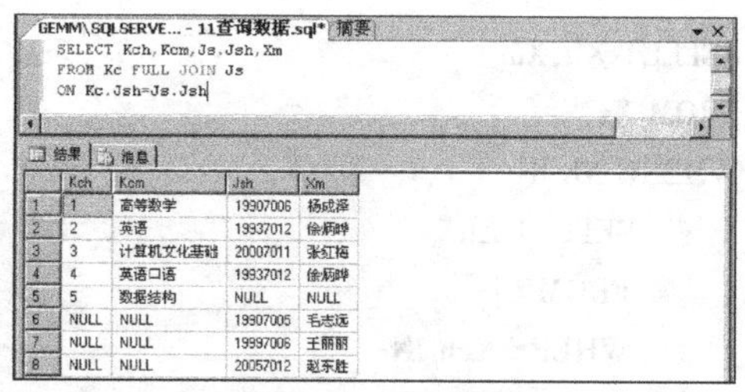

GEMM\SQLSERVE... - 11查询数据.sql*　摘要

```
SELECT Kch,Kcm,Js.Jsh,Xm
FROM Kc FULL JOIN Js
ON Kc.Jsh=Js.Jsh
```

结果　消息

	Kch	Kcm	Jsh	Xm
1	1	高等数学	19907006	杨成泽
2	2	英语	19937012	徐炳铧
3	3	计算机文化基础	20007011	张红梅
4	4	英语口语	19937012	徐炳铧
5	5	数据结构	NULL	NULL
6	NULL	NULL	19907005	毛志远
7	NULL	NULL	19997006	王丽丽
8	NULL	NULL	20057012	赵东胜

图 4-33　完全外部连接

7. 连接 3 个或更多的表

在 FROM 子句中允许使用多个 ON 实现连接 3 个或更多的表。

【例 4-33】 将“课程”表与“教师”表进行完整外部连接，查看教学任务安排情况。

代码如下：

```
SELECT Xs. Xh,Xm,Kc. Kch,Kcm,Cj
FROM Xs JOIN Cj ON Xs. Xh = Cj. Xh
          JOIN Kc ON Cj. Kch = Kc. Kch
```

结果如图 4-34 所示。

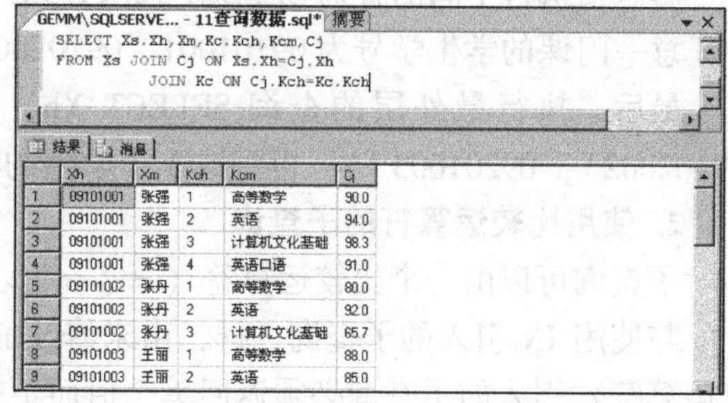

GEMM\SQLSERVE... - 11查询数据.sql*　摘要

```
SELECT Xs.Xh,Xm,Kc.Kch,Kcm,Cj
FROM Xs JOIN Cj ON Xs.Xh=Cj.Xh
          JOIN Kc ON Cj.Kch=Kc.Kch
```

结果　消息

	Xh	Xm	Kch	Kcm	Cj
1	09101001	张强	1	高等数学	90.0
2	09101001	张强	2	英语	94.0
3	09101001	张强	3	计算机文化基础	98.3
4	09101001	张强	4	英语口语	91.0
5	09101002	张丹	1	高等数学	80.0
6	09101002	张丹	2	英语	92.0
7	09101002	张丹	3	计算机文化基础	65.7
8	09101003	王丽	1	高等数学	88.0
9	09101003	王丽	2	英语	85.0

图 4-34　3 个表连接

4.5　嵌套查询

和程序语言类似，SQL 语句中允许查询的嵌套。通常把一个 SELECT-FROM-WHERE 语句组称为一个查询块。将一个查询块嵌套在另一个查询块中的查询叫嵌套查询。

例如：

```
SELECT Xh,Xm,Xb
FROM Xs
WHERE Zyh =
( SELECT Zyh
  FROM Zy
  WHERE Zym ='自动化'
)
```

内层的查询块叫子查询，也称为内部查询或内部选择，包含子查询的查询块叫父查询，也称为外部查询或外部选择。

1. 使用 IN（NOT IN）的子查询

通过 IN 引入的子查询结果是包含零个值或多个值的列表。子查询返回结果之后，外部查询将利用这些结果。在 IN 前加 NOT 后，功能与 IN 相反。

【例 4-34】 使用“学生”表、“课程”表和“成绩”表查询修了课程名为“英语口语”的学生的学号和姓名。

代码如下：

```
SELECT Xh,Xm
FROM Xs
WHERE Xh IN
    ( SELECT Xh
      FROM Cj
      WHERE Kch IN
          ( SELECT Kch
            FROM Kc
            WHERE Kcm = '英语口语'
          )
    )
```

结果如图 4-35 所示。

首先，执行最内层的查询 SELECT Kch FROM Kc WHERE Kcm = '高等数学' OR Kcm = '英语口语'，得到两门课的课程号为 4。

然后，执行中间的查询 SELECT Xh FROM Cj WHERE Kch IN（'4'），得到修了两门课中任意一门课的学生学号为 09101001、09102002 和 09201003。

最后，执行最外层的查询 SELECT Xh，Xm FROM Xs WHERE Xh IN（'09101001'，'09102002'，'09201003'），得到这 3 个学生的学号和姓名。

2. 使用比较运算符的子查询

子查询可以由一个比较运算符（=、< >、>、> =、<、! >、! < 或 < =）引入。

与使用 IN 引入的子查询一样，由未修改的比较运算符（即后面不接 ANY 或 ALL 的比较运算符）引入的子查询必须返回单个值而不是值列表。

【例 4-35】 查询自动化专业学生的学号、姓名、性别。

代码如下：

```
SELECT Xh,Xm,Xb
FROM Xs
WHERE Zyh =
    ( SELECT Zyh
      FROM Zy
      WHERE Zym = '自动化'
    )
```

结果如图 4-36 所示。

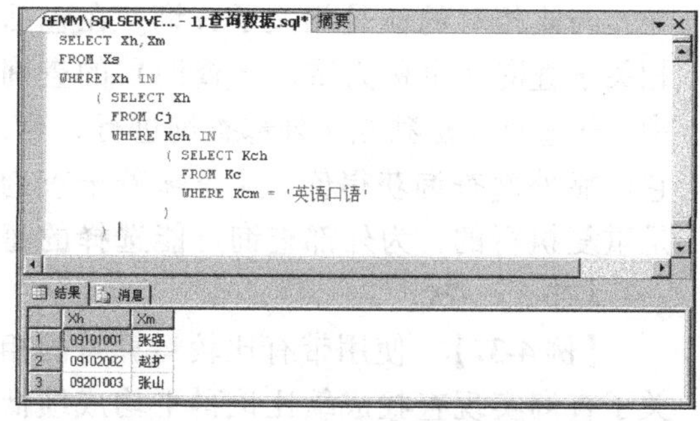

图 4-35　使用 IN 的子查询

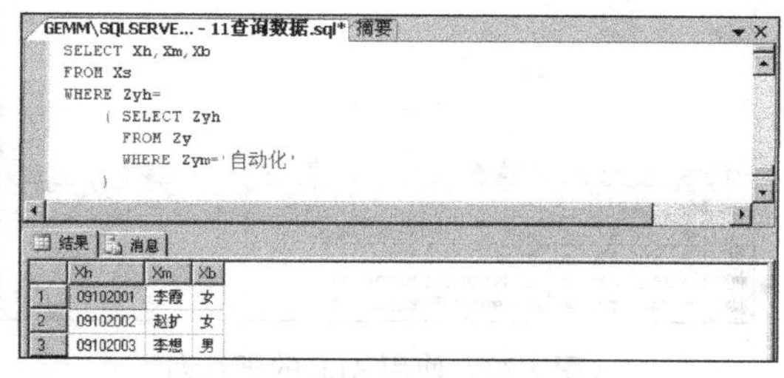

图 4-36　使用比较运算符的子查询

3. 用 ANY、SOME 或 ALL 修改的比较运算符

可以用 ALL 或 ANY 关键字修改引入子查询的比较运算符。SOME 与 ANY 是等效的。通过修改的比较运算符引入的子查询返回零个值或多个值的列表。

下面以“>”比较运算符为例来说明 ALL 和 ANY 的区别。

“>ALL”表示大于每一个值，即大于最大值。例如，>ALL（1，2，3）表示大于 3。

“>ANY”表示至少大于一个值，即大于最小值。例如，>ANY（1，2，3）表示大于 1。

【例 4-36】　查询“学生”表中比“生物医学工程”专业所有学生年龄都大的“自动化”专业学生名单。

代码如下：

```
SELECT *
FROM Xs
WHERE Zyh  =
    ( SELECT Zyh
      FROM Zy
      WHERE Zym ='自动化'
    )
    AND Csrq  <  ALL
    ( SELECT Csrq
      FROM Xs
      WHERE Zyh =
      ( SELECT Zyh
        FROM Zy
        WHERE Zym ='生物医学工程'
      )
    )
```

结果如图 4-37 所示。

4. 使用 EXISTS（NOT EXISTS）的子查询

在前面所介绍的子查询中，都是通过执行一次子查询并将得到的值代入外部查询的

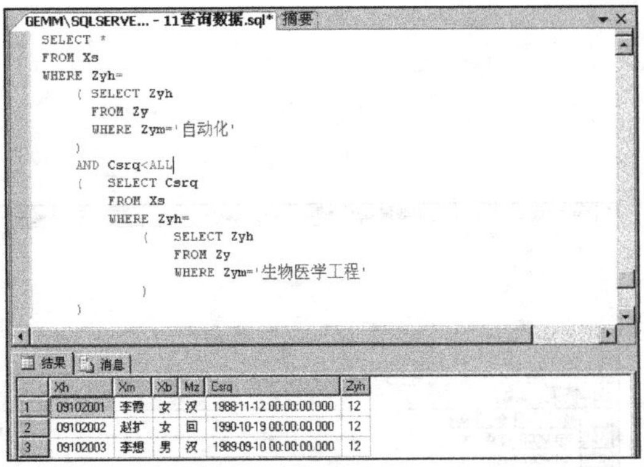

图 4-37　使用 ALL 的子查询

WHERE 子句中进行计算，这样的子查询称为不相关子查询。

与此相对的就是相关子查询。在包括相关子查询（也称为重复子查询）的查询中，子查询无法独立于外部查询进行计算，它依靠外部查询获得值。这意味着子查询是重复执行的，为外部查询可能选择的每一行均执行一次。

【例 4-37】 使用带有比较运算符的相关子查询实现查找成绩比该科平均成绩低的同学的成绩。

代码如下：

```
SELECT *
FROMCj AS C1
WHERE Cj <
( SELECT avg(C2. Cj)
  FROMCj AS C2
  WHERE C1. Kch = C2. Kch
)
```

结果如图 4-38 所示。

其执行过程为：外部查询先逐个选择成绩表中的行。然后子查询为外部查询的选择计算该行成绩所在课程的平均成绩。对于每一个可能的行，如果该行成绩小于计算的平均成绩，SQL Server 2005 将该行放入结果集中。

为了便于比较，现执行下面语句查询出每门课的平均成绩。

```
SELECT Kch,avg(C2. Cj)
FROMCj AS C2
GROUP BY Kch
```

同样，也可以使用 EXISTS 关键字引入一个相关子查询。带有 EXISTS 关键字的子查询就相当于进行一次存在测试。外部查询的 WHERE 子句测试子查询返回的行是否存在。子查询实际上不产生任何数据，它只返回 TRUE 或 FALSE 值。

由于 EXISTS 引出的子查询，其目标列通常都用“＊”。

【例 4-38】 使用 EXISTS 运算符查询“教师”表中与“毛志远”同一部门的教师信息。

代码如下：

```
SELECT *
FROMJs AS J1
WHERE EXISTS
    ( SELECT *
      FROMJs AS J2
      WHERE J2. Bm = J1. Bm AND J2. Xm = '毛志远' AND J1. Xm < > '毛志远'
    )
```

结果如图 4-39 所示。

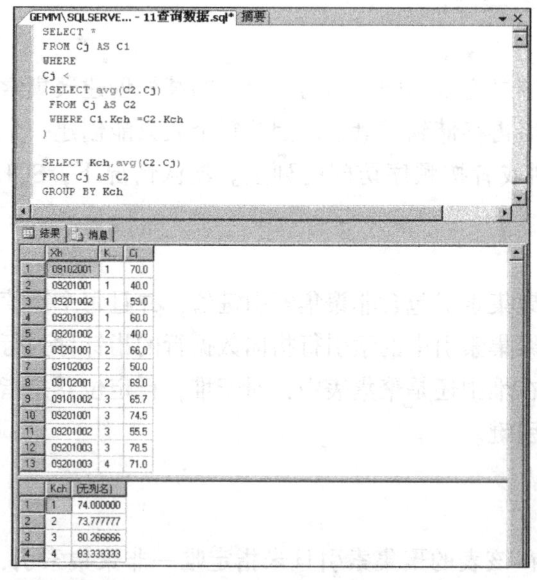

图 4-38　使用比较运算符的相关子查询

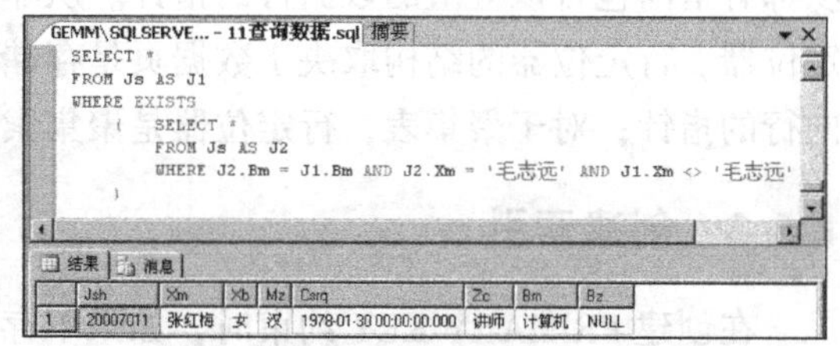

图 4-39　使用 EXISTS 运算符的相关子查询

4.6　索引

4.6.1　索引简介

1. 索引的概念

索引是一种特殊的数据库对象，它保存着数据表中排序的索引列，并且记录索引列在数据表中的物理存储位置，实现表中数据的逻辑排序。

当 SQL Server 执行一个语句，在数据表中根据指定的列值查找数据时，它能够识别该列的索引，并使用该索引快速查找该列值所在行，这大大提高了数据的检索效率。如果该索引不存在，它会从表的第一行开始，逐行搜索指定的列值。

2. 索引的设计原则

当创建数据库并优化其性能时，应该为数据查询所使用的列创建索引。不过，索引为提高性能所带来的好处却是有代价的。带索引的表在数据库中会占据更多的空间。另外，为了维护索引，对数据进行插入、更新、删除操作的命令所花费的时间会更长。

为表设计和创建索引时，要根据实际情况，认真考虑哪些列应该建立索引，哪些列不应该建立索引。一般应遵循下列原则：

- 主键列一定要创建索引。
- 外键列可以建立索引。
- 在经常查询的字段上最好建立索引。
- 对于查询很少设计的列、重复值比较多的列不要建立索引。

- 对于定义为 text、image 和 bit 数据类型的列不要建立索引。

3. 索引的分类

在 SQL Server 2005 中的索引主要有以下两种类型：

（1）聚集索引

聚集索引指数据行的物理存储顺序和索引顺序完全相同。当为一个表的某列创建聚集索引时，表中的数据会按该列进行重新排序，然后再存储到磁盘上。因此每个表只能创建一个聚集索引。聚集索引一般创建在经常搜索的列或者按顺序访问的列上。默认情况下，SQL Server 为主键约束自动创建聚集索引。

（2）非聚集索引

非聚集索引具有独立于数据行的结构。非聚集索引包含非聚集索引键值，并且每个键值项都有指向包含该键值的数据行的指针。从非聚集索引中的索引行指向数据行的指针称为行定位器。行定位器的结构取决于数据页是存储在堆中还是聚集表中，对于堆，行定位器是指向行的指针；对于聚集表，行定位器是聚集索引键。

4.6.2 创建索引

在创建 PRIMARY KEY 约束时，如果不存在该表的聚集索引且未指定唯一非聚集索引，则将自动对一列或多列创建唯一聚集索引。主键列不允许空值。

在创建 UNIQUE 约束时，默认情况下将创建唯一非聚集索引，以便强制 UNIQUE 约束。如果不存在该表的聚集索引，则可以指定唯一聚集索引。

将索引创建为约束的一部分后，会自动将索引命名为与约束名称相同的名称。

除了在创建约束时创建索引外，还可以创建独立于约束的索引。默认情况下，如果未指定聚集，将创建非聚集索引。每个表可以创建的非聚集索引最多为 249 个。

可以使用“对象资源管理器”创建索引，也可以使用 SQL 语句创建索引。

1. 使用“对象资源管理器”创建索引

【例 4-39】 使用“对象资源管理器”为“学生”表的姓名字段创建非聚集索引。

操作步骤如下：

① 在“对象资源管理器”窗格中，选择要建立索引的“学生”表，展开“学生”结点，单击“索引”结点，在右侧的“索引”窗格中显示了当前表中已有的索引，包括索引名（PK_ Xs）和索引类型（聚集索引）。

② 如图 4-40 所示，右击“索引”结点，在弹出的快捷菜单中选择“新建索引”命令，则打开“新建索引”窗口。

③ 如图 4-41 所示，在“索引名称”文本框中输入新建索引的名称为“Xm_ index”，设置索引类型为“非聚集”，不勾选“唯一”前的复选框。

④ 单击“添加”按钮打开如图 4-42 所示的窗口，在列表中选择用于创建索引的列（可以是一列或多列），这里选择“Xm”列，即勾选“Xm”列左边的复选框。

⑤ 完成索引选项设置后，单击“确定”按钮，关闭“从‘dbo. Xs’中选择列”窗口，回到“新建索引”窗口，看到如图 4-43 所示的新建索引。

⑥ 如果不需要创建其他索引，单击“确定”按钮，完成。

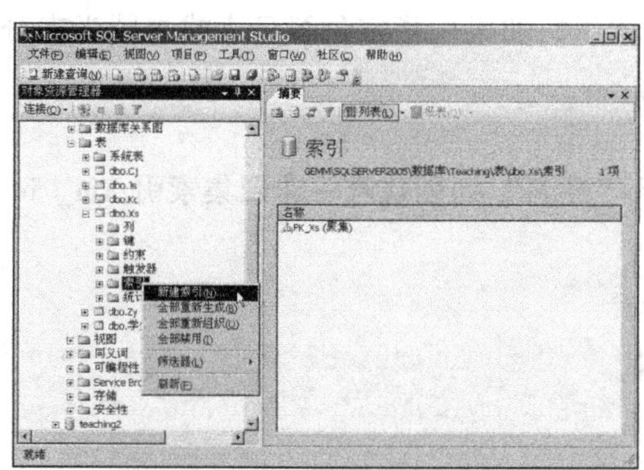

图 4-40　“新建索引”命令

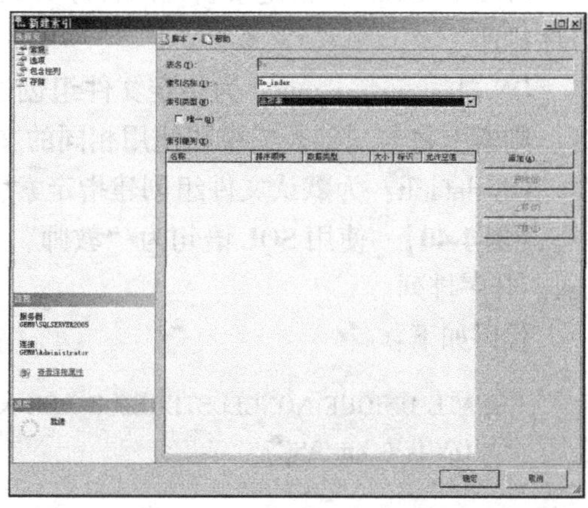

图 4-41　“新建索引”窗口

2. 使用 SQL 语句创建索引

使用 T-SQL 语句创建索引的命令是 CREATE INDEX。其基本语法格式如下：

```
CREATE [ UNIQUE ] [ CLUSTERED | NONCLUSTERED ] INDEX index_name
    ONtable_or_view_name ( column [ ASC | DESC ] [ ,... ,n ] )
    [ ON { filegroup_name | default } ]
```

其中：

[UNIQUE] [CLUSTERED | NONCLUSTERED]：用来指定创建的索引类型，依次为唯一索引、聚集索引和非聚集索引。当省略 UNIQUE 选项时，建立的是非唯一索引；省略 CLUSTERED | NONCLUSTERED 选项时，建立的是非聚集索引。

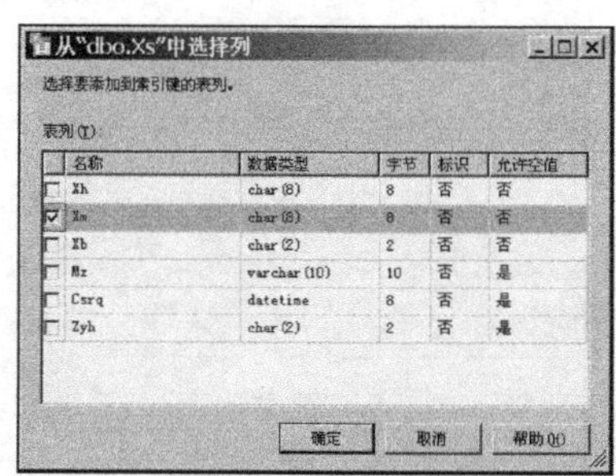

图 4-42　选择索引列

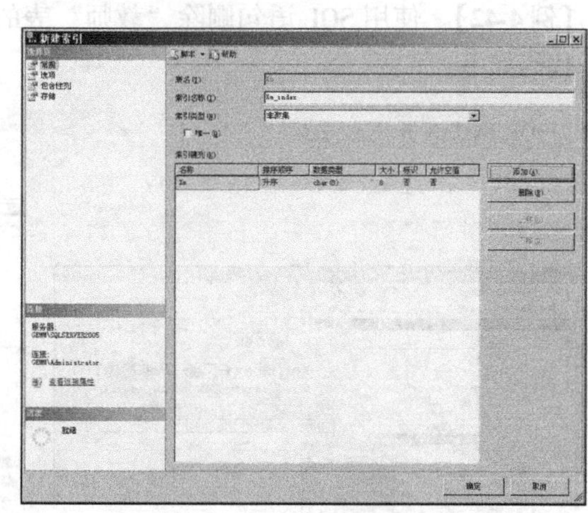

图 4-43　为“学生”表添加的索引

index_ name：创建的索引名称。

table_ or_ view_ name：指定要创建索引的表或视图的名称。

Column：指定索引列的名称。

ASC | DESC：指定索引列的排序方式，ASC 是升序，DESC 是降序。如果缺省，则按升序排序。

ON filegroup_ name：为指定文件组创建指定索引。如果未指定位置且表或视图尚未分区，则索引将与基础表或视图使用相同的文件组。

ON default：为默认文件组创建指定索引。

【例 4-40】 使用 SQL 语句为“教师”表基于“姓名”列创建唯一非聚集索引 Xm_ index，升序排列。

代码如下：

```
CREATE UNIQUE NONCLUSTERED INDEX Xm_index
    ON Js ( Xm ASC)
```

4.6.3 删除索引

1. 使用“对象资源管理器”删除索引

【例 4-41】 使用“对象资源管理器”删除“学生”表的“Xm_ index”索引。

操作步骤如下：

① 在“对象资源管理器”窗格中，展开“Xs”结点，再展开其下的“索引”结点，右击“Xm_ index”，在弹出的快捷菜单中选择“删除”命令，如图 4-44 所示。

② 在打开的如图 4-45 所示的“删除对象”窗口中单击“确定”按钮，确认删除索引。

2. 使用 SQL 语句删除索引

使用 T-SQL 语句创建索引的命令是 CREATE INDEX。其基本语法格式如下：

```
DROP INDEX tablename. index_name [ ,. . . ,n]
```

【例 4-42】 使用 SQL 语句删除“教师”表的 Xm_ index 索引。

代码如下：

```
DROP INDEX Js. Xm_index
```

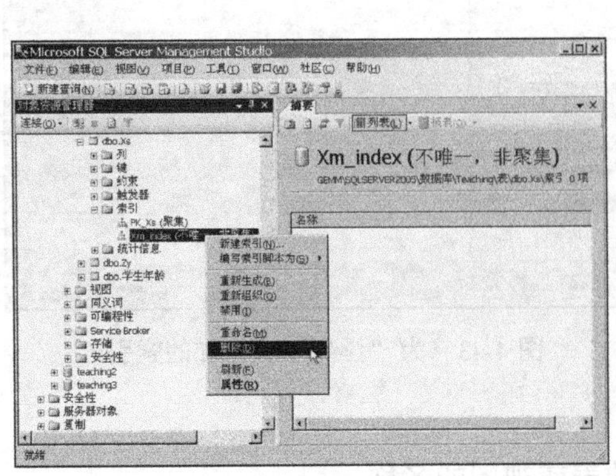

图 4-44 “删除”索引命令

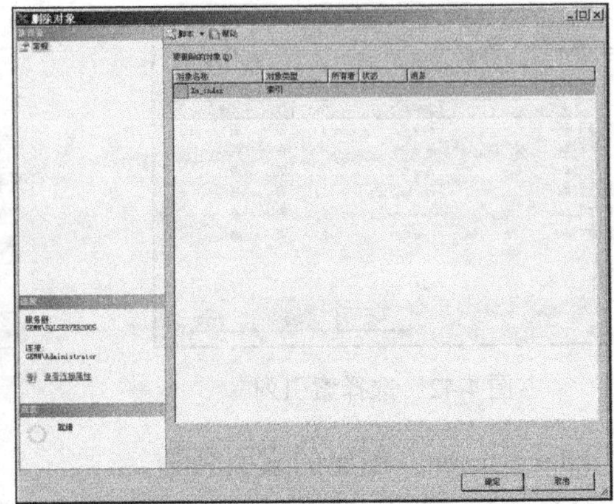

图 4-45 “删除对象”窗口

4.7　本章小结

本章主要介绍了查询数据和创建、删除索引的方法。其中查询数据是本章重点，对SELECT语句的每一个子句都做了详细介绍，主要包括基本子句查询、数据汇总功能、联接查询和嵌套查询。联接查询是关系数据库中最重要的查询，应重点把握联接查询的类型和不同类型的联接查询方法。嵌套查询重点把握引入子查询的不同方法，其中相关子查询是学习的难点。介绍了创建索引、删除索引的方法。其中应重点把握索引的概念、为什么创建索引、创建索引的代价、设计原则和分类。在创建PRIMARY KEY约束时，如果不存在该表的聚集索引且未指定唯一非聚集索引，则将自动对一列或多列创建唯一聚集索引。在创建UNIQUE约束时，默认情况下将创建唯一非聚集索引。

本章习题

一、思考题

1. T-SQL中实现查询操作的语句的基本格式是什么？
2. HAVING子句的作用是什么？
3. 什么是连接查询？如何指定连接条件？
4. 为什么要创建索引？索引是不是越多越好？索引设计的原则是什么？
5. 在创建PRIMARY KEY约束时，自动创建哪类索引？在创建UNIQUE约束时，默认情况下将创建哪类索引？

二、填空题

1. 在T-SQL中，如果去掉重复元组，应使用________关键字。
2. 当以降序排列出查询结果时，应使用________关键字。
3. 将记录分为若干组进行集合函数运算时，应使用________关键字。
4. 在基本表的某个列上建立索引，可以使基本表中的所有记录按该列值的________或________排列。
5. 索引的类型有________和________。

三、选择题

1. SELECT语句执行的结果是________。

A. 数据库	B. 元组
C. 结果集	D. 属性

2. 在SELECT语句中使用“*”表示________。

A. 全部元组	B. 全部属性
C. 键	D. 表

3. 在下面几个选项中，不能实现给列起别名的是________。

A. SELECT Xm as 姓名 from Xs	B. SELECT Xm 姓名 from Xs
C. SELECT 姓名 as Xm from Xs	D. SELECT 姓名 = Xm from Xs

4. 在下列________聚合函数的参数中可以使用“*”。

A. COUNT( )　　　　B. SUM( )

C. AVG( )　　　　D. MAX( )

5. 包含不相关子查询的嵌套查询，它的处理顺序是________。

A. 从内层到外层处理　　　　B. 从外层到内层处理

C. 内层和外层同时处理　　　　D. 内层和外层交替处理

四、上机题

在第 3 章操作题中创建的“MyDB”数据库里完成下列查询：

1. 查询所有图书信息。
2. 查询所有读者的借书证号、姓名和班级。
3. 查询价格小于或等于 25 元的图书信息。
4. 查询在 2009 年 10 月借出的借阅信息。
5. 查询书号以“TP”开头的图书信息。
6. 查询所有没有归还的图书借阅信息。查询图书表中所有图书信息，并按照价格降序排列。
7. 查询所有图书的最高价格，并给该列起别名“最高价格”。
8. 查询各个出版社的名称和该出版社图书的平均价格。
9. 查询各个出版社的图书数量。
10. 查询借阅表中借阅的图书数量大于或等于 2 本的图书的书号和每本书的借阅数量。
11. 查询所有借了书的读者的借书证号和姓名。
12. 查询姓名为“李四”的同学的借阅信息。
13. 查询姓名为“李四”的同学所借阅的图书的基本信息。
14. 查询出低于所有图书平均价格的图书数量。
15. 为图书表创建一个基于“书名”字段的非聚集索引，要求降序排列。
16. 为读者表创建一个基于“姓名”字段的唯一非聚集索引，要求升序排列。

第 5 章　视　　图

视图是一种常用的数据库对象，常用于集中、简化和定制显示数据库中的数据信息，为用户以多种角度观察数据库中的数据提供方便。

从用户角度来看，一个视图是从一个特定的角度来查看数据库中的数据；从数据库系统内部来看，视图是由一张或多张表中的数据组成的；从数据库系统外部来看，视图就如同一张表一样，对表能够进行的一般操作（如查询、插入、修改、删除等）都可以应用于视图。

本章介绍视图的基本概念以及视图的创建、修改、删除和使用等。

5.1　视图概述

视图是一个虚拟表，其内容通过查询得到。同真实的表一样，视图包含一系列带有名称的列和行数据。但是，视图并不存在于数据库中。行和列数据来自由定义视图的查询所引用的表，并且在引用视图时动态生成。对实际所引用的表称为基本表，视图的作用类似于筛选。定义视图的筛选可以来自当前或其他数据库的一个或多个表，或者其他视图。

5.1.1　视图的概念

视图是由从数据库的基本表中选取的数据组成的逻辑窗口，是一个虚表。在数据库中只存放视图的定义，不存放视图包含的数据，这些数据仍存放在原来的基本表中。

视图通过 SELECT 语句进行查询，它一方面可以隐藏一些数据，如学生基本表，可以用视图只显示学号、姓名、班级，而不显示其入学成绩等；另一方面可使复杂的查询易于理解和使用。

视图常见的示例有：

- 基本表的行和列的子集。
- 两个或多个基表的连接。
- 两个或多个基表的联合。
- 基表和另一个视图或视图的子集的结合。
- 基表的统计概要。

首先通过一个简单的实例来介绍什么是视图。仍然使用前面章节所建立的 teaching 数据库，例如教师要查询某个班学生的各门课程成绩，可以创建视图解决该问题。代码如下：

```
USEteaching
GO
CREATE VIEW view1
AS
SELECT A. Xh,A. Xm,C. Kcm,B. Cj
FROM Xs AS A INNER JOIN Kc AS B
ON A. Xh = B. Xh INNER JOIN Xj AS C
ON B. Kch = C. Kch
WHERE A. Xh LIKE '09101'
GO
```

这样，老师需要浏览某个班的学习成绩时，只需要执行下列查询语句：

```
USE Student
GO
SELECT *   FROM   view1
GO
```

还可以在不同数据库中的不同表上建立视图，一个视图最多可以引用 1024 个字段。当通过视图检索数据时，SQL Server 将进行检查，以确保语句在任何地方引用的所用数据库对象都存在。

5.1.2 视图的作用

视图最终是定义在基表上的，对视图的一切操作最终也要转换为对基表的操作，而且对于非行列子集视图进行查询或更新时还有可能出现问题。既然如此，为什么还要定义视图呢，这是因为合理使用视图能够带来诸多好处。

1. 视图可简化用户操作

视图机制可以使用户将注意力集中在所关心的数据上，如果这些数据不是直接来自基本表，则可以通过定义视图，使用户眼中的数据结构简单、清晰，并且可以简化用户的数据查询操作。例如，对于定义了若干张表连接的视图，就将表与表之间的连接操作对用户隐蔽起来了。也就是说，用户所做的只是对一个虚表的简单查询，而这个虚表是怎样得来，用户无需了解。

2. 视图使用户以多角度看待同一数据

视图机制能使不同的用户以不同的方式看待同一数据，当许多不同种类的用户使用同一个数据库时，这种灵活性是非常重要的。

3. 视图对重构数据库提供了一定程度的逻辑独立

前面章节已经介绍过数据的物理独立性与逻辑独立性的概念。其中，数据的物理独立性是用户和用户程序不依赖于数据库的物理结构；数据的逻辑独立性是指当数据库重新构造时，如增加新的关系或对原有关系增加新的字段等，用户和用户程序不会受到影响。层次数据库和网状数据库一般能较好地支持数据的物理独立性，而对于逻辑独立性则不能完全支持。

4. 视图能够对机密数据提供安全保护

有了视图机制，就可以在设计数据库应用系统时，对不同的用户定义不同的视图，使机密数据不出现在不应看到这些数据的用户视图上。这样，具有视图的机制自动提供了对数据的安全保护功能。

5.2　创建视图

用户必须拥有在视图定义中应用任何对象的许可权才可以创建视图，系统默认数据库拥有者（DataBase Owner，DBO）有创建视图的许可权。

创建视图的方法有两种：一种是利用“对象资源管理器”创建；另一种是使用 T-SQL 语句创建。

在 SQL Server 2005 中，可以创建标准视图、索引视图和分区视图。

标准视图：标准视图组合了一个或多个表中的数据。

索引视图：索引视图是经过计算并存储的视图。可以为视图创建唯一的聚集索引。索引视图可显著提高查询的性能。索引视图使用于聚合许多行的查询，不适合需要经常更新的基本数据集。

分区视图：即视图在服务器间连接表中的数据。分区视图用于实现数据库服务器的联合。

创建视图有如下限制：

- 只能在当前数据库中创建视图。
- 用户创建视图嵌套不能超过 32 层。
- 不能将规则或 DEFAULT 定义于视图想关联。
- 定义视图查询不能包含 COMPUTE 语句和 COMPUTE BY 语句。
- 不能将 AFTER 触发器与视图相关联，只有 INSTERD OF 触发器可以与之关联。

5.2.1　使用“对象资源管理器”创建视图

用户可以使用“对象资源管理器”创建视图。创建视图的操作步骤如下：

① 单击“开始”按钮，选择“程序”→“Microsoft SQL Server 2005”→“SQL Server Management Studio”→“对象资源管理器”。

② 单击“数据库”项左侧的加号（+），展开数据库组，展开要在其中创建视图的数据库，如图 5-1 所示。

③ 右击“视图”项，在弹出的快捷菜单中选择“新建视图”选项，打开“添加表”对话框，如图 5-2 所示。

④ 从“添加表”对话框提供的列表中选择要使用的表或视图，单击“添加”按钮，或者双击选中的表或视图，然后单击“关闭”按钮，关闭“添加表”对话框，出现如图 5-3 所示“视图设计器”。

“视图设计器”中共有 4 个区，从上到下依次为关系图窗格（表区）、网格窗格（列区）、SQL 窗格（SQL Script 区）、结果窗格（数据结果区）。从最上面表区的数据表框中选择相应的列。对每一列进行选中或取消选中，就可以控制该列是否要在视图中出现。此时，列区将显示所选中的包括在视图的数据列，相应的SQL Server语句显示在SQL Script区。在列区选择或取消“输出”选项可以控制该列是否在视图中显示，如果需要对某一列进行分组，可右击该列，从弹出的快捷菜单中选择“添加分组依据”选项。

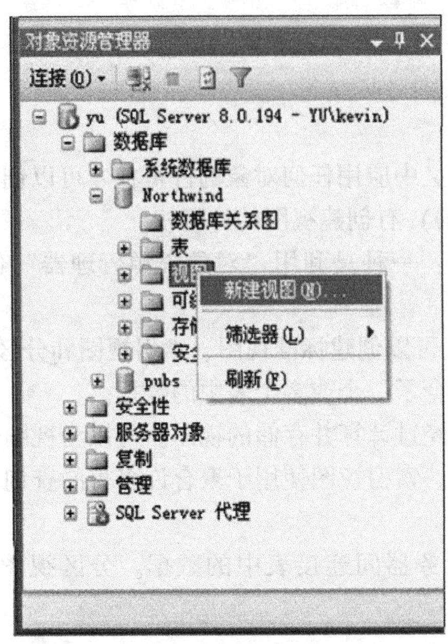

图 5-1　“对象资源管理器”创建视图

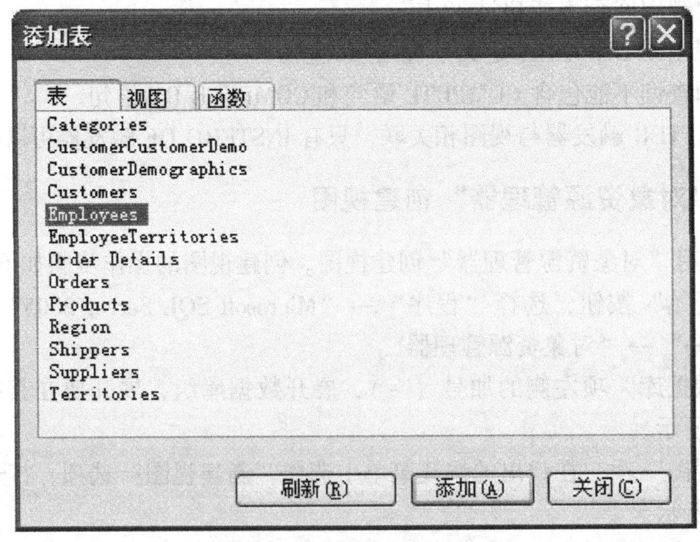

图 5-2　“添加表”对话框

⑤ 单击“视图设计器”对应的工具栏中的红色感叹号（!）按钮来预览结果，最后单击“标准”工具栏中的“保存”按钮并输入视图的名称，完成视图的创建。

视图的名称必须符合命名规则。是否指定视图的架构则是可选的。因为视图和数据表的外观是一样的，因此应该使用一种能与数据表区别开的命名机制，以使人容易分辨出视图和

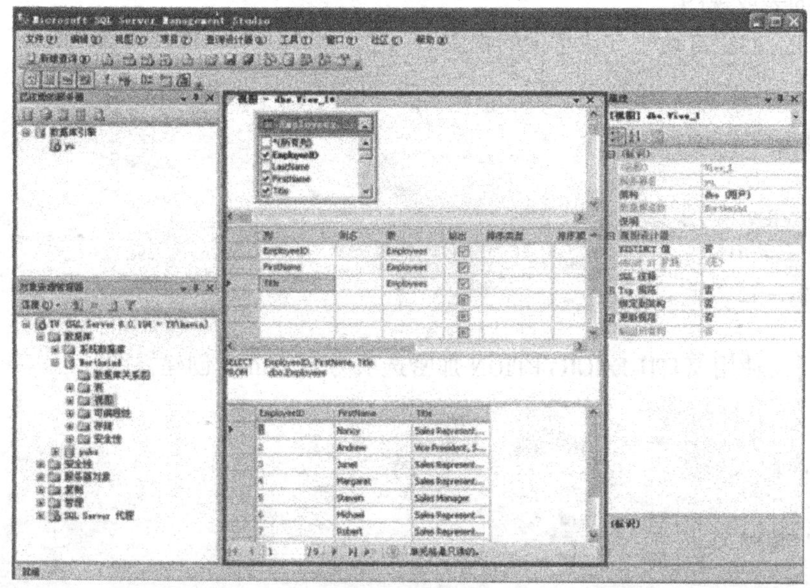

图5-3 视图设计器

表，例如可以在视图名称之前使用 vw_ 作为前缀。

5.2.2 使用 T-SQL 语句创建视图

可用 T-SQL 语句创建视图。创建视图的基本语法如下：

```
CREATE VIEW <视图名>[(<列名>[,<列名>]…)]
[WITH[ENCRYPTION] [SCHEMABTNDING]]
AS <子查询>
[WITH CHECK OPTIONl
```

其中：

子查询：可以是任意复杂的 SELECT 语句，但通常不许含有 ORDER BY 语句和 DISTINCT 语句。

列名：是视图中的列名。可以在 SELECT 语句中指派列名。如果未指定列名，则视图中的列将获得与 SELECT 语句中的列相同的名称。

WITH CHECK OPTION：表示对视图进行 UPDATE、INSERT、DELETE 操作时要保证更新、插入、删除的行满足视图定义中的谓词条件（即子查询中的条件表达式）。

CREATE VIEW：如果该语句仅指定了视图名，省略了组成视图的各个属性列名，则隐含该视图由子查询中的 SELECT 语句目标列中的诸字段组成。但在下列 3 种情况下必须明确指定组成视图的所有列名：其中某个目标列不是单纯的属性名，而是函数或列表达式；多表连接时选出几个同名列作为视图的字段；需要在视图中为某个列启用新的名字。

ENCRYPTION：对表中包含 CREATE VIEW 语句文本的项进行加密。使用 WITH ENCRYPTION 可以防止在 SQL Server 复制中发布视图。

SCHEMABINDING：视图及表的架构绑定。指定 SCHEMABINDNG 时不能删除由架构绑定子句创建的表或视图。

【例 5-1】 创建自动化专业学生的视图。

代码如下：

```
USEteaching
GO
CREATE VIEW vw_xs_zy
SELECT * FROMXs
WHEREZy ='12 '
```

【例 5-2】 使用 WITH ENCRYPTION 加密选项为表 stuinfo 创建视图。

代码如下：

```
USEteaching
GO
SELECT FROM Xs
GO
CREATE VIEW vw_stu1
WITH ENCRYPTION
AS
SELECTXh AS 学号, Xm AS 姓名,Xb AS 性别,Mz AS 民族, Csrq AS 出生日,Zyh AS 专业号
FROMXs
GO
SELECT * FROM vw_stu1
```

语句中使用 WITH ENCRYPTION，可对包含 CREATE VIEW 语句的文本项进行了加密，这样就看不到 AS 之后的视图定义内容了。上面的例子生成视图的列名已被中文标题取代。

5.3 修改和使用视图

当视图的定义与需求不符合时，可以对视图进行修改。修改视图的方法有两种：一种是通过“对象资源管理器”修改；另一种是通过 T-SQL 语句修改。在这里介绍通过 T-SQL 语句修改的方法。

5.3.1 使用 T-SQL 语句修改视图

语法格式如下：

```
ALTER VIEW 视图名称[(列名),(列名)…]
[WITH [ENCRYPTION][SCHEMABINDING]]
AS
SELECT_STATEMENT
FROM TABLE_NAME
[WITH CHECK OPTION]
```

其中：

SELECT_ STATEMENT：定义视图的 SELECT 语句。

CHECK OPTION：强制使视图中数据修改的语句必须符合 SELECT 语句中设置的条件。

ENCRYPTION：对含有 CREATE VIEW 语句文本的项进行加密。

SCHEMANINDING：视图绑定到基本表上。

5.3.2　视图的更名与删除

视图的更名也称为重命名。可以在不除去和重新创建视图的条件下，丢失与之相关联的权限。需要注意的是，重命名视图时，svsobjects 表中有关该视图的信息将得到更新。重命名的方法有两种，一种是在“对象资源管理器”中更改；另一种是用 T-SQL 语句更改。

在重命名视图时，应遵循以下原则：

- 要重命名的视图必须位于当前数据库中。
- 新名称必须遵守标识符规则。
- 只能重命名自己拥有的视图。
- 数据库所有者可以更改任何用户视图的名称。

1. 在“对象资源管理器”中更改视图名称

操作步骤如下：

① 在“对象资源管理器”窗格中展开“数据库”结点。

② 展开该视图所属的数据库，然后展开“视图”结点。

③ 右击需要重命名的视图，在弹出的快捷菜单中选择“重命名”命令，如图 5-4 所示。

④ 输入视图的新名称，按“Enter”键即可。

2. 使用 sp_ rename 系统存储过程对视图进行更名

sp_ rename 系统存储过程主要用来修改当前数据库中用户所创建的诸如表、列或者用户自定义的数据类型之类的对象的名称。其语法格式如下：

```
sp_rename [@objname = ]'object_name',
[@newname = ]'new_name'
[,[@objtype = ]'object_type']
```

其中：

[@objname =]'object_ name'：表示现有用户对象或数据类型的名称，如表、视图、列、存储过程、触发器、默认值、数据库、对象或规则等的名称。

[@newname =] 'new_ name'：表示对指定对象进行重命名的新名称。新命名的视图名称必须符合标识符的命名规则。

[@objtype =] 'object_ type'：表示将要被重命名的对象的类型，默认类型为 NULL。

【例 5-3】　将视图 vw_ stu1 重命名为 vw_ stu_ encryption。

代码如下：

```
USEteaching
GO
EXEC sp_rename'vw_stu1','vw_stu_encryption'
```

【例 5-4】 将视图 vw_ stu1 中的列 zipcode 重命名为 zip。

代码如下：

```
USEteaching
GO
EXEC sp_rename'vw_stu1.[zipcode]','zip','COLUMN'
```

3. 视图的删除

当不再需要一个视图时，可对其进行删除操作。删除一个视图的方法与删除一个表的方法类似，既可以使用“对象资源管理器”，也可以使用 T-SQL 语句。

(1) 通过“对象资源管理器”删除视图

进入“对象资源管理器”，展开“服务器”，单击加号（+）展开“数据库”，展开用户数据库，展示“视图”，右击欲删除的视图名，在出现的快捷菜单中选择“删除”，打开“删除对象”对话框，检查对象名是否正确，单击“确定”按钮，即可删除选中的视图。

(2) 使用 T-SQL 语句删除视图

可以使用 DROP VIEW 语句删除视图。DROP VIEW 语句的语法格式如下：

```
DROP VIEW VIEW_NAME
```

【例 5-5】 删除数据库 student 中计算机系老师情况的视图 vw_ teacher。

代码如下：

```
USEteaching
GO
DROP VIEWvw_teacher
```

视图删除后，只会删除视图 vw_ teacher 在数据库中的定义，而与视图有关的数据表中的数据不会受任何影响，由此视图导出的其他视图的定义不会被删除，但无任何意义，用户应该把这些视图删除。

5.3.3 使用视图

1. 利用视图查询

视图定义后，用户就可以像对基本表进行查询一样对视图进行查询。前面章节介绍的表的查询操作一般都可以用于视图。

DBMS 执行对视图的查询时，首先检查查询所涉及的表、视图等是否在数据库中存在，如果存在，则从数据字典中取出查询所涉及的视图的定义，把定义中的子查询和用户对视图的查询结合起来，转换成对基本表的查询，然后再执行这个经过修改的查询。

【例 5-6】　在视图 vw_ stu1 中查找男同学。

代码如下：

```
USEteaching
GO
SELECT * FROM vw_stu1
WHEREXb ='男'
GO
```

2. 使用视图修改数据

可使用视图进行插入（INSERT）、删除（DELETE）、更新（UPDATE）操作。

由于视图是实际存储的虚表，因此对视图的更新最终要转换为对基本表的更新。

为防止用户通过视图对数据进行修改、无意或故意操作不属于视图范围内的基本数据时．可在定义视图时加上 WITH CHECK OPTION 语句。这样，在视图上修改数据时，DBMS 会进一步检查视图定义中的条件，若不满足条件，则拒绝执行该操作。

修改数据的准则如下：

- SQL Server 必须能够明确地解析对视图所引用基表中的特定行所做的修改操作。不能在一个语句中对多个基本表使用数据修改语句。因此，在 UPDATE 或 INSERT 语句中的列必须属于视图定义中的同一个基本表。
- 对于基本表中需更新而又不允许空值的所有列，它们的值在 INSERT 语句或 DEFAULT 定义中指定。这将确保基表中所有需要值的列都可以获取值。
- 在基表的列中修改的数据必须符合对这些列的约束，如为空值、约束、DEFAULT 定义等。

（1）使用视图更新数据

【例 5-7】　将 view1 视图中学号为 0910101 的学生的姓名改为“张三”。

代码如下：

```
USEteaching
GO
UPDATE view1
SETXm ='张三'
WHEREXh ='09101001'
```

更新视图的同时，更新了基本表。

（2）使用视图插入数据

【例 5-8】　在 view1 视图中插入一名学生。

代码如下：

```
USEteaching
GO
INSERT INTO view1
VALUES('09101010 ','马奇','男','汉族','1982-01-05 ','11 ')
```

插入视图的同时，也插入到了基本表。

（3）使用视图删除数据

【例 5-9】 删除 view1 视图中姓名为“马奇”的同学。

代码如下：

```
USEteaching
GO
DELETE FROM view1
WHERE name ='马奇'
```

在视图及基本表中都删除了“马奇”这个同学。

5.4 本章小结

视图提供了查看和存取数据的另一种途径。使用视图不仅可以简化查询操作，还可以提高数据库的安全性；不仅可以检索数据，也可以通过视图向数据表中添加数据、修改和删除数据。

本章所讨论的视图基本概念、类型和特点，是学习视图技术的基础；本章所实践的视图创建、修改和删除操作，是学习视图技术的目标；本章所介绍的加密、绑定、强制检查数据等选项，是使用视图功能的高级技术；本章所介绍的查看和修改视图定义，是增强和优化视图的基本途径。

通过学习，读者应能够使用“对象资源管理器”和 T-SQL 语句（CREATE VIEW、ALTER VIEW、DROP VIEW）创建、修改、删除视图，并根据实际需要创建视图和使用视图。

本 章 习 题

一、思考题

1. 什么是视图？为什么要使用视图？
2. 使用视图有哪些优缺点？
3. 简述对视图创建、修改、删除等操作的过程。
4. 简述对视图创建、修改、删除等操作的 T-SQL 命令。
5. 如何通过视图修改数据？

二、选择题

1. 用哪个选项建立的视图，可保证通过视图加到表中的行能通过视图访问？（　　）

A. WHERE　　B. WITH ENCRYPTION

C. WITH CHECK OPTION　　D. CREATE VIEW

2. 用下列代码建立的视图，对该视图允许做什么操作？（　　）

```
CREATE VIEW VW_STU
AS SELECT * FROM XS
WHERE SUBSTRING(XH,1,5) = '09101'
```

A. SELECT　　B. SELECT，UPDATE

C. SELECT，DELETE　　D. SELECT，INSERT

3. 建立视图的哪个选项，将加密 CREATE VIEW 语句的文本？(　　)

A. WITH UPDATE　　B. WITH READ ONLY

C. WITH CHECK OPTION　　D. WITH ENCRYPTION

4. 在 CREATE VIEW 命令中，哪个选项将强制所有通过视图修改的数据必须满足代码中的 SELECT 语句中指定的选择条件？(　　)

A. WITH CHECK OPTION　　B. WITH READ ONLY

C. WITH NO UPDATE

D. 没有这样的选项，假如用户对数据表有权限，用户可以更新视图

5. 下列哪一个系统存储过程，可以更改视图名称？(　　)

A. sp_ help　　B. sp_ depends　　C. sp_ help　　D. sp_ rename

三、填空题

1. 视图是由一个查询所定义的______。

2. 视图是由一个或多个________或视图导出的________或查询表。

3. 在 SQL 中，CREATE VIEW 和 DROP VIEW 命令分别为________和________视图的命令。

4. 可以利用视图访问经过筛选和处理的数据，而不是直接访问________，以及在一定程度上也保护了________。

5. 除非另外还指定了 TOP 或 FOR XML，否则________子句在视图、内联函数、派生表、子查询和公用表表达式中无效。

四、操作题

1. 选择学生表（Xs）中的学号（Xh）、姓名（Xm）、专业号（Zyh）创建一个名为 vw_ stu 的视图，要求该视图的记录必须满足专业号为 11 的条件。

2. 对学生表（Xs）、课程表（Kc）、成绩表（Cj）三表做一个视图，视图名为 vw_ stu_ cj。要求显示所有学生的学号、姓名、课程名及相应课程的成绩。

3. 创建平均成绩视图（vw_ average），要求按照课程号求各课程的平均分，最终显示课程名称、平均成绩。

4. 说明下列创建视图的 SQL 语句中 WITH ENCRYPTION 子句的功能。

```
CREATE VIEW vw_stu1
WITH ENCRYPTION
AS
SELECT * FROM Xs WHEREmid(Xh,1,5) = '090101'
```

当执行 EXEC sp_ helptext vw_ stu1 命令时会出现什么现象。

5. 接上题，修改 vw_ stu1 视图的定义，去掉 WITH ENCRYPTION 子句，但是增加 WITH CHECK OPTION 选项，上机运行下列命令时将出现什么状况？

```
UPDATE vw_stu1 SETXh = '09301004' WHERE Xm = '张丹'
```

第 6 章　T-SQL 程序设计

SQL 虽然和高级语言不同，但是它本身也具有运算、流程控制等功能，也可以利用 SQL 进行编程。因此，就需要了解 SQL 的基础知识。本章主要介绍 Transact-SQL 语言程序设计的基本概念。

6.1　T-SQL 基础

SQL Server 中的编程语句就是 T-SQL，这是一种非过程化的语言。不论是普通的客户机/服务器应用程序，还是 Web 应用程序，都必须通过向服务器发送 T-SQL 才能实现与 SQL Server 的通信。用户可以使用 T-SQL 定义过程，用于存储以后经常使用的操作。

SQL 具有如下特点：

- SQL 的语句更能代表一个有意义的工作过程，一个语句可以实现一个完整的功能。
- SQL 的语句对数据操作时不必知道数据的物理位置，服务器会自动将逻辑名称转换成与数据相关的物理位置。
- SQL 的语句不必再设计查找或索引的优化策略，SQL 服务器已经为查找数据提供了最有效的方法。
- ANSI SQL 主要是作为查询语言出现的，它不是一个全能的编程语言。

T-SQL 为了扩展 SQL，增加了以下功能：

- 加入了程序控制结构（如 IF、WHILE 语句等）。
- 加入了局部变量、全局变量等一些功能。

T-SQL 的基本要素有批处理、注释语句、标识符、全局变量与局部变量、运算符和表达式等。

6.1.1　批处理

批处理就是一个或多个 T-SQL 语句的集合，从应用程序一次性发送到 SQL Server 并由 SQL Server 编译成一个可执行单元，此单元称为执行计划。执行计划中的语句每次执行一条。

建立批处理时，使用 GO 语句作为批处理的结束标记。在一个 GO 语句行中不能包括其他 T-SQL 语句，但可以使用注释文字。当编译器读取到 GO 语句时，它会把 GO 语句前面所有的语句当作一个批处理，并将这些语句打包发送到服务器。GO 语句本身并不是 T-SQL 语句的组成部分，它只是一个用于表示批处理结束的指令。如果在一个批处理中包含语法错误，如引用了一个并不存在的对象，则整个批处理就不能被成功地编译和执行。如果一个批处理某句有执行错误，如违反了约束，它仅影响该语句的执行，并不影响批处理中其他语句的执行。

在建立一个批处理时，应该遵循以下规则：

- CREATE DEFAULT、CREATE PROCEDURE、CREATE RULE、CRETE TRIGGER 和 CREATE VIEW 语句不能在批处理中与其他语句组合使用。批处理必须以 CREATE 语句开始，所有跟在该批处理后的其他语句将被解释为第一个 CREATE 语句定义的一部分。
- 不能在删除一个对象之后，在同一批处理中再次引用这个对象。
- 不能在一个批处理中引用其他批处理中所定义的变量。
- 不能把规则和默认值绑定到表字段或用户自定义数据类型之后，立即在同一个批处理中使用它们。
- 不能定义了 CHECK 约束之后，立即在同一个批处理中使用该约束。
- 不能在修改表中的一个字段名之后，立即在同一个批处理中引用新字段名。
- 如果 EXECUTE 语句是批处理中的第一句，则不需要 EXECUTE 关键字。如果 EXECUTE 语句不是批处理中的第一个语句，则需要 EXECUTE 关键字。

【例 6-1】 利用查询分析器执行两个批处理，用来显示学生表中的信息。

代码如下：

```
USE teaching
GO   --第一个批处理包含一条语句
PRINT '学生表中的信息' --输出字符串
SELECT * FROM Xs
GO  --第二个批处理包含两条语句
```

运行结果如图 6-1 所示。

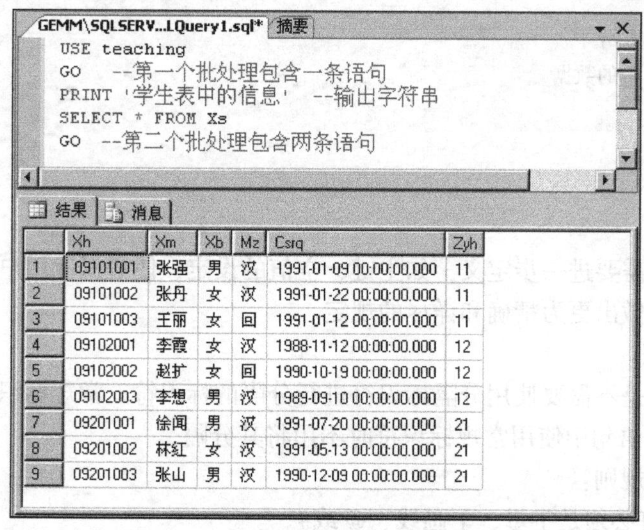

	Xh	Xm	Xb	Mz	Csrq	Zyh
1	09101001	张强	男	汉	1991-01-09 00:00:00.000	11
2	09101002	张丹	女	汉	1991-01-22 00:00:00.000	11
3	09101003	王丽	女	回	1991-01-12 00:00:00.000	11
4	09102001	李霞	女	汉	1988-11-12 00:00:00.000	12
5	09102002	赵扩	女	回	1990-10-19 00:00:00.000	12
6	09102003	李想	男	汉	1989-09-10 00:00:00.000	12
7	09201001	徐闻	男	汉	1991-07-20 00:00:00.000	21
8	09201002	林红	女	汉	1991-05-13 00:00:00.000	21
9	09201003	张山	男	汉	1990-12-09 00:00:00.000	21

图 6-1　在查询分析器中执行批处理

6.1.2　注释语句

注释是指程序中用来说明程序内容的语句，它不能执行且不参与程序的编译。注释用于语句代码的说明，或暂时禁用的部分语句。为程序加上注释不仅能增强程序的可读性，而且有助于日后的管理和维护。在程序中使用注释是一个程序员良好的编程习惯。SQL Server 支持两种形式的注释语句。

1. 行内注释

如果整行都是注释而并非所要执行的程序行，则该行可用行内注释。其语法格式如下：

```
--注释语句
```

这种注释形式用来对一行加以注释，可以与要执行的代码处在同一行，也可以另起一行。从双连字符（--）开始到行尾均为注释。

2. 块注释

如果所加的注释内容较长，则可使用块注释。其语法格式为：

```
/*注释语句*/
```

这种注释形式用来对多行加以注释，可以与要执行的代码处在同一行，也可以另起一行，甚至可以放在可执行行代码内。对于多行注释，必须使用开始注释字符对（/*）开始注释，使用结束注释字符对（*/）结束注释，“/*”和“*/”之间的全部内容都是注释部分。注意：整个注释必须包含在一个批处理中，多行注释不能跨越批处理。

【例 6-2】 注释语句举例。

```
/*注释语句应用示例*/
USE teaching
GO
SELECT * FROM Zy
--查看专业表中的数据
GO
```

6.1.3 标识符

在定义表时还需要进一步定义，如主键、空值的设定，使数据库用户能够根据应用的需要对基本表的定义做出更为精确和详尽的规定。

1. 常规标识符

常规标识符就是不需要使用分隔标识符进行分隔的标识符。常规标识符符合标识符的格式规则。在 T-SQL 语句中使用常规标识符时不用将其分隔。

常规标识符的规则：

- 第一个字符必须是字母、下画线、@或#。
- 标识符不能是 T-SQL 保留字。
- 不允许嵌入空格或其他特殊字符。

例如：

```
SELECT * FROM TableX WHERE xh=124
```

2. 分隔标识符

在 T-SQL 语句中，对不符合所有标识符规则的标识符必须进行分隔。符合标识符格式规则的标识符可以分隔，也可以不分隔。

在 SQL Server 中，T-SQL 所使用的分隔标识符类型有下面两种：

- 用双引号（""）分隔开，例如 SELECT * FROM "My table"。
- 用方括号（[]）分隔开，例如 SELECT * FROM [My table]。

例如：

```
SELECT * FROM [My table] WHERE [order] = 10
```

使用引号分隔标识符时，仅当 QUOTED_ INDENTIFIER 选项设置为 ON 时才有效。QUOTED_ INDENTIFIER 称作连接选项。在默认情况下，当用于 SQL Server 的 Microsoft OLE DB 提供的程序和 SQL Server ODBC 驱动程序连接时，将 QUOTED_ INDENTIFIER 设置为 ON。在默认情况下，DB_ Library 不将 QUOTED_ INDENTIFIER 设置为 ON。不管使用何种接口，个别应用程序或用户可随时更改设置。

6.1.4　全局变量与局部变量

1. 全局变量

全局变量是系统提供且预先声明的变量。全局变量在所有存储过程中随时有效，用户利用全局变量，可以访问服务器的相关信息或者有关操作的信息。用户只能引用不能改写，且不能定义和全局变量同名的局部变量，引用时要在前面加上“@@”标记。

在 SQL Server 2005 中，系统定义的全局变量有 33 个，其部分常用全局变量见表 6-1。

表 6-1　SQL Server 中的部分全局变量

全局变量	说　明	返回类型
@@CONNECTIONS	返回 SQL Server 自上次启动以来尝试的连接数	integer
@@CPU_BUSY	返回 SQL Server 自上次启动后的 CPU 工作时间	integer
@@CURSOR_ROWS	返回连接中最后打开的游标中当前包含的合格记录的数量	integer
@@DATEFIRST	针对会话返回 SET DATEFIRST 的当前值,SET DATEFIRST 表示指定的每周的第一天	tinyint
@@DBTS	为当前数据库返回当前 timestamp 数据类型的值。这一 timestamp 值保证在数据库中是唯一的	varbinary
@@ERROR	返回最后执行的 T-SQL 语句的错误代码	integer
@@FETCH_STATUS	返回被 FETCH 语句执行的最后游标的状态,而不是任何当前被连续打开的游标的状态	integer
@@IDENTITY	返回最后插入的标识值	numeric
@@IDLE	返回 SQL Server 自上次启动后闲置的时间	integer
@@IO_BUSY	返回 SQL Server 自上次启动后用于执行输入和输出操作的时间	integer
@@LANGID	返回当前所有使用语言的本地语言标识符(ID)	smallint
@@LANGUAGE	返回当前使用的语言名称	nvarchar

（续）

全局变量	说　明	返回类型
@ @ LOCK_TIMEOUT	返回当前会话的当前锁超时设置，单位为毫秒	integer
@ @ SERVERNAME	返回运行 SQL Server 的本地服务器名称	nvarchar
@ @ VERSION	返回 SQL Server 当前安装的日期、版本和处理器类型	nvarchar

【例 6-3】 利用全局变量查看 SQL Server 的版本，当前所使用的 SQL Server 服务器名称和到当前日期和时间为止试图登录的次数。

代码如下：

```
PRINT'当前所用 SQL Server 版本信息如下:'
PRINT @ @ VERSION--显示版本信息
PRINT'' - -换行
PRINT'目前使用的 SQL Server 服务器名称为:' + @ @ SERVERNAME   - -显示服务器名称
PRINT @ @ LANGUAGE - -显示当前使用的语言
```

运行结果如图 6-2 所示。

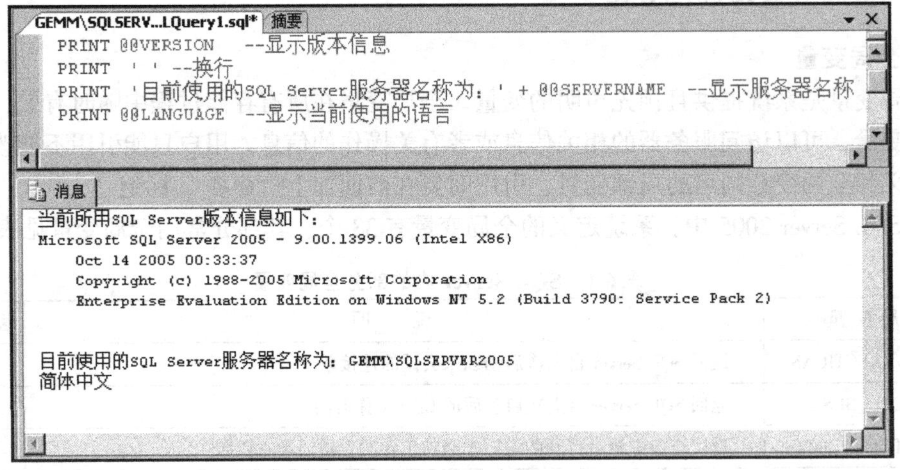

图 6-2　全局变量引用的结果

2. 局部变量

局部变量是指在批处理或脚本中用来保存数据值的对象。局部变量常用于作为计数器计算循环执行的次数或控制循环执行的次数，也可以用于保存由存储过程代码返回的数据值。此外，还可以使用 TABLE 数据类型的局部变量来代替临时表。

（1）声明局部变量

使用一个局部变量之前，必须使用 DECLARE 语句来声明这个局部变量，给它指定一个变量名和数据类型，对于数值变量，还需要指定其精度和小数位数。DECLARE 语句的语法格式为：

```
DECLARE {@ local_variable data_type} [ ,…,n]
```

其中：

@local_ variable：是变量的名称。变量名必须以@符号开头，最多可以包含 128 个字符，局部变量名必须符合标识符规则。

data_ type：是任何由系统提供的或用户定义的数据类型。变量不能是 text、ntext 或 image 数据类型。

在一个 DECLARE 语句中，可以定义多个局部变量，但需用逗号分隔开。例如：

```
DECLARE@ f float,@ cn char(8)
```

【例 6-4】 声明 SNO、SNAME、SBIRTH、SCORE 等局部变量。

代码如下：

```
DECLARE @ SNO char(10)
DECLARE @ SNAME CHAR(12)
DECLARE @ SBIRTH DATETIME
DECLARE @ SCORE DECIMAL(5,1)
```

某些数据类型需要指定长度，如 char 类型；某些数据类型不需要指定长度，如 datetime 类型；而某些数据类型还需要指定精度和小数位数，如 decimal 类型。

（2）给局部变量赋值

所有变量声明后，均被初始化为 NULL。若要对变量赋值，可以使用 SELECT 语句或 SET 语句将一个不是 NULL 的值赋给已声明的变量。一个 SELECT 语句一次可以初始化多个局部变量；一个 SET 语句一次只能初始化一个局部变量。当用多个 SET 语句初始化多个变量时，为每个局部变量使用一个单独的 SET 语句。

①用 SELECT 语句为局部变量赋初值的语法结构如下：

```
SELECT @ local_variable = expression [ ,…,n]
```

如果使用一个 SELECT 语句对个局部变量赋值时，这个语句返回了多个值，则这个局部变量将取得该 SELECT 语句所返回的最后一个值。此外，使用 SELECT 语句时，如果省略赋值号（=）及其后面的表达式，则可以将局部变量的值显示出来。例如：

```
DECLARE @ age int,@ sname char(8)
SELECT @ age =8
SELECT @ sname ='张红梅'
```

②用 SET 语句为局部变量赋初值的语法结构如下：

```
SET @ local_variable = expression [ ,…,n]
```

SET 语句的功能是将表达式的值赋给局部变量。其中，表达式是 SQL Server 的任何有效的表达式。例如：

```
DECLARE @ str char(20)
SET@ str ='1001'
```

(3) 局部变量的作用域

局部变量的作用域指可以引用该变量的范围，局部变量的作用域从声明它的地方开始到声明它的批处理或存储过程结束。也就是说，局部变量只能在声明它的批处理、存储过程或触发器中使用，一旦这些批处理或存储过程结束，局部变量将自动消除。

【例 6-5】 声明一个局部变量 temp_ zy，把 teaching 数据库中“专业”表中“专业号”为“12”的专业名赋给局部变量 temp_ zy，并输出。

代码如下：

```
USE teaching
GO
DECLARE @ temp_zy varchar(20)   --声明局部变量
SELECT @ temp_zy = Zym FROM Zy WHERE Zyh ='12 '
PRINT '专业表中专业号为“12”的专业名为' + @ temp_zy   --输出字符串
GO
--该批处理结束,局部变量@ temp_zy 自动清除
PRINT'如果引用@ temp_zy,将会出现声明局部变量的错误提示'
GO
PRINT '专业表中专业号为“12”的专业名为' + @ temp_zy   --输出字符串
GO
```

运行结果如图 6-3 所示。

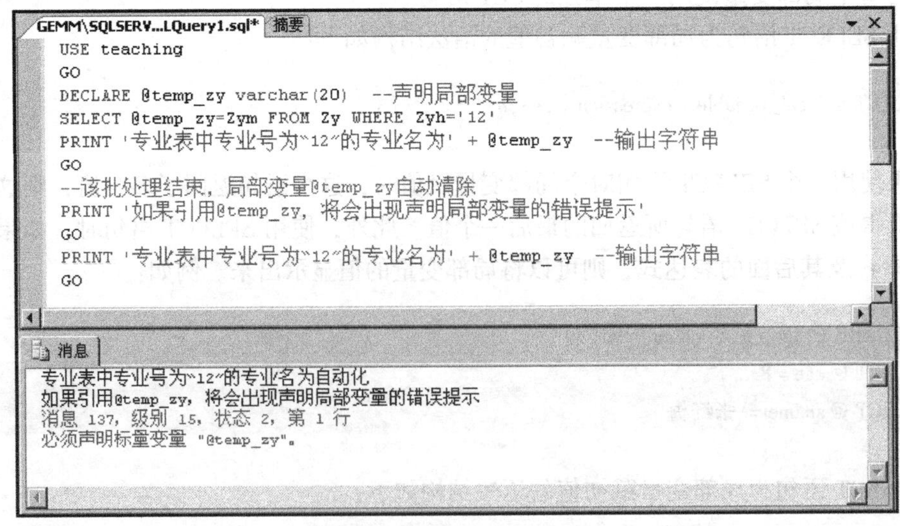

图 6-3　局部变量的作用域

6.1.5 运算符和表达式

运算符是一种符号，用来制定要在一个或多个表达式中执行的操作。SQL Server 提供的

运算符有算术运算符、赋值运算符、按位运算符、比较运算符、逻辑运算符、字符串连接运算符和一元运算符。

1. 算术运算符

算术运算符可以在两个表达式上执行数学运算，这两个表达式可以是数字数据类型分类的任何数据类型。在 SQL Server 中，算术运算符包括加（+）、减（-）、乘（*）、除（/）和取模（%）。

取模运算返回一个除法的整数余数。例如，13%2 =1，这是因为 13 除以 2，余数为 1。

2. 赋值运算符

T-SQL 中只有一个赋值运算符，即等号（=）。赋值运算符能够将数据值指派给特定的对象。另外，还可以使用赋值运算符在列标题和为列定义值的表达式之间建立关系。

3. 按位运算符

按位运算符使用户能够在整型数据或者二进制数据（image 数据类型除外）之间执行位操作。按位运算符包括 &（按位与）、|（按位或）和^（按位异或）。

T-SQL 首先把整数数据转换为二进制数据，然后再对二进制数据进行按位运算。

4. 比较运算符

比较运算符用于比较两个表达式的大小或是否相同，其比较的结果是布尔数据类型，即 TRUE（表示表达式的结果为真）、FALSE（表示表达式的结果为假）。除了 text、ntex 或 image 数据类型的表达式外，比较运算符可以用于所有的表达式，并可用在查询的 WHERE 和 HAVING 子句中。

在 SQL Server 中，比较运算符有 =、>、<、> =、< =、< >、! =、! >、! <。

5. 逻辑运算符

逻辑运算符可以把多个逻辑表达式连接起来。逻辑运算符包括 AND、OR 和 NOT 等运算符。逻辑运算符和比较运算符一样，返回带有 TRUE 或 FALSE 值的布尔数据类型。

6. 字符串连接运算符

字符串连接运算符为加号（+），可以将两个或多个字符串合并或连接成一个字符串。还可以连接二进制字符串。例如：

```
SELECT 'abc' + 'def'
```

其结果为 abcdef。

注意：其他数据类型，如 datetime 和 smalldatetime，在与字符串连接之前必须使用转换函数 CAST 将其转换成字符串。

7. 一元运算符

一元运算符是指只有一个操作数的运算符。SQL Server 提供的一元操作符包含 +（正）、-（负）、和 ~（位反）。

正和负运算符表示数据的正和负，可以对所有的数据类型进行操作。位反运算符返回一个数的补数，只能对整数数据进行操作。

8. 运算符优先级

当一个复杂的表达式有多个运算符时，则由运算符优先级来决定执行运算的先后次序。执行的顺序可能严重地影响所得到的值。

括号：()。

一元运算符：+、-、~。

乘、除、求模运算符：*、/、%。

加、减运算符：+、-。

比较运算符：=、>、<、>=、<=、<>、!=、!>、!<。

位运算符：^、&、|。

逻辑运算符：NOT。

逻辑运算符：AND。

逻辑运算符：OR。

赋值运算符：=。

当一个表达式中的两个运算符有相同的运算符优先级时，基于它们在表达式中的位置来对其从左到右进行求值。

6.2 流程控制语句

流程控制语句是用来控制程序执行和流程分支的命令。这些命令包括条件控制语句、无条件转移语句和循环语句。使用这些命令，可以使程序具有结构性和逻辑性，并可完成较复杂的操作。

6.2.1 BEGIN…END 语句块

在条件和循环等流程控制语句中，要执行两个或两个以上的 T-SQL 语句时，就需要使用 BEGIN…END 语句，这些语句可以作为一个单元来执行。也就是说，BEGIN…END 语句用于将多个 T-SQL 语句组合成一个语句块，并将他们视为一个整体来处理。

BEGIN…END 语句的语法格式为：

```
BEGIN
    语句 1
    语句 2
    ……
END
```

BEGIN…END 语句通常用于下列情况：

- WHILE 循环需要包含语句块。
- CASE 语句的元素需要包含语句块。
- IF 或 ELSE 子句需要包含语句块。

位于 BEGIN 和 END 之间的各个语句既可以是单个的 T-SQL，也可以是使用 BEGIN 和 END 定义的语句块，即 BEGIN…END 语句块可以嵌套。BEGIN 和 END 语句必须成对使用，不能单独使用。

【例 6-6】 使用 BEGIN…END 语句显示“专业号”为“11”的“专业名”。

代码如下：

```
USE teaching
GO
BEGIN
    PRINT '满足条件的专业名称'
    SELECT Zym FROM Zy WHERE Zyh ='11 '
END
GO
```

运行结果如图 6-4 所示。

```
GEMM\SQLSERV...LQuery1.sql*  摘要
    USE teaching
    GO
    BEGIN
        PRINT '满足条件的专业名称'
        SELECT Zym FROM Zy WHERE Zyh='11'
    END
    GO
```

	Zym
1	生物医学工程

图 6-4　使用 BEGIN…END 语句块示例

6.2.2　IF…ELSE 语句

在程序中，经常需要根据条件指示 SQL Server 执行不同的操作和运算，也就是进行程序的分支控制。SQL Server 利用 IF…ELSE 命令使程序有不同的条件分支，从而实现分支条件程序设计。

IF…ELSE 语句的语法格式为：

```
IF 布尔表达式
    语句 1
[ELSE
    语句 2]
```

其中，布尔表达式表示一个测试条件，其取值为 TRUE 或 FALSE。如果布尔表达式中包含一个 SELECT，则必须使用圆括号把这个 SELECT 语句括起来。语句 1 和语句 2 可以是单个的 T-SQL 语句，也可以是使用 BEGIN…END 语句定义的语句块。该语句的执行过程是：先求布尔表达式的值，如果布尔表达式的值为 TRUE，则执行语句 1；否则，执行语句 2。若无 ELSE，如果测试条件成立，则执行语句 1；否则，执行 IF 语句后面的语句。

【例 6-7】 使用 IF…ELSE 语句实现以下功能：如果存在“职称”为“教授”或“副教授”的教师，那么输出这些教师的“姓名”“部门”；否则，输出没有满足条件的教师。

代码如下：

```
USE teaching
GO
IF EXISTS(SELECT * FROM Js WHERE Zc ='教授' OR Zc ='副教授' )
    BEGIN
        PRINT '以下教师是具有高级职称的'
        SELECT Xm,Bm FROM Js WHERE Zc =' 教授' OR Zc ='副教授'
    END
ELSE
    BEGIN
        PRINT '没有高级职称的教师'
    END
GO
```

运行结果如图 6-5 所示。

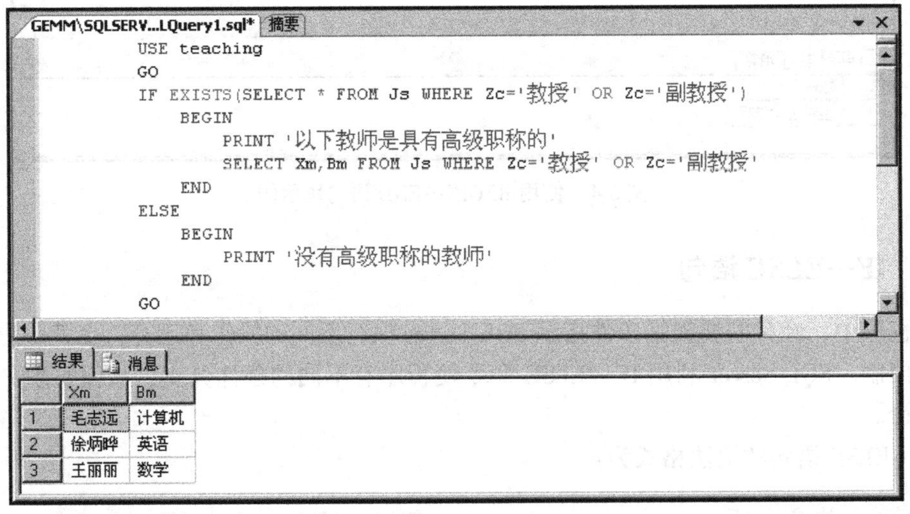

图 6-5　使用 IF…ELSE 语句示例

6.2.3　CASE 表达式

CASE 表达式是一个特殊的 T-SQL 表达式，能够实现多重选择的情况。CASE 不同于一个普通的 T-SQL 语句，不能单独执行，而只能作为一个可以单独执行的语句的一部分来使用。CASE 表达式分为简单的 CASE 表达式和搜索 CASE 表达式两种类型。

1. 简单 CASE 表达式

简单 CASE 表达式将一个测试表达式与一组简单表达式进行比较，如果某个简单表达式与测试表达式的值，则返回相应结果表达式的值。简单 CASE 表达式的语法格式为：

```
CASE 测试表达式
    WHEN 测试值 1 THEN 结果表达式 1
    [WHEN 测试值 2 THEN 结果表达式 2
    […]]
    [ELSE 结果表达式 n]
END
```

其中，测试表达式用于条件判断，测试值用于与测试表达式做比较，测试表达式必须与测试值的数据类型相同。

简单 CASE 表达式必须以 CASE 开头并以 END 结束，它能够将一个表达式和一系列的测试值进行比较，并返回符合条件的结果表达式。

简单 CASE 表达式的执行过程是：用测试表达式的值依次与每一个 WHEN 子句的测试值比较，直到找到第一个与测试表达式的值完全相同的测试值时，便将该 WHEN 子句指定的结果表达式返回。如果没有任何一个 WHEN 自己的测试值和测试表达式相同，SQL Server 将检查是否有 ELSE 子句存在，如果存在 ELSE 子句，便将 ELSE 子句之后的结果表达式返回；如果不存在 ELSE 子句，便返回一个 NULL 值。

注意：在一个简单 CASE 表达式中，一次只能有一个 WHEN 子句指定的结果表达式返回。若同时有多个测试值与测试表达式的值相同，则只有第一个与测试表达式的值相同的 WHEN 子句指定的结果表达式返回。

【例 6-8】 使用简单 CASE 表达式实现以下功能：根据教师表，分别输出教师编号、职称和备注，并根据教师职称标注教师的职称级别。

代码如下：

```
USE teaching
GO
SELECT Jsh,Bz =
CASE Zc
    WHEN '教授' THEN '高级职称'
    WHEN '副教授' THEN '高级职称'
    WHEN '讲师' THEN '中级职称'
    WHEN '助教' THEN '初级职称'
END
FROM Js
GO
```

运行结果如图 6-6 所示。

2. 搜索 CASE 表达式

与简单 CASE 表达式相比较，在搜索 CASE 表达式中，CASE 关键字后面不跟任何表达式，各个 WHEN 子句后都是逻辑表达式。搜索 CASE 表达式的语法格式为：

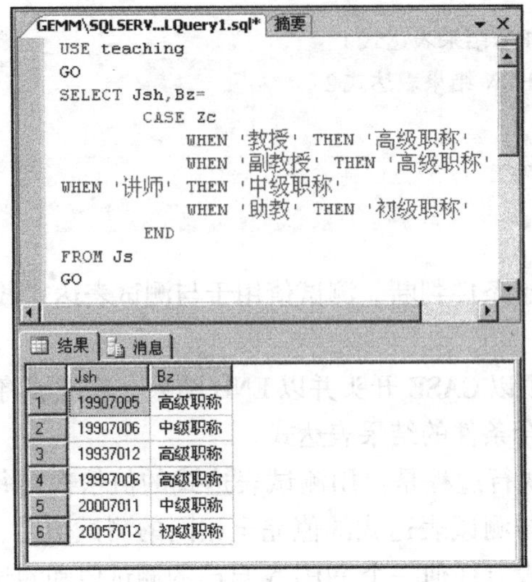

图 6-6　简单 CASE 表达式示例

```
CASE
    WHEN 逻辑表达式 1 THEN 结果表达式 1
    [WHEN 逻辑表达式 2 THEN 结果表达式 2
    [...]]
    [ELSE 结果表达式 n]
END
```

其执行过程是：测试每个 WHEN 子句后的逻辑表达式，如果结果为 TRUE，则返回相应的结果表达式；否则，检查是否有 ELSE 子句。如果存在 ELSE 子句，便返回 ELSE 子句之后的结果表达式；如果不存在 ELSE 子句，便返回一个 NULL 值。

【例 6-9】 使用搜索 CASE 表达式实现以下功能：根据成绩表，分别输出学号、课程号，并根据学生成绩判别学生成绩的等级。

代码如下：

```
USE teaching
GO
SELECTXh, '等级' =
    CASE
        WHEN Cj > =90 THEN 'A'
        WHEN Cj > =80 THEN 'B'
        WHEN Cj > =70 THEN 'C'
        WHEN Cj > =60 THEN 'D'
        WHEN Cj <60 THEN 'E'
    END
FROMCj
GO
```

运行结果如图 6-7 所示。

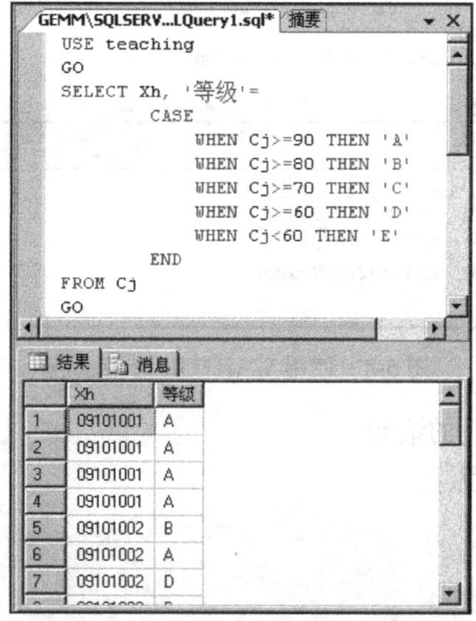

图 6-7　使用搜索 CASE 表达式示例

6.2.4　WAITFOR 语句

WAITFOR 语句可以暂停执行程序一段时间之后再继续执行，也可以暂停执行程序到所指定的时间后再继续执行。WAITFOR 语句的语法格式为：

```
WAITFOR DELAY'时间'|TIME'时间'
```

其中，DELAY 指定一段时间间隔过去之后执行一个操作。TIME 表示从某个时刻开始执行一个操作。时间参数必须为可接受的 DATETIME 数据格式。在 DATETIME 数据中不允许有日期部分，即采用 HH：MM：SS 的格式。

【例 6-10】　使用 WAITFOR 实现以下功能：根据学生表，输出专业为“11”的学号、姓名、出生日期，在输出之前等待 2s。

代码如下：

```
USE teaching
GO
WAITFOR DELAY'00:00:02'
SELECTXh,Xm,Csrq FROM Xs WHERE Zyh ='11'
GO
```

运行结果如图 6-8 所示。

6.2.5　WHILE 语句

在程序中，当需要多次重复处理某项工作时，就需使用 WHILE 循环语句。WHILE 语句通过布尔表达式来设置一个循环条件，当条件为真时，重复执行一个 SQL 语句或语句块，

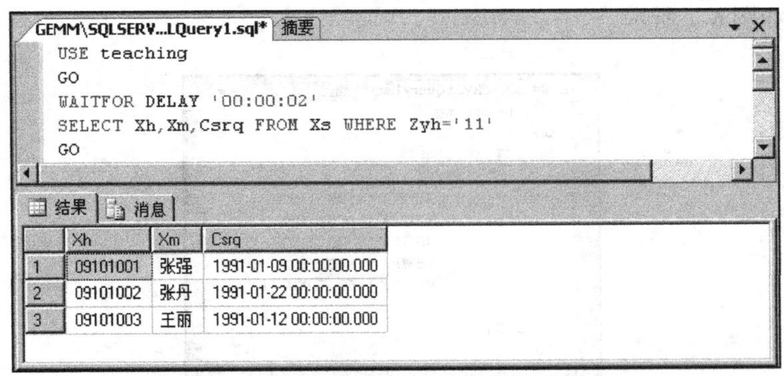

图 6-8　使用 WAITFOR 语句示例

否则退出循环，继续执行后面的语句。

WHILE 语句的语法格式为：

```
WHILE 逻辑表达式
    BEGIN
        语句块 1
    [BREAK]
        语句块 2
    [CONTINUE]
        语句块 3
END
```

其中，逻辑表达式用来设置循环执行的条件。当表达式取值为 TRUE 时，循环将重复执行；取值为 FALSE 时，循环将停止执行。如果逻辑表达式中包含一个 SELECT 语句，必须将该 SELECT 语句包含在一对小括号中。

若要提前退出循环，可选 BREAK 命令，并将控制权转移给循环之后的语句。选 CONTINUE 命令，可使程序直接跳回到 WHILE 命令行，重新执行循环，忽略 CONTINUE 之后的语句。

循环允许嵌套，在嵌套循环中，内层循环的 BREAK 命令将使控制权转移到外一层的循环并继续执行。

【例 6-11】 使用 WHILE 语句实现以下功能：计算 1 ~ 100 的累加和。

代码如下：

```
DECLARE @s int,@i int
SET @i=0
SET @s=0
WHILE @i< =100
    BEGIN
        SET @s=@s+@i
        SET @i=@i+1
    END
PRINT'1+2+3+…+100=' + CAST(@s AS char(25))
```

运行结果如图 6-9 所示。

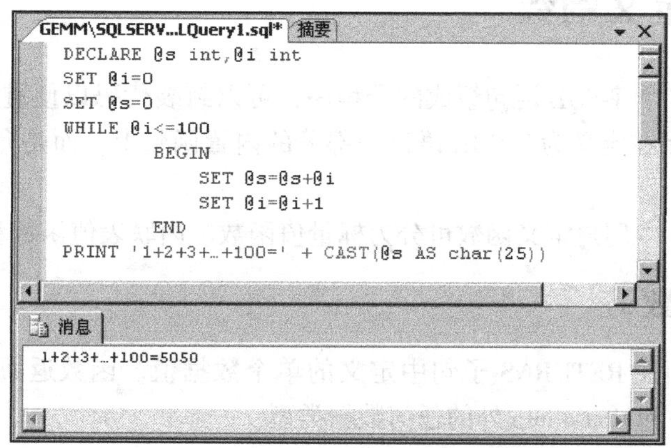

图 6-9 使用 WHILE 语句示例

6.2.6 PRINT 语句

PRINT 是屏幕输出语句。在程序运行过程中或程序调试时，经常要显示一些中间结果。PRINT 语句用于向屏幕输出信息，其语法格式为：

```
PRINT 字符串|局部变量|全局变量|表达式
```

【例 6-12】 PRINT 语句举例。

代码如下：

```
USE teaching
GO
DECLARE @str char(20)
    SET @str ='欢迎使用 PRINT 语句'
PRINT @str
GO
```

运行结果如图 6-10 所示。

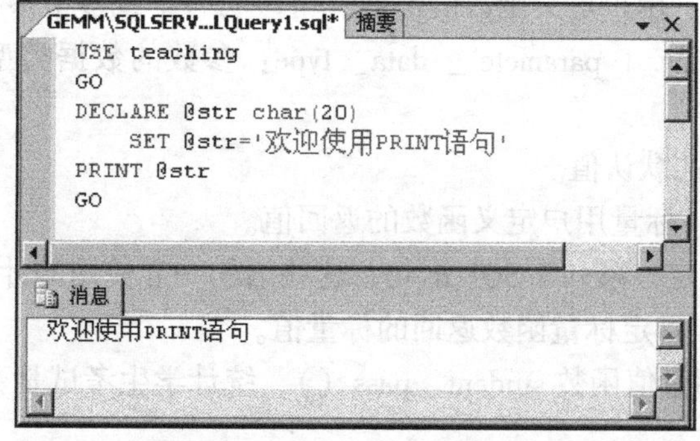

图 6-10 使用 PRINT 语句示例

6.3 用户自定义函数

函数是一个或多个 T-SQL 语句组成的子程序，可以封装代码以便重新使用。SQL Server 2005 并不将用户限制在定义为 T-SQL 语言一部分的内置函数上，而是允许用户创建自己的用户定义函数。

SQL Server 2005 中用户定义函数可分为标量值函数、内联表值函数和多语句表值函数。

6.3.1 标量值函数

标量值函数返回在 RETURNS 子句中定义的单个数据值。函数返回类型可以是除 text、ntext、image、cursor 和 timestamp 外的任何数据类型。

创建标量值函数的语法格式如下：

```
CREATE FUNCTION[ schema_name. ]function_name
([ {@ parameter_name[ AS][ type_schema_name. ]parameter_data_type
    [ = default]}
    [ ,…,n]
]
)
RETURNS return_data_type
    [ WITH <function_option> [ ,…,n] ]
    [ AS]
    BEGIN
        function_body
      RETURN scalar_expression
    END
```

其中：

schema_ name：用户定义函数所属的架构的名称。

function_ name：用户定义函数的名称。函数名称必须符合有关标识符的规则，并且在数据库中以及对其架构来说是唯一的。即使未指定参数，函数名称后也需要加上括号。

@ parameter_ name：用户定义函数的参数，可声明一个或多个参数。

[type_ schema_ name.] parameter_ data_ type：参数的数据类型及其所属的架构，后者为可选项。

[= default]：参数的默认值。

return_ data_ type：标量用户定义函数的返回值。

function_ body：指定一系列 T-SQL 语句，这些语句一起使用的计算结果为标量值。

scalar_ expression：指定标量函数返回的标量值。

【例 6-13】 定义标量值函数 student_ pass（），统计学生考试是否合格的信息。

代码如下：

```
USE teaching
GO
CREATE FUNCTIONstudent_pass(@grade tinyint)
RETURNSchar(8)
BEGIN
    DECLARE @info char(8)
    IF @grade > =60 SET @info ='通过'
    ELSE SET @info ='不合格'
    RETURN @info
END
GO
```

在查询分析器中输入如下代码：

```
USE teaching
GO
SELECT Kc.Kcm,Xs.Xm,Cj.Cj,DBO.student_pass(Cj)AS 是否通过
FROM Xs,Cj,Kc
WHERE Cj.Kch = Kc.Kch AND Cj.Xh = Xs.Xh
GO
```

运行结果如图 6-11 所示。

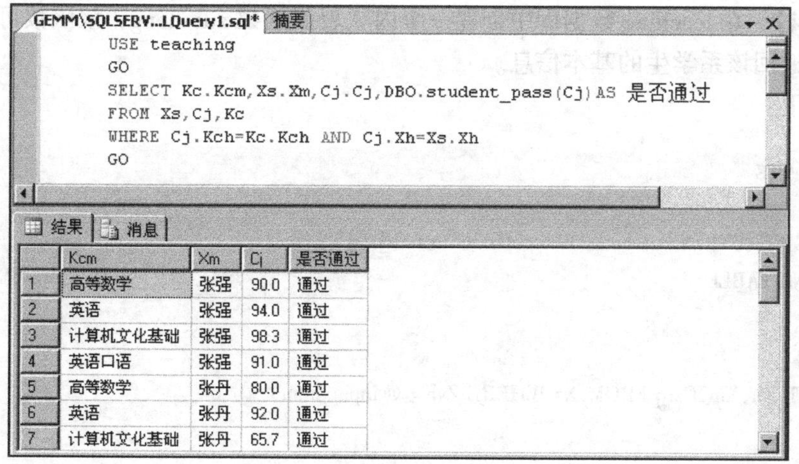

	Kcm	Xm	Cj	是否通过
1	高等数学	张强	90.0	通过
2	英语	张强	94.0	通过
3	计算机文化基础	张强	98.3	通过
4	英语口语	张强	91.0	通过
5	高等数学	张丹	80.0	通过
6	英语	张丹	92.0	通过
7	计算机文化基础	张丹	65.7	通过

图 6-11　使用标量函数的返回结果

6.3.2　内联表值函数

内联表值函数返回的结果是表，其表是由单个 SELECT 语句形成的。内联表值函数可用于实现参数化视图的功能。

创建内联表值函数的语法格式如下：

```
CREATE FUNCTION[ schema_name. ]function_name
([ {@ parameter_name[ AS] [ type_schema_name. ]parameter_data_type
        [ = default] }
        [ ,…,n]
]
)
RETURNSTABLE
    [ WITH <function_option> [ ,…,n] ]
    [ AS]
    RETURN[ (select_stmt[ ]) ]
[ ;]
```

其中：

schema_ name：用户定义函数所属的架构名称。

function_ name：用户定义函数的名称。函数名称必须符合有关标识符的规则，并且在数据库中以及对其架构来说是唯一的。即使未指定参数，函数名称后也需要加上括号。

@ parameter_ name：用户定义函数的参数，可声明一个或多个参数。

[type_ schema_ name.] parameter_ data_ type：参数的数据类型及其所属的架构，后者为可选项。

[= default]：参数的默认值。

select_ stmt：定义内联表值函数的返回值的单个 SELECT 语句。

【例 6-14】 在 teaching 数据库中创建一个内联表值函数 xuesheng，该函数可以根据输入的系部代码返回该系学生的基本信息。

代码如下：

```
USE teaching
GO
CREATE FUNCTION xuesheng(@ inputxbdm nvarchar(4))
RETURNS TABLE
AS
RETURN
(SELECT Xh,Xm,Csrq FROM Xs WHERE Zyh = @ inputxbdm)
GO
```

建立好该内联表值函数后（见图 6-12），就可以像使用表或视图一样来使用它。下面在查询分析器中重新输入如下代码：

```
USE teaching
GO
SELECT * FROM DBO. xuesheng('1')
GO
```

执行该代码后的结果如图 6-13 所示。

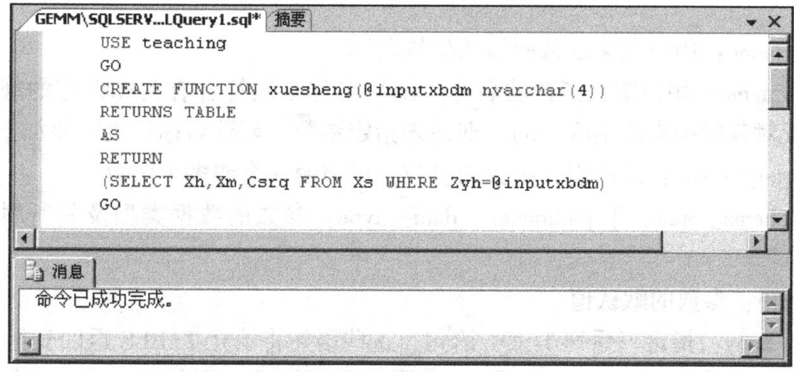

图 6-12　定义内联表值函数

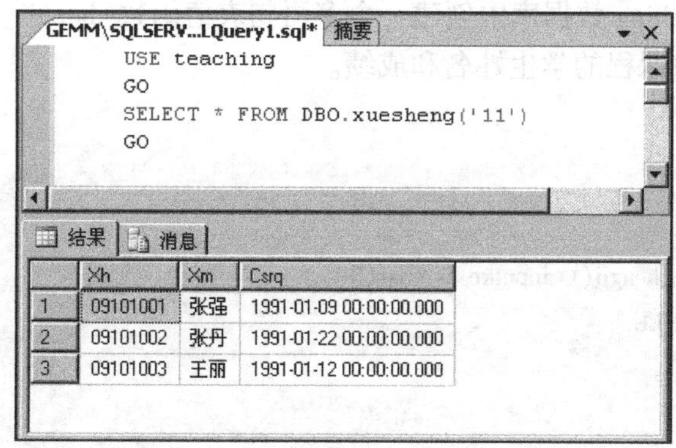

图 6-13　使用内联表值函数的返回结果

6.3.3　多语句表值函数

对于多语句表值函数，在 BEGIN…END 语句块中定义的函数体包含一系列 T-SQL 语句，这些语句可生成行并将其插入将返回的表中。语法格式如下：

```
CREATE FUNCTION[ schema_name. ]function_name
    ([ {@ parameter_name[ AS ][ type_schema_name. ]parameter_data_type
        [ = default] }
        [ ,…,n]
    ])
    RETURNS@ return_variable TABLE  < table_type_definition >
        [WITH  < function_option > [ ,…,n] ]
        [AS]
        BEGIN
            function_body
        RETURN
      END
    [;]
```

其中：

schema_ name：用户定义函数所属的架构名称。

function_ name：用户定义函数的名称。函数名称必须符合有关标识符的规则，并且在数据库中以及对其架构来说是唯一的。即使未指定参数，函数名称后也需要加上括号。

@ parameter_ name：用户定义函数的参数，可声明一个或多个参数。

[type_ schema_ name.] parameter_ data_ type：参数的数据类型及其所属的架构，后者为可选项。

[= default]：参数的默认值。

function_ body：指定一系列 T-SQL 语句，这些语句将填充 TABLE 返回变量。

多语句表值函数需要有 BEGING 和 END 限定函数体，并且在 RETURN 子句中必须定义表的名称和表的格式。

【例 6-15】 在 teaching 数据库中创建一个多语句表值函数 chengji。该函数可以根据输入的课程名称返回选修该课程的学生姓名和成绩。

代码如下：

```
USE teaching
GO
CREATE FUNCTION chengji(@ inputkc as char(20))
RETURNS @ chji TABLE
    ( KCM char(20),
      XM char(8),
      CJ tinyint
    )
AS
BEGIN
    INSERT @ chji
        SELECT Kc. Kcm,Xs. Xm,Cj. Cj
        FROM Xs INNER JOIN  Cj
            ON Xs. Xh = Cj. Xh INNER JOIN Kc ON Kc. Kch = Cj. Kch
        WHERE Kc. Kcm = @ inputkc
    RETURN
END
GO
```

建立好多语句表值函数（见图 6-14）后，在查询分析器中输入以下查询命令：

```
USE teaching
GO
SELECT * FROM DBO. chengji('高等数学')
GO
```

执行该命令的结果如图 6-15 所示。

```
USE teaching
GO
CREATE FUNCTION chengji(@inputkc as char(20))
RETURNS @chji TABLE
(KCM char(20),
  XM char(8),
CJ tinyint
)
AS
BEGIN
    INSERT @chji
    SELECT Kc.Kcm,Xs.Xm,Cj.Cj
    FROM Xs INNER JOIN  Cj
    ON Xs.Xh=Cj.Xh INNER JOIN Kc ON Kc.Kch=Cj.Kch
    WHERE Kc.Kcm=@inputkc
RETURN
END
GO
```

消息

命令已成功完成。

图6-14 定义多语句表值函数

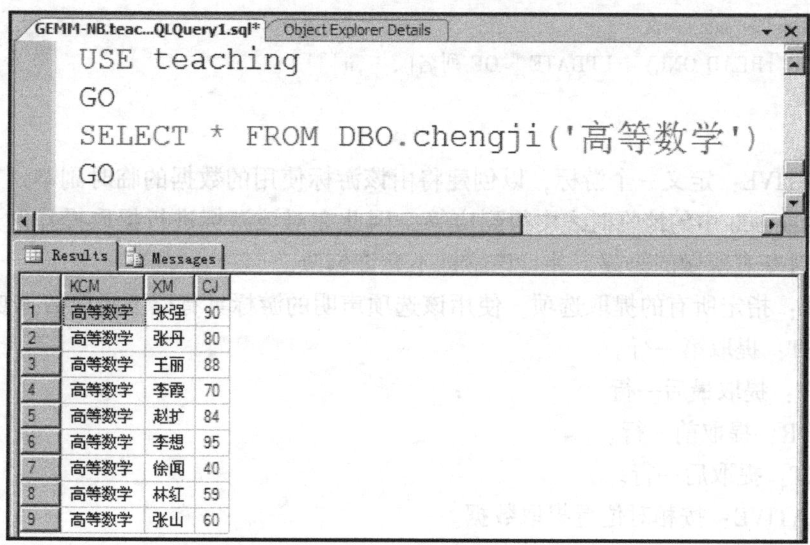

	KCM	XM	CJ
1	高等数学	张强	90
2	高等数学	张丹	80
3	高等数学	王丽	88
4	高等数学	李霞	70
5	高等数学	赵扩	84
6	高等数学	李想	95
7	高等数学	徐闻	40
8	高等数学	林红	59
9	高等数学	张山	60

图6-15 使用多语句表值函数的返回结果

6.4 使用游标

关系数据库中的操作会对整个行集产生影响。由 SELECT 语句返回的行集包括所有满足该语句 WHERE 子句中条件的行。由语句所返回的这一完整的行集称为结果集。应用程序，特别是交互式联机应用程序，并不总能将整个结果集作为一个单元来有效地处理。这些应用程序需要一种机制，以便每次处理一行或部分行。游标就是用来提供这种机制的结果集扩展。

游标包括以下两个部分：

游标结果集（Cursor Result Set）：由定义该游标的 SELECT 语句返回的行的集合。

游标位置（Cursor Position）：指向这个集合中某一行的指针。

游标使用 SQL Server 语言可以逐行处理结果集中的数据。游标具有以下优点：

- 允许定位在结果集的特定行。
- 从结果集的当前位置检索一行或多行。
- 支持对结果集中当前位置的行进行数据修改。
- 为由其他用户对显示在结果集中的数据库数据所做的更改提供不同级别的可见性支持。
- 使用脚本、存储过程和触发器中使用的访问结果集中的数据的 T-SQL 语句。

游标的基本操作包括声明游标、打开游标、读取游标、关闭游标和释放游标。

6.4.1 游标的声明

声明游标使用 DECLARE CURSOR 语句，其语法格式如下：

```
DECLEAR 游标名称 [INSENSITIVE] [SCROLL]
[STATIN |KEYSET | DYNAMIC | FAST_FORWORD] CURSOR
    FOR select_statement
    [FOR {READ ONLY | UPDATE [ OF 列名[,…,n]]}]
```

其中：

INSENSITIVE：定义一个游标，以创建将由该游标使用的数据的临时副本。对游标的所有请求都从 tempdb 中的该临时表中得到应答，因此在对该游标进行提取操作时返回的数据中，不反映对基表所做的修改，并且该游标不允许修改。

SCROLL：指定所有的提取选项。使用该选项声明的游标具有以下提取数据功能：

- FIRST：提取第一行。
- LAST：提取最后一行。
- PRIOR：提取前一行。
- NEXT：提取后一行。
- RELATIVE：按相对位置提取数据。
- ABSOLUTE：按绝对位置提取数据。

如果在声明中未指定 SCROLL，则 NEXT 是唯一支持的提取选项。

SQL Server 2005 所支持的 4 种游标类型。已经扩展了 DECLARE CURSOR 语句，这样就可以指定 T-SQL 游标的 4 种游标类型。这些游标监测结果集变化的能力和消化资源的情况各不相同。这 4 种游标类型如下：

- STATIC（静态游标）：静态游标的完整结果集在游标打开时建立在 tempdb 中。静态游标总是按照游标打开时的原样显示结果集。
- DYNAMIC（动态游标）：动态游标与静态游标相对。当滚动游标时，动态游标反映结果集中所做的所有更改。结果集中的行数据值、顺序和成员在每次提取时都会改变。所有用户做的全部 UPDATE、INSERT 和 DELETE 语句均通过游标可见。

- FAST_ FORWARD（只进游标）：只进游标不支持滚动，它只支持游标从头到尾顺序提取。行只在从数据库中提取出来后才能检索。
- KEYSET（键集驱动游标）：打开游标时，键集驱动游标中的成员和行顺序是固定的。键集驱动游标由一套称为键集的唯一标识符控制。键由以唯一方式在结果集中标识行的列构成。键集是游标打开时来自所有适用 SELECT 语句的行中的一系列键值。键集驱动游标的键集在游标打开时建立在 tempdb 中。

select_ statement：是定义游标结果集的标准 SELECT 语句。在游标声明的 select_ statement 内不允许使用关键字 COMPUTE、COMPUTE BY、FOR BROWSE 和 INTO。

READ ONLY：该游标只能读，不能修改，即在 UPDATE 或 DELETE 语句的 WHERE CURRENT OF 子句中不能引用游标。该选项替代要更新的游标的默认功能。

UPDATE [OF 列名 [，…，n]]：定义游标内可更新的列。如果指定“OF 列名 [，…，n]”参数，则只允许修改所列出的列。如果在 UPDATE 中未指定列的列表，则可以更新所有列。

6.4.2　打开和读取游标

1. 打开游标

打开游标使用 OPEN 语句，其语法格式如下：

```
OPEN 游标名称
```

当打开游标时，服务器执行声明时使用 SELECT 语句。

2. 读取游标

游标声明，而且被打开以后，游标位置位于第一行。可以使用 FETCH 语句从游标结果集中提取数据。其语法格式如下：

```
FETCH [[NEXT | PRIOR | FIRST | LAST
    |ABSOLUTE {n| @nvar}
    |RELATE {n| @nvar}
    ]
    FROM
]
```

游标名称：

```
[INTO @variable_name[,…,n]]
```

其中：

NEXT：返回紧跟当前行之后的结果行，并且当前行递增为结果行。如果 FETCH NEXT 为对游标的第一次提取操作，则返回结果集中的第一行。NEXT 为默认的游标提取选项。

PRIOR：返回紧临当前行前面的结果行，并且当前行递减为结果行。如果 FETCH

PRIOR 为对游标的第一次提取操作，则没有行返回并且游标置于第一行之前。

FIRST：返回游标中的第一行并将其作为当前行。

LAST：返回游标中的最后一行并将其作为当前行。

ABSOLUTE {n | @nvar}：如果 n 或@nvar 为正数，返回从游标头开始的第 n 行并将返回的行变成新的当前行。如果 n 或@nvar 为负数，返回游标尾之前的第 n 行并将返回的行变成新的当前行。如果 n 或@nvar 为0，则没有返回。n 必须为整型常量且@nvar 必须为 smallint、tinyint 或 into。

RELATIVE {n | @nvar}：如果 n 或@nvar 为正数，返回当前行之后的第 n 行并将返回的行变成新的当前行。如果 n 或@nvar 为负数，返回当前行之前的第 n 行并将返回的行变成新的当前行。如果 n 或@nvar 为 0，返回当前行。如果在对游标的第一次提取操作时将 FETCH RELATIVE 的 n 或@nvar 指定为负数或 0，则没有行返回。n 必须为整型常量且@nvar 必须为 smallint、tinyint 或 into。

游标名称：要从中进行提取数据的游标的名称。如果存在同名称的全局和局部游标存在，则游标名称前指定 GLOBAL 表示操作的是全局游标，未指定 GLOBAL 表示操作的是局部游标。

INTO @variable_ name [,…, n]：允许将提取操作的列数据放到局部变量中。列表中的各个变量从左到右与游标结果集中的相应列相关联，各变量的数据类型必须与相应的结果列的数据类型匹配或是结果列数据类型所支持的隐性转换。变量的数目必须与游标选择列表中的列的数目一致。

@@FETCH_ STATUS () 函数报告上一个 FETCH 语句的状态，当取值为 0 时，表示 FETCH 语句成功；当取值为 -1 时，表示 FETCH 语句失败或此行不在结果集中；当取值为 -2时，表示被提取的行不存在。

另外一个用来提供游标活动信息的全局变量为@@ROWCOUNT，它返回受上一语句影响的行数。若为0，表示没有行更新。

6.4.3 关闭和释放游标

1. 关闭游标

关闭游标使用 CLOSE 语句，其语法格式如下：

```
CLOSE 游标名称
```

关闭游标后可以再次打开。在一个批处理中，可以多次打开和关闭游标。

2. 释放游标

释放游标将释放所有分配给此游标的资源。释放游标使用 DEALLOCATE 语句，其语法格式：

```
DEALLOCATE 游标名称
```

关闭游标并不改变游标的定义，可以再次打开该游标。但是，释放游标就释放了与该游标有关的一切资源，也包括游标的声明，就不能再次使用该游标了。

【例 6-16】　给出以下程序的执行结果。

程序如下

```
USE teaching
GO
--声明游标
DECLARE st_cursor CURSOR FOR SELECT Xh,Xm,Zyh FROM Xs
--打开游标
OPEN st_cursor
--读取第一行数据
FETCH NEXT FROM st_cursor
--关闭游标
CLOSE st_cursor
--释放游标
DEALLOCATE st_cursor
GO
```

执行结果如图 6-16 所示。

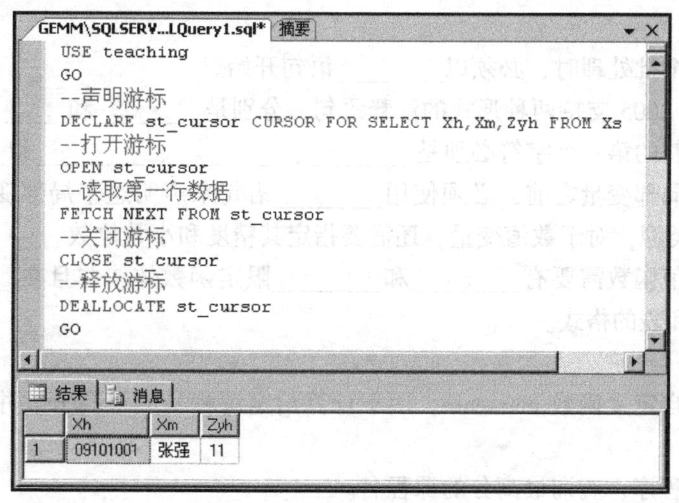

图 6-16　使用游标的返回结果

6.5　本章小结

通过前面的学习，已掌握了 SQL Server 的批处理、注释和标识符等概念；学习了流程控制语句后，使用这些语句，可以实现结构化程序设计；通过游标的学习，可以利用 SQL Server 语言逐行处理结果集中的数据。

本 章 习 题

一、思考题

1. 什么是批处理？批处理的结束标志是什么？

2. 什么是全局变量？什么是局部变量？

3. 用户自定义函数分为几类？描述各类函数的作用？

4. 简单 CASE 表达式执行的过程是怎样的？

5. 什么是游标？游标的基本操作是什么？

二、选择题

1. 以下不符合 T-SQL 语句标识符规则的标识符是________。

A. mytable　　B. order　　C. [my table]　　D. “my table”

2. 全局变量在引用时要在前面加上________标记。

A. ##　　B. %%　　C. @@　　D. &&

3. SQL Server 2005 中用户定义函数可分为________。

A. 标量函数　　B. 内联表值函数　　C. 多语句表值函数　　D. 矢量函数

4. SQL Server 2005 所支持的游标类型分别是________。

A. 静态游标　　B. 动态游标　　C. 只进游标　　D. 键集驱动游标

5. 游标的基本操作是________。

A. 声明游标　　B. 打开游标

C. 读取游标　　D. 关闭游标和释放游标

三、填空题

1. 在建立一个批处理时，必须以________语句开始。

2. SQL Server 2005 支持两种形式的注释语句，分别是________和________。

3. 常规标识符的第一个字符必须是________、________、________和________。

4. 使用一个局部变量之前，必须使用________语句来声明这个局部变量，给它指定一个变量名和数据类型，对于数值变量，还需要指定其精度和小数位数。

5. 多语句表值函数需要有________和________限定函数体，并且在________子句中必须定义表的名称和表的格式。

四、操作题

1. 创建一个自定义函数 maxscore，用于计算给定课程号的最高分，并用相关数据进行测试。

2. 编写一个程序，查询最高分的课程名。

3. 编写一个程序，输出学号为 09101100 的学生的平均成绩，若没有该学生成绩时，显示相应的提示信息。

4. 编写一个程序，定义一个 CubicVolume 用户定义标量值函数，计算一个长方体的体积。

5. 编写一个程序，定义一个内联表值函数 student，查询自动化专业所有学生的考试成绩记录。

6. 编写一个程序，采用游标方式输出所有课程的平均分。

7. 编写一个程序，采用游标方式输出所有学号、课程号和成绩等级。

第 7 章　存储过程

本章将介绍存储过程（stored procedure），这是 SQL Server 2005 的一个重要数据库对象。使用存储过程，可以将 T-SQL 语句和控制流语句预编译集合保存到服务器端，以提高访问数据库的速度和效率，还提供了良好的安全机制。存储过程类似于编程语言中的过程，可由应用程序通过一个调用执行，而且允许用户声明变量、有条件执行以及其他强大的编程功能。

本章将概述存储过程，并介绍存储过程的创建方法、执行存储过程以及重命名和删除存储过程的方法等。

7.1　存储过程简介

在大型数据库系统中，随着功能的不断完善，系统也变得越来越复杂，大量的时间将耗费在 SQL 代码和应用程序代码的编写上。在多数情况下，许多代码被重复使用多次，而每次都输入相同的代码既烦琐又会降低系统运行效率。因此，SQL Server 提供了一种方法，它可以将一些固定的操作集合起来，由 SQL Server 数据库服务器来完成，实现某个特定任务，这种方法就是存储过程。存储过程类似 DOS 系统中的批处理文件，在批处理文件中，包含多个经常执行的 DOS 命令，执行批处理文件，也就是执行这一组命令。同样，把完成一项特定任务的许多 SQL 语句编写在一起，就组成了一个存储过程，只要执行该存储过程就可以完成相应的任务。

SQL Server 的存储过程类似于编程语言中的过程。存储过程的主体构成是标准 SQL 命令，同时包括 SQL 的扩展：语句块、结构控制命令、变量、常量、运算符、表达式和流程控制等。存储过程存储在数据库内，可由应用程序通过一个调用执行，而且允许用户声明变量、有条件执行以及其他强大的编成功能。使用存储过程可以使数据库的管理工作变得容易得多。

7.1.1　存储过程的概念

存储过程是一组完成特定功能的 T-SQL 语句集，经编译后存储在 SQL Server 服务器中，并用 SQL Server 服务器通过过程名调用。存储过程可包含程序流、逻辑以及对数据库的查询。它们可以接受参数、输出参数、返回单个或多个结果集以及返回值。存储过程在创建时被编译和优化，调用一次以后，相关信息就保存在内存中，下次调用时可以直接执行。

存储过程与其他编程语言中的过程类似，存储过程具备了以下功能：

- 包含用于在数据库中执行操作（包括调用其他过程）的编程语言。
- 接收输入参数并以输出参数的格式向调用过程或批处理返回一个或多个值。
- 向调用过程或批处理返回状态值，以指明成功或失败（以及失败的原因）。

在使用 SQL Server 2005 创建应用程序时，T-SQL 编程语言是应用程序和 SQL Server 数据库之间的主要编程接口。使用 T-SQL 编程语言时，可用两种方法存储和执行程序，可以在本地存储程序，并创建向 SQL Server 发送命令和处理结果的应用程序；也可以将程序在 SQL Server 中存储为存储过程，并创建执行存储过程和处理结果的应用程序。

使用存储过程与本地的 T-SQL 程序相比，有如下好处：

（1）允许模块化程序设计

存储过程可以封装企业的功能模块（这种企业的功能模块也称为商业规则或者商业策略），而且可以只创建一次并将其存储在数据库中，以后即可以在程序中多次调用，而且可以统一修改。

（2）允许更快执行

存储过程在执行一次之后，其执行规划就被自动保存到高速缓存中。以后当再次使用该过程时，就可以从高速缓存中调用该存储过程编译过的二进制代码进行执行。这不同于 T-SQL语句，它每次运行时都要从客户端重新输入，并由 SQL Server 进行编译和优化。在需要大量 T-SQL 或需要重复执行时，存储过程的执行比 T-SQL 批代码的执行要快。

（3）减少网络流量

一个需要数百行 T-SQL 代码的操作由一条执行过程代码的单独语句就可以实现，而不需要在网络中发送数百行代码。

（4）可作为安全机制使用

只要用户被授予了执行存储过程的权限，即使该用户没有直接执行存储过程中语句的权限，他也可以执行这个存储过程。

7.1.2 存储过程的优点

在 SQL Server 中使用存储过程而不使用存储在客户端计算机本地的 T-SQL 程序的好处在于可以提高响应速度，方便前台多个应用程序共享。如果某些事务规则改变了，也只需在后台的存储过程一个地方修改即可，而不必到每个前台应用中去修改。另外，存储过程可以作为单独的安全性机制，让某些用户有权执行而另一些用户无权执行，这样就可以很方便地把一些相关操作写在某个存储过程中，作为一个整体来授权。

存储过程的优点具体归纳如下：

（1）加快系统运行速度

存储过程只在创建时进行编译，以后每次执行存储过程都不需要再重新编译，而一般的 SQL 语句每执行一次就编译一次，所以使用存储过程可以提高数据库执行速度，是执行查询或者批处理的最快方法。

（2）封装复杂操作

对数据库进行复杂操作时（如对多个表进行 Update、Insert、Query、Delete 时），可用存储过程将此复杂操作封装起来与数据库提供的事务处理结合起来使用。

（3）实现代码重用

可以实现模块化程序设计，存储过程一旦创建，以后即可在程序中调用任意多次，这可以改进应用程序的可维护性，并允许应用程序统一访问数据库。

（4）增强安全性

用户可以调用存储过程，实现对表中数据的有限操作，但可以不赋予其直接修改数据库表的权限；可以强制应用程序的安全性；参数化存储过程有助于保护应用程序不受 SQL 注入式攻击。

（5）减少网络流量

因为存储过程存储在服务器上，并在服务器上运行，一个需要数百行 T-SQL 语句的操作可以通过一条调用语句来执行，而不需要在网络中发送数百行代码，这样可以减少网络流量。

7.1.3　存储过程的分类

在 SQL Server 中存储过程分为 3 类，即系统提供的存储过程、用户自定义的存储过程和扩展存储过程。下面将简要介绍每种存储过程。

1. 系统存储过程

系统存储过程由系统自动创建，主要存储在 master 数据库中，一般以 sp_ 为前缀。系统存储过程完成的功能主要是从系统表中获取信息，通过系统存储过程，SQL Server 中的许多管理性或信息性的活动都可以被顺利而有效地完成。可以在其他数据库中调用系统存储过程，调用时必须在存储过程名前加上数据库名。当创建一个新的数据库时，一些系统存储过程会在新数据库中被自动创建。

除非另外特别说明，否则所有的系统存储过程将返回一个 0 值，该值表示成功。若要表示失败，则返回一个非零值。

2. 用户自定义存储过程

用户自定义存储过程，是由用户创建并能完成某一特定功能（如查询用户所需数据信息）的存储过程。用户自定义存储过程存储在当前数据库中，建议以 sp_ 为前缀。在本章中所涉及的存储过程主要是指用户自定义存储过程。

3. 扩展存储过程

扩展存储过程以在 SQL Server 环境外执行的动态链接库（dynamic link libraries，DLL）来实现。扩展存储过程通过前缀 xp_ 来标识，它们以与存储过程相似的方式来执行。

7.2　创建存储过程

几乎所有可以写成批处理的 T-SQL 代码都可以用来创建存储过程。CREATE PROCEDURE 定义自身可以包括任意数量和类型的 SQL 语句，创建存储过程时应注意如下事项：

- 可以在存储过程内引用临时表。如果在存储过程内创建本地临时表，则临时表仅为该存储过程而存在；退出该存储过程后，临时表将消失。
- 如果执行的存储过程将调用另一个存储过程，则被调用的存储过程可以访问由第一个存储过程创建的所有对象，包括临时表在内。
- 如果执行对远程 SQL Server 2005 实例进行更改的远程存储过程，则不能回滚这些更改。远程存储过程不参与事务处理。
- 存储过程中参数的最大数目为 2100 个。
- 存储过程中局部变量的最大数目仅受可用内存的限制。

- 根据可用内存的不同，存储过程最大可达 128MB。
- 存储过程只能在当前数据库中创建。

7.2.1 使用“对象资源管理器”创建存储过程

【例 7-1】 使用“对象资源管理器”在“Teaching”数据库中创建查询所有课程信息的存储过程 up_ AllKc。

操作步骤如下：

① 启动 SQL Server Management Studio，在“对象资源管理器”中依次展开“数据库”结点→“Teaching”→“可编程性”→“存储过程”，如图 7-1 所示。

② 右击“存储过程”结点，选择“新建存储过程”命令，如图 7-2 所示。

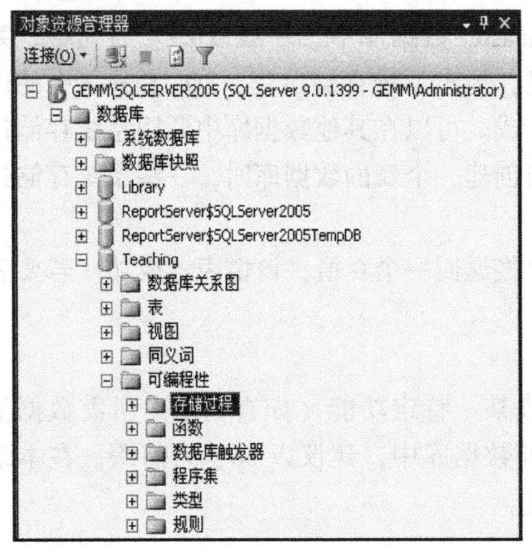

图 7-1 打开“存储过程”结点

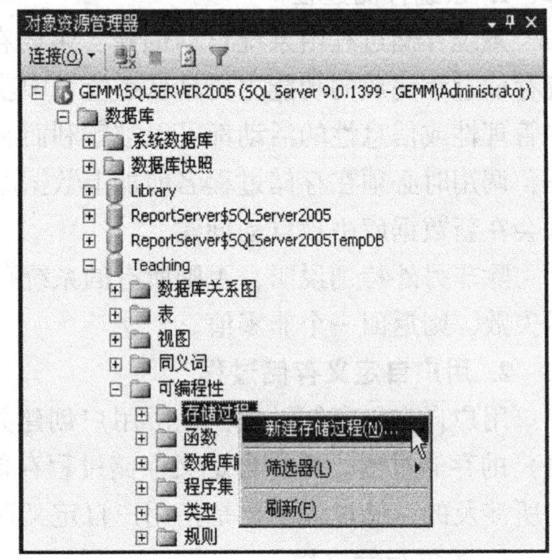

图 7-2 选择“新建存储过程”命令

③ 选择“新建存储过程”命令后，在管理器右边的窗格中出现查询窗口。该窗口中显示有创建存储过程语句的语法格式，如图 7-3 所示。

④ 按照语法输入创建存储过程的语句：

```
USE Teaching
GO
CREATE PROCEDURE up_AllKc
AS
    SELECT * FROM Kc
GO
```

如图 7-4 所示。

⑤ 输入上述代码后，单击工具栏中的“分析”按钮，对输入的代码进行语法分析检查。检查通过后，单击工具栏中的“执行”按钮 ! 执行(X)，在“消息”窗格中显示“命令已成功完成”信息，即成功创建 up_ AllKc 存储过程。右击“对象资源管理器”窗格中的“存储过程”结点，在弹出的快捷菜单中选择“刷新”命令时就会看到所创建的存储过程，

结果如图 7-5 所示。

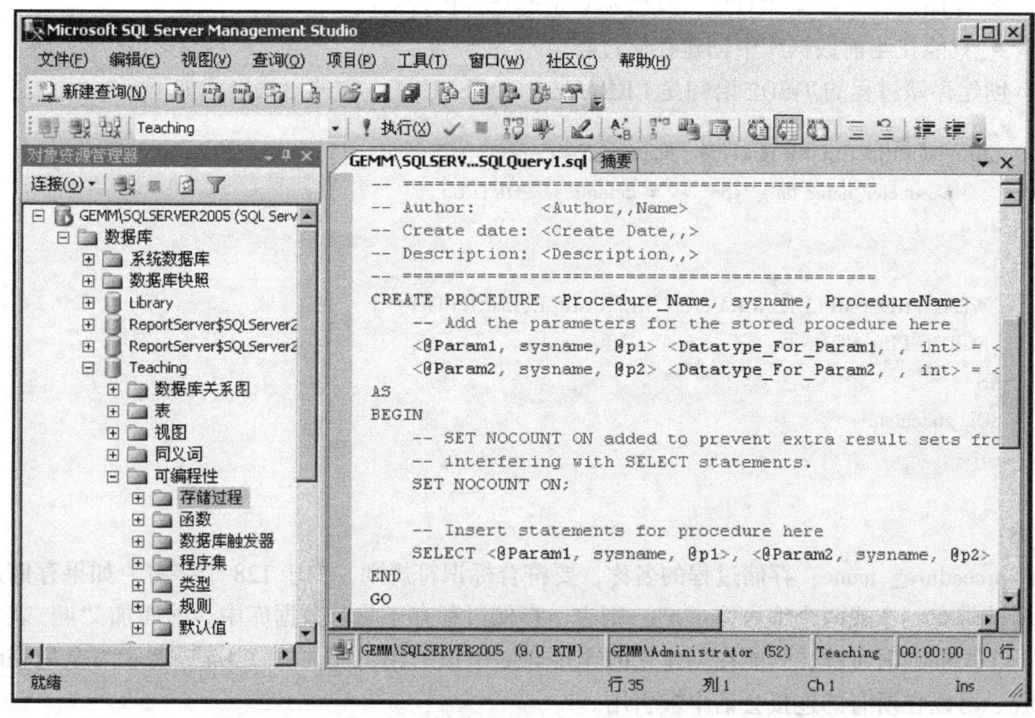

图 7-3　创建存储过程语句的语法格式

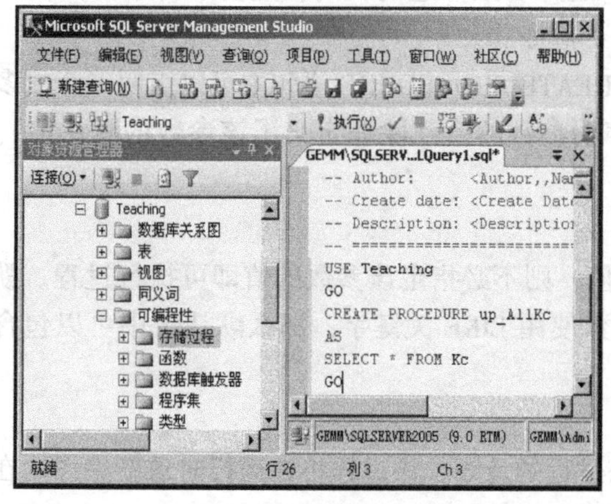

图 7-4　输入存储过程的 T-SQL 语句

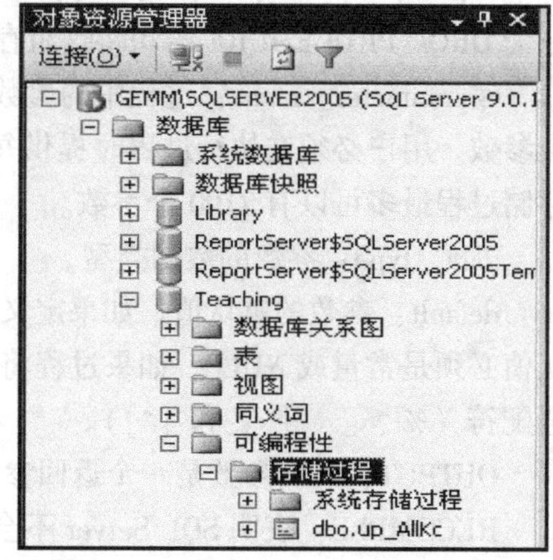

图 7-5　up_ AllKc 存储过程创建成功

7.2.2　使用 T-SQL 语句创建存储过程

可以使用 T-SQL 语句中的 CREATE PROCEDURE 命令创建存储过程。创建存储过程前，应该注意下列几个事项：

- 不能将 CREATE PROCEDURE 语句与其他 SQL 语句组合到单个批处理中。
- 创建存储过程的权限默认属于数据库所有者。该所有者可将此权限授予其他用户。

- 存储过程是数据库对象，其名称必须遵守标识符规则。
- 只能在当前数据库中创建存储过程。

创建存储过程的 T-SQL 语句是 CREATE PROCEDURE，它的语法形式如下：

```
CREATE PROCEDURE procedure_name [ ;Number]
[ {@ parameter_name data_type} [ = default ] [ OUTPUT ]
……
]
[WITH {RECOMPLE|ENCRYTION|REMOMPLE,ENCRYTION}]
[FOR REPLICATION]
AS
SQL_statement
……
```

其中：

procedure_ name：存储过程的名称，要符合标识符规则，少于 128 个字符。如果存储过程名前带有一个或两个编号符“#”，则表示存储过程存于临时数据库中。前面加“#”表示为一个局部临时过程，只能在创建它的连接会话中被引用；前面加“# #”表示为全局临时过程，可以在所有的连接会话中被引用。

[；Number]：用于把多个存储过程合成一个组，取相同的名称，用“；序号”区分，如 Userproc；1、Userproc；2、Userproc；3 等。这样合成一组的目的，是便于将来可以使用一个 DROP PROCEDURE 语句将这组存储过程一起删除。

@ parameter_ name：过程中的参数。在 CREATE PROCEDURE 语句中可以声明一个或多个参数。用户必须在执行过程时提供每个所声明参数的值（除非定义了该参数的默认值）。存储过程最多可以有 2100 个参数。

data_ type：参数的数据类型。

default：参数的默认值。如果定义了默认值，则不必指定该参数的值即可执行过程。默认值必须是常量或 NULL。如果过程将对该参数使用 LIKE 关键字，那么默认值中可以包含通配符（%、_ 、[ ] 和 [^]）。

OUTPUT：表明参数是一个返回参数。

RECOMPLE：表明 SQL Server 不会缓存该过程的计划，该过程将在运行时重新编译。在使用非典型值或临时值而不希望覆盖缓存在内存中的执行计划时使用。

ENCRYTION：表示 SQL Server 加密 syscomments 表中包含语句文本的条目。使用 ENCRYTION 可防止将过程作为 SQL Server 复制的一部分发布。

FOR REPLICATION：指定不能在订阅服务器上执行为复制创建的存储过程。FOR REPLICATION 不能和 WITH RECOMPLE 选项一起使用，FOR REPLICATION 是指该存储过程只被复制任务执行，不能在订阅服务器上执行。WTTH RECOMPLE 指示系统不把该存储过程的执行计划存于内存，而是每次执行都重编译一次。这个选项对于执行环境不断变化、无法预先确定最优的执行计划的情况最适用。如果一个表的结构被改变，则引用此表的存储过程会被自动重新编译。

AS：用于指定该存储过程要执行的操作。

SQL_ statement：存储过程的内容，即包含在存储过程中的一个或多个 T-SQL 语句。

【例 7-2】 使用 T-SQL 语句在"Teaching"数据库中创建返回全部男学生信息的存储过程 up_ MXs 。

操作步骤如下：

① 单击"SQL Server Management Studio"窗口中工具栏上的[新建查询(N)]按钮，在右侧窗格中将显示一个"查询"窗格，在其中输入如下代码：

```
USE Teaching
GO
CREATE PROCEDURE up_MXs
AS
    SELECT * FROM Xs WHERE Xb = '男'
GO
```

② 输入上述代码后，单击工具栏中的"分析"按钮[✓]，对输入的代码进行语法分析检查，检查通过后，单击工具栏中的"执行"按钮[! 执行(X)]，即成功创建 up_ MXs 存储过程，并在"消息"窗格中显示"命令已成功完成"信息。右击"对象资源管理器"窗格中的"存储过程"结点，在弹出的快捷菜单中选择"刷新"命令时就会看到所创建的存储过程，结果如图 7-6 所示。

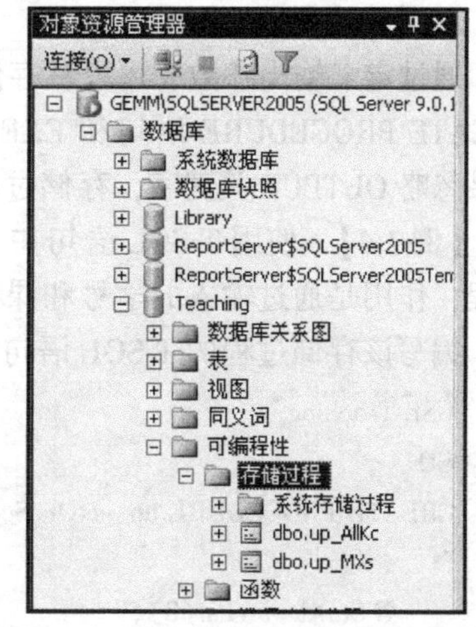

图 7-6　up_ MXs 存储过程创建成功

另外，在 SQL Server 中创建存储过程时可以使用参数。通过存储过程每次执行时使用不同的参数，实现其灵活性。

SQL Server 2005 的存储过程可以使用两种类型的参数：输入参数和输出参数。参数用于在存储过程以及应用程序之间交换数据，其中：

- 输入参数允许用户将数据值传递到存储过程或函数。
- 输出参数允许存储过程将数据值或游标变量传递给用户。
- 每个存储过程向用户返回一个整数代码，如果存储过程没有显示设置返回代码的值，则返回代码为 0。

存储过程的参数在创建时应在 CREATE PROCEDURE 和 AS 关键字之间定义，每个参数都要指定参数名和数据类型，参数名必须以@ 符号为前缀，可以为参数指定默认值；如果是输出参数，则应用 OUTPUT 关键字描述。各个参数定义之间用逗号隔开，具体语法如下：

```
@parameter_name  data_type  [ = default ] [OUTPUT]
```

1. 输入参数

输入参数，即在存储过程中有一个条件，在执行存储过程时为这个条件指定值，通过存储过程返回相应的信息。使用输入参数可以向同一存储过程多次查找数据库。

【例7-3】 使用T-SQL语句在Teaching数据库中创建一个名为up_ getScore的存储过程，作用是通过输入的学号信息显示出该学生的所有科目成绩。

该例可以通过为同一存储过程指定不同的学号信息，来返回不同学生的所有科目成绩。为了实现这一通用灵活性，学生学号就应该是可变的，需设计一个参数StuXh。

编写该存储过程的T-SQL语句如下：

```
USE Teaching
GO
CREATE PROCEDURE up_GetScore
    @ StuXh varchar(8)
AS
    SELECT * FROM  Cj WHERE xh = @ StuXh
GO
```

2. 输出参数

通过定义输出参数，可以从存储过程中返回一个或多个值。为了使用输出参数，必须在CREATE PROCEDURE 语句和 EXECUTE 语句中指定关键字 OUTPUT。在执行存储过程时，如果忽略OUTPUT关键字，存储过程仍然会执行但没有返回值。

【例7-4】 使用T-SQL语句在Teaching数据库中创建一个名为up_ getOneScore的存储过程，作用是通过输入的学号和课程编号信息，显示出该学生的指定科目的成绩。

编写该存储过程的T-SQL语句如下：

```
USE Teaching
GO
CREATE PROCEDURE up_getOneScore
(
    @ StuXh varchar(8),
    @ kch varchar(4),
    @ cj float OUTPUT
)
AS
    SELECT @ cj = Cj FROM  Cj WHERE xh = @ StuXh AND kch = @ kch
GO
```

其中：

@ StuXh 和@ kch：输入参数，用于传入学生学号和课程编号。

@ cj：输出参数，用于返回该学生该门课程的成绩，请注意其后面的OUTPUT表明此参数为输出参数，即该值由存储过程传出。

7.3　执行存储过程

在存储过程创建成功后，存储过程将保存在数据库中，可以使用 SQL Server“对象资源管理器”执行存储过程，也可以使用 EXECUTE 命令来执行存储过程。

7.3.1　使用“对象资源管理器”执行存储过程

【例 7-5】　使用“对象资源管理器”执行存储过程 up_ AllKc。

操作步骤如下：

① 启动 SQL Server Management Studio，在“对象资源管理器”中依次展开“数据库”结点→“Teaching”→“可编程性”→“存储过程”，如图 7-7 所示。

② 右击要执行的存储过程 dbo. up_ AllKc 结点，在弹出的快捷菜单中选择“执行存储过程”命令，如图 7-8 所示。

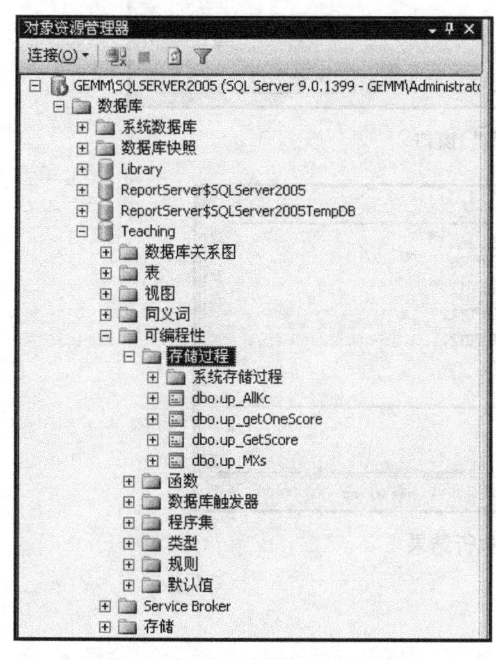

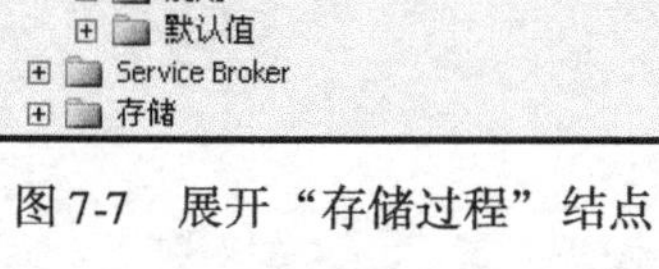

图 7-7　展开“存储过程”结点

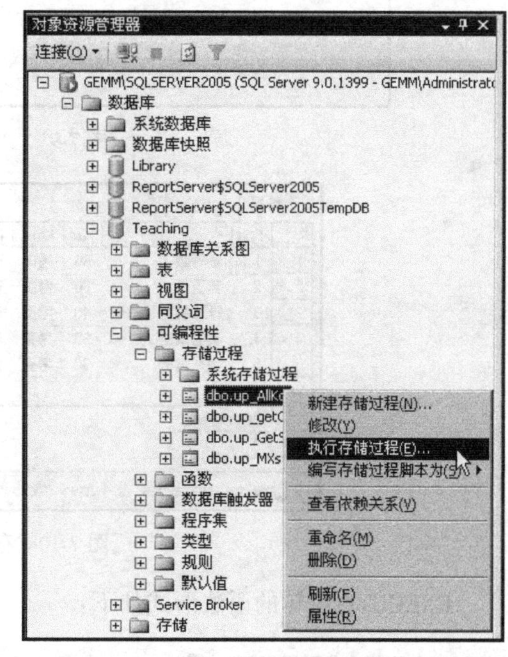

图 7-8　选择“执行存储过程”命令

③ 选择“执行存储过程”命令后，会弹出“执行过程”窗口。窗口中显示了系统的状态、存储过程的参数等相关信息，如图 7-9 所示。

④ 单击“确定”按钮，开始执行该存储过程，执行完毕会返回执行结果，如图 7-10 所示。

7.3.2　使用 T-SQL 语句执行存储过程

可以使用 T-SQL 语句中的 EXECUTE 命令执行存储过程。

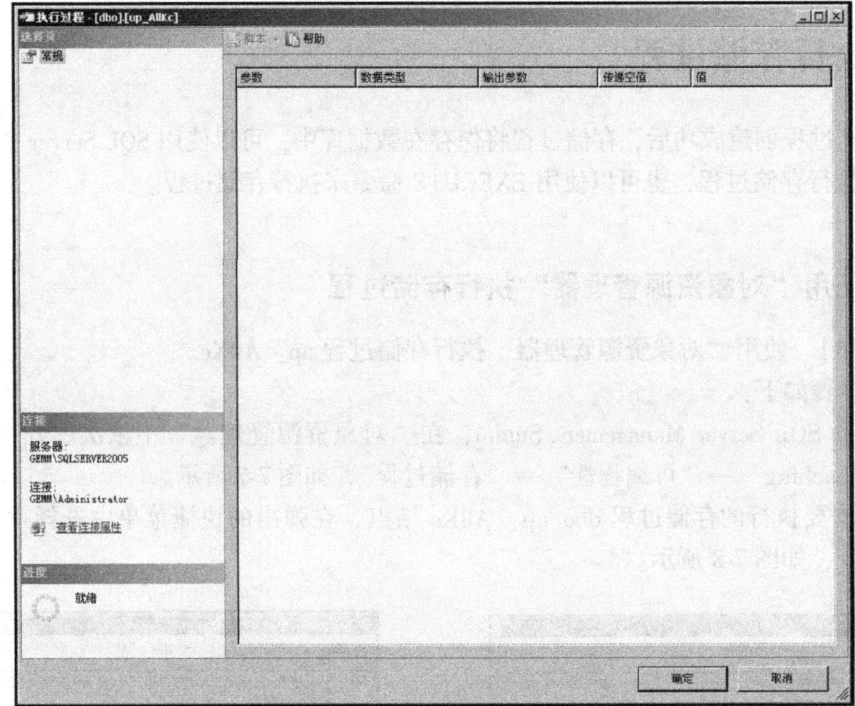

图 7-9 “执行过程”窗口

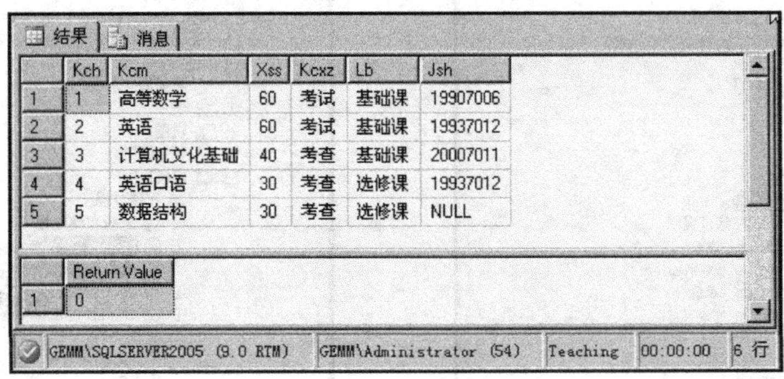

	Kch	Kcm	Xss	Kcxz	Lb	Jsh
1	1	高等数学	60	考试	基础课	19907006
2	2	英语	60	考试	基础课	19937012
3	3	计算机文化基础	40	考查	基础课	20007011
4	4	英语口语	30	考查	选修课	19937012
5	5	数据结构	30	考查	选修课	NULL

	Return Value
1	0

图 7-10 存储过程执行结果

EXECUTE 语句的语法形式如下：

```
[ { EXEC | EXECUTE } ]
{
    [ @ return_statu = ]
    {
        procedure_name [ ; number ] | @ procedure_name_var
    }
    @ parametrer = [ { value | @ variable [ OUTPUT ] | [ DEFAULT ] } ]
        [ ,…,n ]
        [ WITH RECOMPLE ]
}
```

其中：

@ return_ status：是一个可选的整型变量，保存存储过程的返回状态。

Procedure_ name：要调用的存储过程名称。

；number：是可选的整数，用于将相同名称的过程进行组合，使得它们可以用 DROP PROCEDURE 语句同时删除。例如，创建一组存储过程 Userproc；1、Userproc；2、Userproc；3，DROP PROCEDURE Userproc 语句将删除整个组。在对过程分组后，不能删除组中的单个过程，例如 DROP PROCEDURE Userproc；2 是不允许的。该参数不能用于扩展存储过程。

@ procedure_ name_ var：是局部定义变量名，代表存储过程名称。

@ parametrer：在 CREATE PROCEDURE 语句中定义的过程参数。参数名称前必须加上符号“@”。

value：过程中参数的值。如果未指定参数名称，参数值必须以 CREATE PROCEDURE 语句中定义的顺序给出。如果在 CREATE POOCEDURE 语句中定义了默认值，用户执行该过程时可以不必指定参数。

@ variable：用来保存参数或者返回参数的变量。

OUTPUT：指定存储过程必须返回一个参数。

DEFAULT：根据过程的定义，提供参数的默认值。当过程需要的参数值没有事先定义好的默认值，或缺少参数，或指定了 DEFALUT 关键字，就会出错。

WITH RECOMPLE：表示本次执行之前要重编译。

【例 7-6】 使用 T-SQL 语句执行存储过程 up_ AllKc。

代码如下：

```
USE Teaching
GO
EXECUTE up_AllKc
GO
```

执行结果如图 7-11 所示。

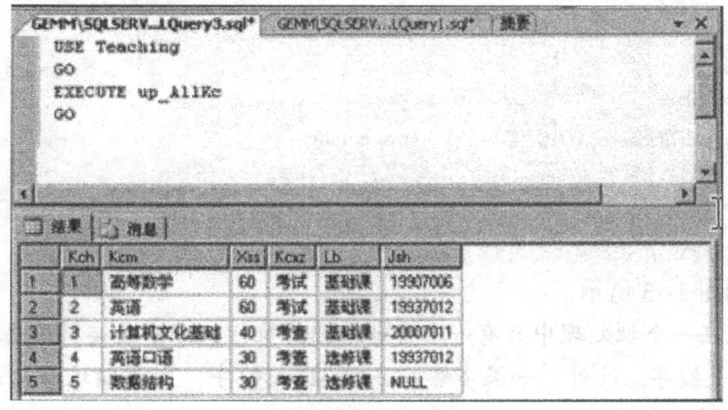

	Kch	Kcm	Xss	Kcxz	Lb	Jsh
1	1	高等数学	60	考试	基础课	19907006
2	2	英语	60	考试	基础课	19937012
3	3	计算机文化基础	40	考查	基础课	20007011
4	4	英语口语	30	考查	选修课	19937012
5	5	数据结构	30	考查	选修课	NULL

图 7-11　存储过程执行结果

执行存储过程时需要指定要执行的存储过程的名称和参数。使用一个存储过程去执行一组 T-SQL 语句，可以在首次运行时即被编译，在编译过程中把 T-SQL 语句从字符形式转换成为可执行形式。

【例 7-7】 使用 T-SQL 语句执行存储过程 up_ getScore 来查找学号为 09101001 的学生的各科成绩。

代码如下：

```
USE Teaching
GO
EXECUTE up_getScore '09101001'
GO
```

执行结果如图 7-12 所示。

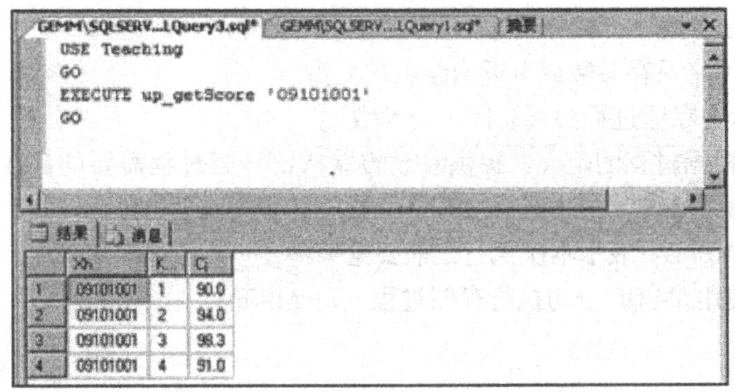

图 7-12 存储过程执行结果

如果存储过程中有 OUTPUT 参数，则该存储过程可以传出一个返回值。

【例 7-8】 使用 T-SQL 语句执行存储过程 up_ getOneScore，来查找学号为 09101001 学生的课程编号为“3”的学科成绩。

编写 T-SQL 语句如下：

```
USE Teaching
GO
DECLARE @ cj float
EXECUTE up_getOneScore '09101001','3',@ cj output
print @ cj
GO
```

执行结果如图 7-13 所示。

注意： 如果在一个批处理中只有一个存储过程要执行，可以直接引用存储过程名而不必使用 EXECUTE 关键字。此外，如果省略 EXECUTE 关键字，则存储过程必须是批处理中的第一条语句，否则会出错。

在创建存储过程时，参数的默认值中可以使用通配符，如下面的例子。

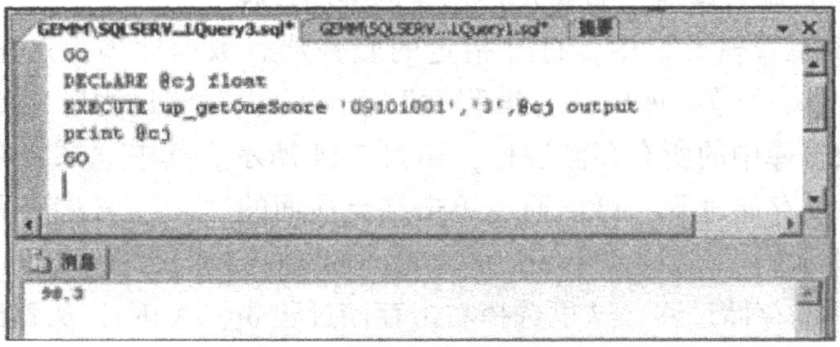

图 7-13　存储过程执行结果

【例 7-9】　使用 T-SQL 语句创建存储过程 up_ FindName，来查找所有姓“李”的学生信息。

代码如下：

```
USE Teaching
GO
CREATE PROCEDUREup_FindName
  @ FName varchar(8) ='李%'
AS
  SELECT * FROM Xs
  WHERE Xm like @ FName
GO
```

创建完后，可以调用此存储过程：

```
EXECUTEup_FindName
```

执行结果显示 Xs 表中姓名以“李”开头的纪录。

如果执行语句：

```
EXECUTEup_FindName"张%"
```

则执行结果为显示 Xs 表中姓名以“张”开头的纪录。

存储过程可以调用其他存储过程，此时就可能会产生嵌套。当调用的过程开始执行时，嵌套级会增加，当调用过程执行结束时，嵌套级则会减少。嵌套级最高为 32 级，如果超过 32 级时，就会导致整个调用过程错误。

7.4　查看和修改存储过程

7.4.1　查看存储过程

创建存储过程后，可以使用“对象资源管理器”或系统存储过程查看用户创建的存储过程。

1. 使用“对象资源管理器”查看用户创建的存储过程

① 在“对象资源管理器”中，打开指定的服务器和数据库项，这里打开服务器下的Teaching数据库，并单击数据库中“可编程性”项下的“存储过程”结点，在该结点下就会列出Teaching数据库中的所有存储过程，如图7-14所示。其中“系统存储过程”结点下存放的是所有的系统存储过程，可以通过单击结点前面的“+”号来查看所有的系统存储过程，如图7-15所示。

② 右击要查看的存储过程，这里选择右击存储过程up_ AllKc，从弹出的快捷菜单中选择“属性”命令，如图7-16所示。

③ 在弹出的“存储过程属性”窗口中，能够看到该存储过程的相关信息，如图7-17所示。

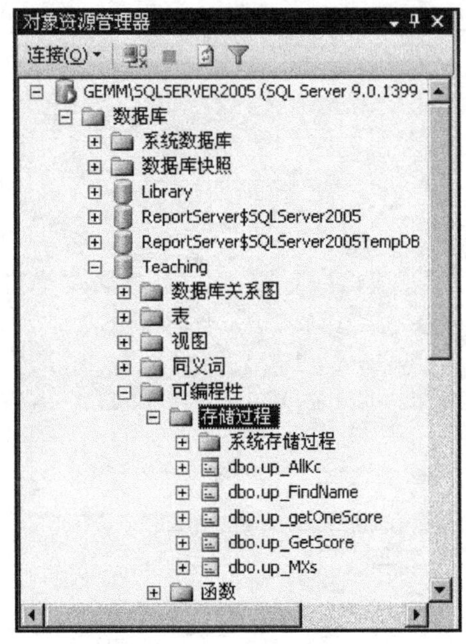

图7-14 展开“存储过程”结点

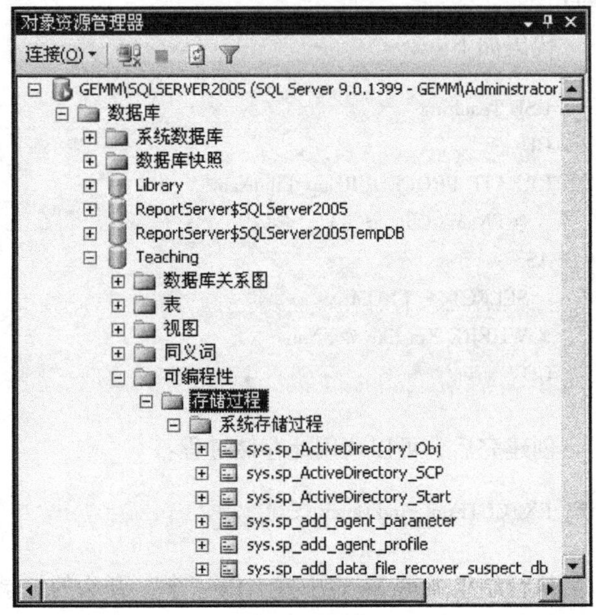

图7-15 系统存储过程

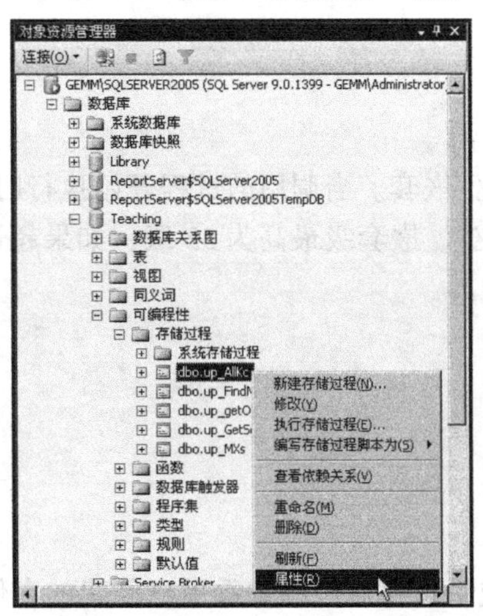

图7-16 选择“属性”命令

④ 如果从弹出的快捷菜单中选择“查看依赖关系”命令，会弹出“对象依赖关系”窗口，显示依赖该存储过程的对象和该存储过程依赖的其他数据库对象的名称，如图7-18所示。

2. 使用系统存储过程查看用户创建的存储过程

系统存储过程sp_ help和sp_ helptext可以用来查看用户创建的存储过程，其中sp_ help可以查看存储过程的信息，sp_ helptext可以查看存储过程的文本内容。

【例7-10】 查看存储过程up_ FindName的信息。

代码如下：

```
sp_helpup_FindName
```

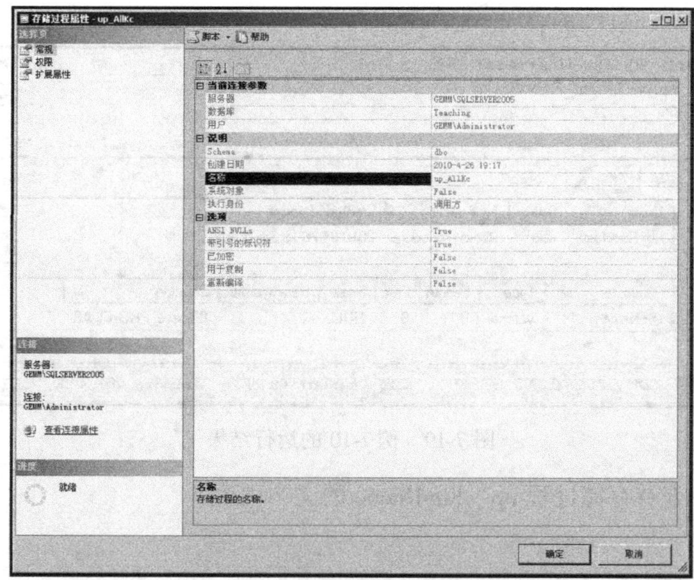

图 7-17　查看存储过程的属性

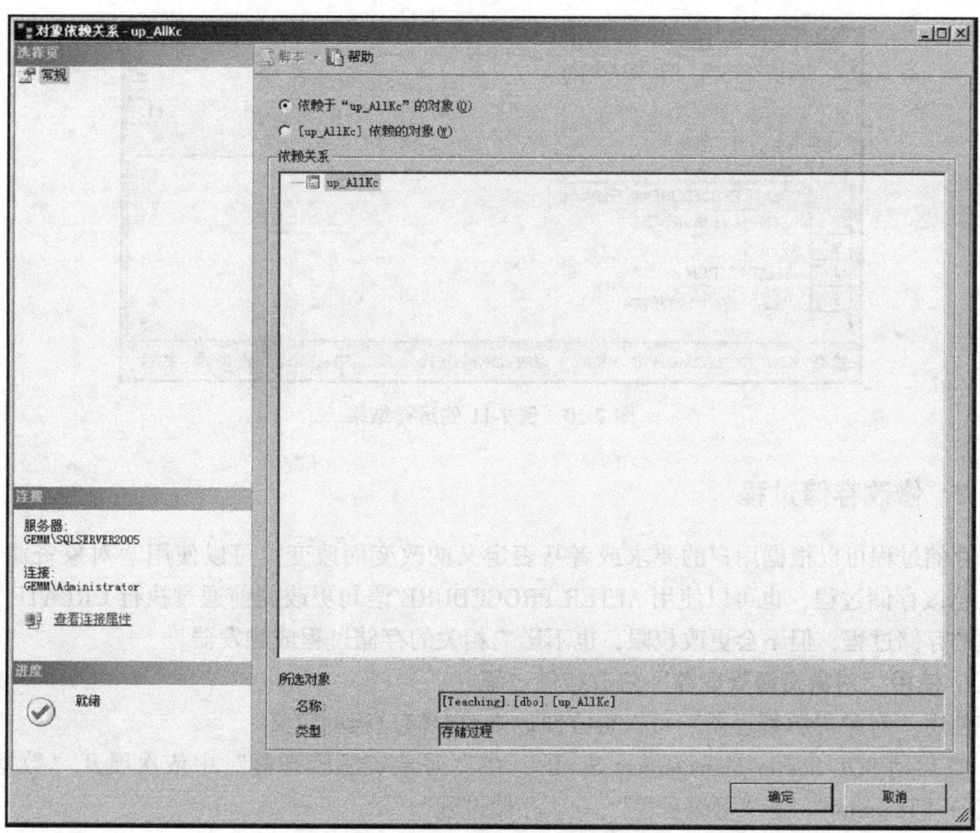

图 7-18　查看存储过程依赖关系

运行结果如图 7-19 所示。

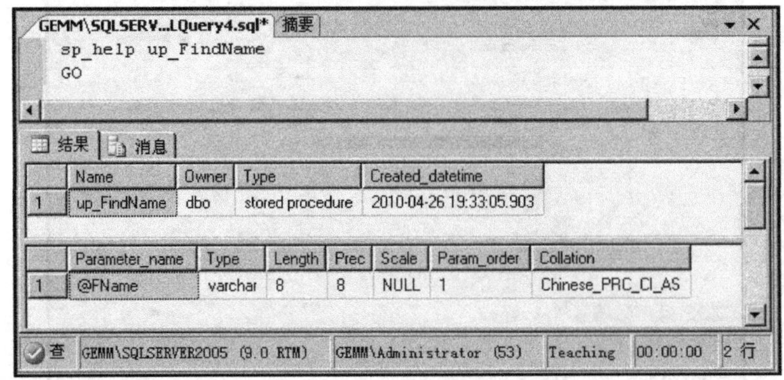

图 7-19　例 7-10 的运行结果

【例 7-11】　查看存储过程 up_ FindName 的文本内容。

代码如下：

```
sp_helptext   up_FindName
```

运行结果如图 7-20 所示。

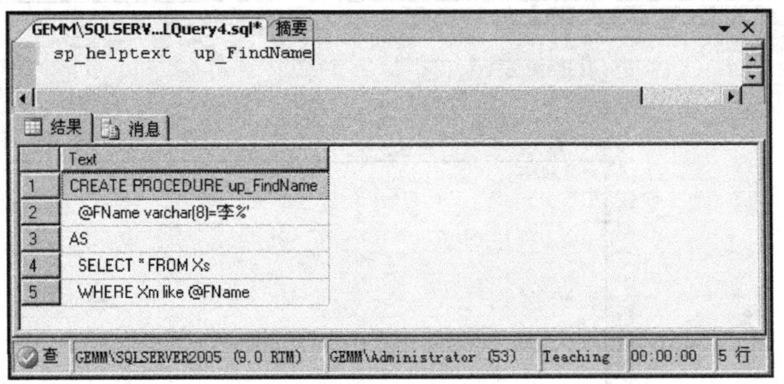

图 7-20　例 7-11 的运行结果

7.4.2　修改存储过程

存储过程可以根据用户的要求或者基表定义的改变而改变。可以使用“对象资源管理器”修改存储过程，也可以使用 ALTER PROCEDURE 语句更改先前通过执行 CREATE 语句创建的存储过程，但不会更改权限，也不影响相关的存储过程或触发器。

1. 使用“对象资源管理器”修改存储过程

使用“对象资源管理器”可以很方便地修改存储过程的定义。

① 启动 SQL Server Management Studio，在“对象资源管理器”中依次展开“数据库”结点→“Teaching”→“可编程性”→“存储过程”。

② 右击要修改的存储过程，这里选择右击存储过程 up_ AllKc，从弹出的快捷菜单中选择“修改”命令，如图 7-21 所示。

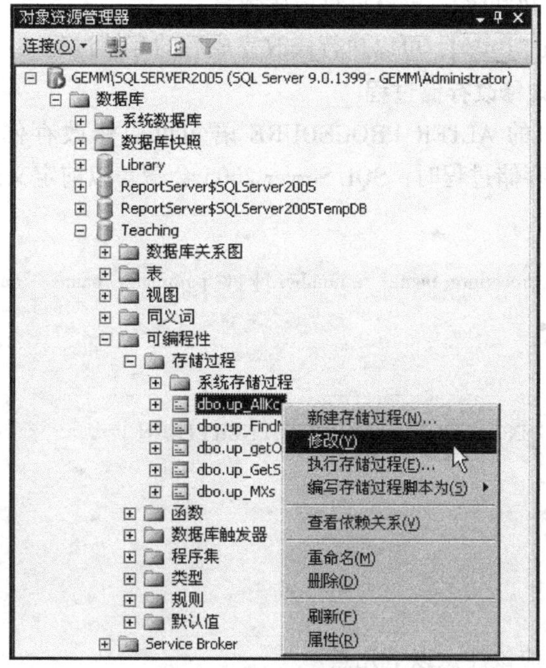

图 7-21　选择“修改”命令

③ 在弹出的查询对话框中显示了要修改的存储过程的内容，用户可以直接修改该存储过程的 T-SQL 语句，如图 7-22 所示。

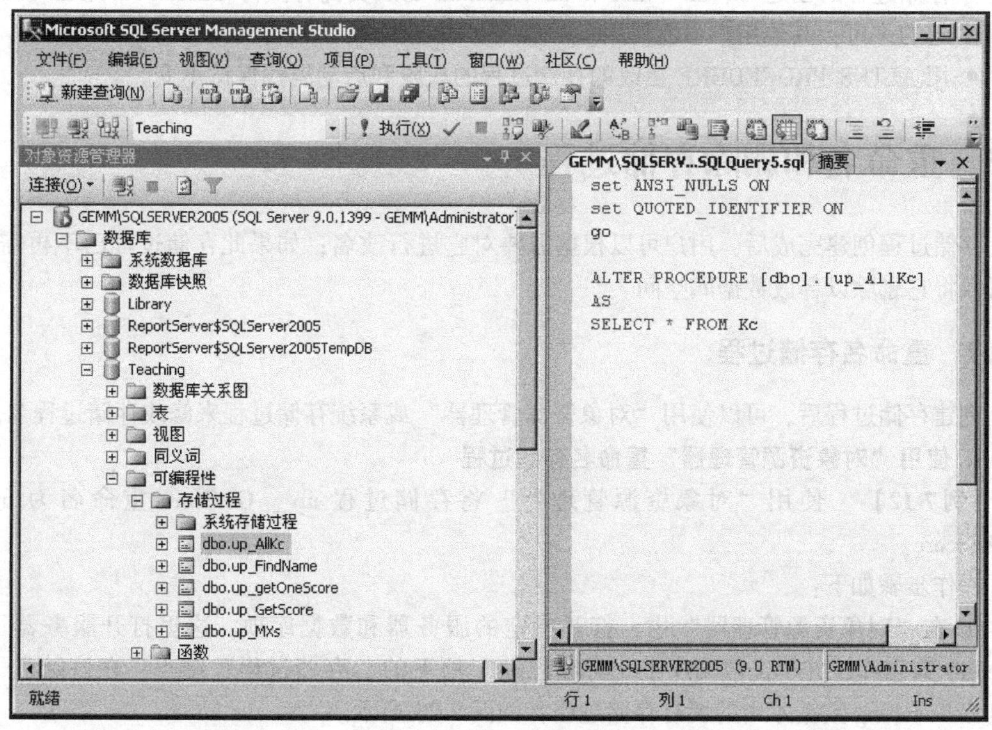

图 7-22　修改存储过程定义

单击“语法检查”按钮☑，可以进行语法检查。

单击“执行”按钮[! 执行(X)]，可以执行修改完成后的存储过程。

2. 使用 T-SQL 语句修改存储过程

使用 T-SQL 语句中的 ALTER PROCEDURE 语句可以修改存储过程。在使用 ALTER PROCEDURE 语句修改存储过程时，SQL Server 2005 会覆盖以前定义的存储过程。其语法形式如下：

```
ALTER PROCEDURE Procedure_name[ ; number][ {@ parameter_name    data_type} [ = default ] [
OUTPUT ]
......
]
[WITH {RECOMPLE|ENCRYTION|REMOMPLE,ENCRYTION} ]
[FOR REPLICATION]
AS
SQL_statement
......
```

修改存储过程时，应该注意以下几点：

- 如果在 CREATE PROCEDURE 语句中使用过参数，那么在 ALTER PROCEDURE 语句中也应该使用这些参数。
- 每次只能修改一个存储过程。
- 存储过程的创建者、db-owner 和 db-ddladmin 的成员拥有执行 ALTER PROCEDURE 语句的许可，其他用户不能使用。
- 用 ALTER PROCEDURE 更改的存储过程的权限和启动属性保持不变。

7.5 重命名和删除存储过程

存储过程创建完成后，用户可以根据需要对它进行改名；如果此存储过程已不再需要，也可以将它删除以释放数据库空间。

7.5.1 重命名存储过程

创建存储过程后，可以使用“对象资源管理器”或系统存储过程来修改存储过程名。

1. 使用“对象资源管理器”重命名存储过程

【例 7-12】 使用“对象资源管理器”将存储过程 up_ GetScore 重命名为 up_ GetAllScore。

操作步骤如下：

① 在“对象资源管理器”中，打开指定的服务器和数据库项，这里打开服务器下的 Teaching 数据库，并单击数据库中“可编程性”项下的“存储过程”结点，在该结点下就会列出 Teaching 数据库中的所有存储过程，如图 7-23 所示。

② 在要进行重命名的存储过程 up_ GetScore 上右击，从弹出的快捷菜单中选择“重命

名”命令，即可对该存储过程进行重命名，如图 7-24 所示。

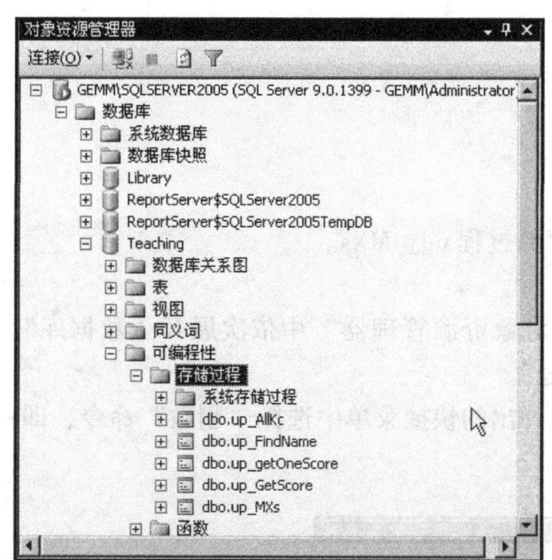

图 7-23　展开“存储过程”结点

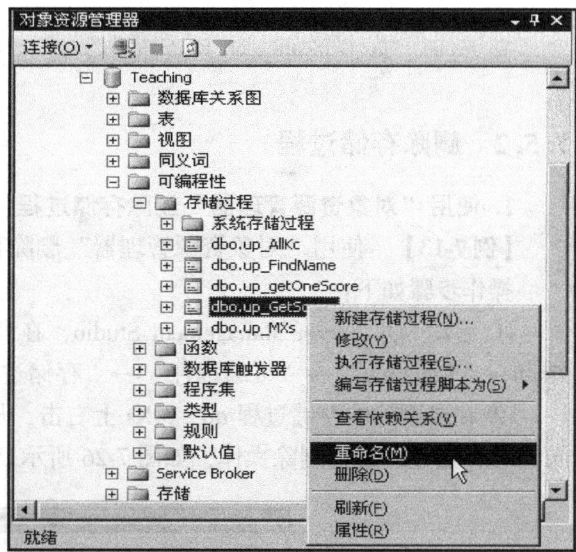

图 7-24　重命名存储过程

③ 直接修改为新的存储过程名 up_ GetAllScore，修改后效果如图 7-25 所示。

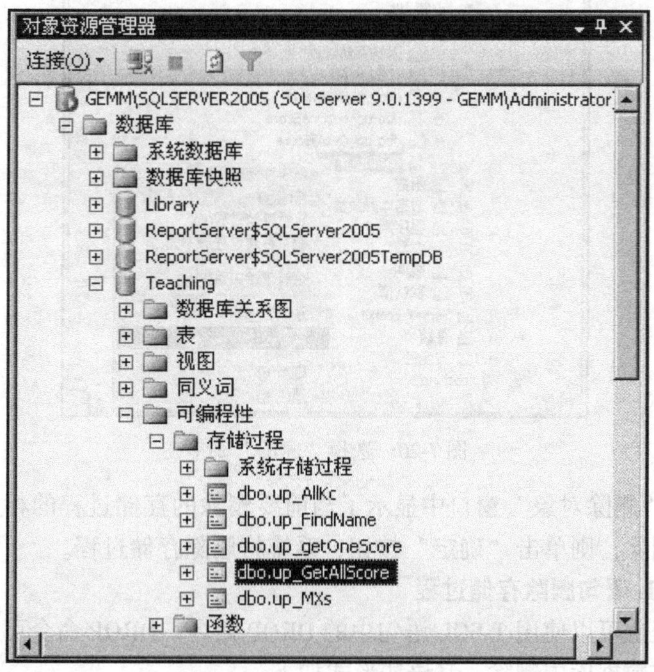

图 7-25　重命名后的存储过程

2. 使用系统存储过程修改存储过程名称

修改存储过程的名称也可以使用系统存储过程 sp_ rename，其语法形式如下：

```
sp_rename 原存储过程名称,新存储过程名称
```

如上例中将存储过程 up_ GetScore 更改为 up_ GetAllScore 的方法为：

```
sp_rename  up_GetScore , up_GetAllScore
```

7.5.2 删除存储过程

1. 使用“对象资源管理器”删除存储过程

【例 7-13】 使用“对象资源管理器”删除存储过程 up_ MXs。

操作步骤如下：

① 启动 SQL Server Management Studio，在“对象资源管理器”中依次展开“数据库”结点→“Teaching”→“可编程性”→“存储过程”。

② 在要删除的存储过程 up_ MXs 上右击，从弹出的快捷菜单中选择“删除”命令，即可对该存储过程进行删除操作，如图 7-26 所示。

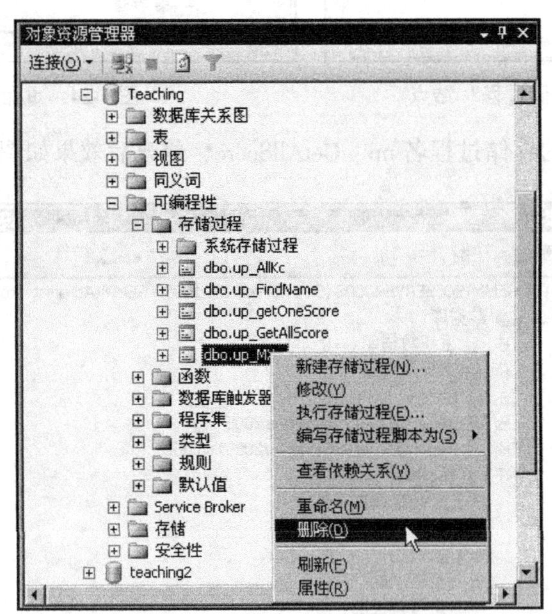

图 7-26 选择“删除”命令

③ 在弹出的“删除对象”窗口中显示了当前要删除的存储过程的相关信息，如图 7-27 所示。如果确认删除，则单击“确定”按钮，系统将删除存储过程。

2. 使用 T-SQL 语句删除存储过程

删除存储过程也可以使用 T-SQL 语句中的 DROP 命令。DROP 命令可以将存储过程或者存储过程组从当前数据库中删除，其语法形式如下：

```
Drop procedure (procedure) [ ,…,n]
```

如上例中将存储过程 up_ MXs 删除的方法为：

```
Drop procedure up_MXs
```

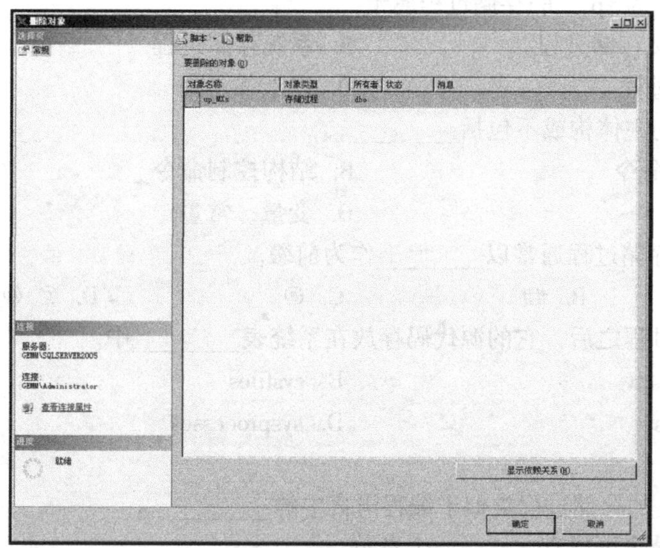

图 7-27　“删除对象”窗口

注意：在删除该对象之前，应先单击“显示依赖关系”按钮，或者执行 sp_ depends 存储过程来查看与该存储过程有依赖关系的其他数据库对象名称，以防止该存储过程被误删。

7.6　本章小结

本章介绍了存储过程的作用及优点。利用存储过程可以使一些重复性的工作能够存储下来，当下次再需要做相同工作时可以直接使用。本章还介绍了存储过程的创建方法、执行存储过程以及重命名和删除存储过程的方法等，使用户能够对存储过程有一个深入的了解。

本 章 习 题

一、思考题

1. 什么是存储过程？
2. 存储过程可以分成哪几个类型？
3. 存储过程有哪些优点？
4. 存储过程中输入参数的作用是什么？
5. 存储过程中输出参数的作用是什么？

二、选择题

1. 下列关于存储过程的描述不正确的是________。

A. 存储过程实际上是一组 T-SQL 语句

B. 存储过程预先被编译存放在服务器的系统表中

C. 存储过程独立于数据库而存在

D. 存储过程可以完成某一特定的业务逻辑

2. 带有前缀名为 xp_ 的存储过程属于________。

A. 用户自定义存储过程　　B. 系统存储过程

C. 扩展存储过程　　D. 以上都不是

3. 存储过程的主体构成不包括________。

A. 标准 SQL 命令　　B. 结构控制命令

C. 数据　　D. 变量、常量

4. 全局临时存储过程通常以________作为前缀。

A. #　　B. ##　　C. @　　D. @ @

5. 使用存储过程之后，它的源代码存放在系统表________中。

A. syscomments　　B. sysfiles

C. sysdatabases　　D. sysprocesses

三、填空题

1. SQL Server 的存储过程类似于编程语言中的________。

2. 存储过程最多可以有________个参数。

3. 除非另外特别说明，否则所有的系统存储过程将返回一个________值，该值表示成功。若要表示失败，则返回一个________值。

4. 创建存储过程的权限默认属于________，该所有者可将此权限授予其他用户。

5. 修改存储过程的名称可以使用系统存储过程________。

四、操作题

1. 在 Teaching 数据库中创建一个存储过程 up_ getkc，作用是显示出 Kc 表中的所有课程信息。

2. 执行上面存储过程。

3. 修改以上存储过程，实现通过输入任一教师编号显示出该教师所教授的课程信息。

4. 用“对象资源管理器”和系统存储过程两种方式将上面存储过程重命名为 up_ getkcbyjs。

5. 删除存储过程 up_ getkcbyjs。

第 8 章　触发器

触发器（trigger）是一种特殊类型的存储过程，它与表紧密相连，可以被看作表的一部分。与前面介绍的存储过程不同，它不能被显式地调用，而是通过事件进行触发而自动执行。当使用 INSERT、UPDATE 和 DELETE 中的一种或多种数据修改操作命令在指定表中对数据进行修改时，触发器就会自动激活。触发器可以查询其他表，而且可以包含复杂的 SQL 语句，主要用于强调复杂的业务规则或要求。

本章将概述触发器、介绍触发器的创建、重命名和删除方法等。

8.1　触发器简介

8.1.1　触发器的概念

触发器是一种特殊类型的存储过程，它不同于前面介绍过的一般存储过程。触发器主要是通过事件进行触发而被执行，而存储过程可以通过存储过程名字而被直接调用。当对某一表进行诸如 INSERT、UPDATE、DELETE 这些操作时，SQL Server 就会自动执行触发器所定义的 SQL 语句，从而确保对数据的处理必须符合由这些 SQL 语句所定义的规则。

触发器是一系列当在表中的数据进行修改时要执行的 SQL 语句的集合。在 SQL Server 中可以创建在表中插入、修改或删除数据时触发的触发器。触发器可以用于 SQL Server 约束、默认值和规则的完整性检查，还可以完成难以用普通约束实现的复杂功能。

触发器与表紧密相联，在表中数据发生变化时自动强制执行。在某一表格中插入记录、修改记录或删除记录时，如果该表有对应该操作的触发器，这个触发器就会被触发，SQL Server 就会自动执行触发器所定义的 SQL 语句，从而确保对数据的处理必须符合这些 SQL 语句所定义的规则。在触发器中可以查询其他表格或者包括复杂的 SQL 语句。触发器和引起触发器执行的 SQL 语句被当作一次事务处理，因此可以在触发器中回滚这个事务。如果这次事务未获得成功，SQL Server 会自动返回该事务执行前的状态。

1. 触发器的作用

触发器的主要作用是实现由主键和外键所不能保证的复杂的参照完整性和数据的一致性。除此之外，触发器还有下列功能：

(1) 强化约束（enforce restriction）

触发器能够实现由主键和外键所不能保证的复杂的参照完整性和数据一致性，能够实现比 CKECK 约束更为复杂的限制。与 CHECK 约束不同，在触发器中可以引用其他表。

(2) 跟踪变化（auditing changes）

触发器可以侦测数据库内的操作，从而不允许数据库中未经许可的指定更新和变化。

(3) 级联运行（cascaded operation）

触发器可以侦测数据库内的操作，并自动地级联影响整个数据库的各项内容。例如，某个表上的触发器中包含有对另外一个表的数据操作（如删除、更新和插入）而该操作又导致该表上触发器被触发。

（4）存储过程的调用（stored procedure invocation）

为了响应数据库更新，触发器可以调用一个或者多个存储过程，甚至可以通过外部过程的调用而在 DBMS（数据库管理系统）本身之外进行操作。

2. 触发器的优点

触发器可以解决高级形式的业务规则或复杂行为限制以及实现定制记录等一些方面的问题。例如，触发器能够找出某一表在数据修改前后状态发生的差异，并根据这种差异执行一定的处理。此外，一个表的同一类型（INSERT、UPDATE、DELETE）的多个触发器能够对同一种数据操作采取多种不同的处理。

触发器还有助于强制引用完整性，以便在添加、更改或删除表中的行时保留表之间已定义的关系。然而，强制引用完整性的最好方法是在相关表中定义主键和外键约束。如果使用数据库关系图，则可以在表之间创建关系以自动创建外键约束。

可以总结出触发器有以下优点：

- 触发器是自动执行的，当表中的数据做了任何修改之后立即被激活。
- 触发器可以通过数据库中的相关表进行层叠更改。
- 触发器可以强制限制，这些限制比用 CHECK 约束所定义的更复杂。与 CHECK 约束不同的是，触发器可以引用其他表中的列。

3. 触发器与存储过程的区别

触发器与存储过程的主要区别在于触发器的运行方式。存储过程必须由用户、应用程序或者触发器来显式地调用并执行，而触发器是当特定事件出现的时候，自动执行或者被激活的，与连接到数据库中的用户或应用程序无关。

注意：尽管触发器的功能强大，但是它们也可能对服务器的性能有害。因此，要注意不要在触发器中放置太多的功能，因为它将降低响应速度，使用户等待的时间增加。

8.1.2 触发器的分类

根据服务器或数据库中调用触发器的操作不同，SQL Server 2005 的触发器分为 DML 触发器和 DDL 触发器。当数据库中发生数据操作语言（DML）事件时，将调用 DML 触发器；当服务器或数据库中发生数据定义语言（DDL）事件时，将调用 DDL 触发器。

1. DML 触发器

DML 触发器是当数据库服务器中发生 DML 事件时要执行的操作。DML 事件包括对表或视图发出的 UPDATE、INSERT 或 DELETE 语句。DML 触发器用于在数据被修改时强制执行业务规则，以及扩展 SQL Server 约束、默认值和规则的完整性检查逻辑。

DML 触发器可以查询其他表，还可以包含复杂的 T-SQL 语句。将触发器和触发它的语句作为可在触发器内回滚的单个事务对待。如果检测到错误（例如磁盘空间不足），则整个事务即自动回滚。

DML 触发器根据其引发的时机不同，又可以分为 AFTER 触发器、INSTEAD OF 触发器和 CLR 触发器。

(1) AFTER 触发器

这种类型的触发器将在数据变动（INSERT、UPDATE、DELETE 操作）完成以后才被触发。可以对变动的数据进行检查，如果发现错误，将拒绝接收或回滚变动的数据。AFTER 触发器只能在表中定义，在同一个数据表中可以创建多个 AFTER 触发器。

(2) INSTEAD OF 触发器。这种类型的触发器将在数据变动以前被触发，并取代变动数据的操作（INSERT、UPDATE、DELETE 操作），而去执行触发器定义的操作。INSTEAD OF 触发器可以在表或视图中定义。每个 INSERT、UPDATE、DELETE 语句最多可以定义一个 INSTEAD OF 触发器。INSTEAD OF 触发器的另一个优点是，通过使用逻辑语句可以执行批处理的某一部分而放弃执行其余部分。比如可以定义触发器在遇到某一错误时，转而执行触发器的其他部分。

(3) CLR 触发器

这种类型触发器可以是 AFTER 触发器或 INSTEAD OF 触发器，还可以是 DDL 触发器。CLR 触发器将执行在托管代码（在 .NET Framework 中创建并在 SQL Server 中加载的程序集的成员）中编写的方法，而不用执行 T-SQL 存储过程。

2. DDL 触发器

DDL 触发器是 SQL Server 2005 的新增功能。DDL 触发器是一种特殊的触发器，它在响应 DDL 语句时触发。它们可以用于数据库中执行管理任务，例如审核以及规范数据库操作。

像常规触发器一样，DDL 触发器将触发存储过程以响应事件，但与 DML 触发器不同的是，它们不会为响应针对表或视图的 UPDATE、INSERT 或 DELETE 语句而触发。相反，它们会为响应多种 DDL 语句而触发，这些语句主要是以 CREATE、ALTER 和 DROP 开头的语句。DDL 触发器可用于管理任务，例如审核和控制数据库操作。

一般地，DDL 触发器主要用于以下一些操作需求：

- 要防止对数据库架构进行某些更改。
- 希望数据库中发生某种情况以响应数据库架构中的更改。
- 要记录数据库架构中的更改或事件。

一般情况下，在运行触发 DDL 触发器的 DDL 语句后，DDL 触发器才会触发。DDL 触发器不能作为 INSTEAD OF 触发器使用。

在 SQL Server 中，默认触发器是 AFTER 触发器。

8.1.3 inserted 表和 deleted 表

每个触发器都有两个特殊的表：inserted 表和 deleted 表。这两个表都是逻辑表，并且这两个表是由系统管理的。inserted 表和 deleted 表存储在内存中，而不是存储在数据库中，因此不允许用户直接对其修改。inserted 表和 deleted 表在结构上与该触发器作用的表相同。这两个表是临时表，动态驻留在内存中，当触发器工作完成，这两个表也被删除。这两个表主要保存因用户操作而被影响到的原数据值或新数据值。另外，这两个表是只读的，即用户不能向这两个表中写入内容，但可以在触发器执行过程中引用这两个表中的数据。

inserted 表中存储着被 INSERT 和 UPDATE 语句影响的新的数据行。执行 INSERT 或 UPDATE 语句时，新的数据行被添加到基本表中，同时这些数据行的备份被复制到 inserted 临时表中。

deleted 表用于存储 DELETE 和 UPDATE 语句所影响的旧的数据行。在执行 DELETE 或 UPDATE 语句时，行从触发器表中删除，并存放到 deleted 表中。deleted 表和触发器表通常没有相同的行。

下面通过 3 个例子来进一步说明 inserted 表、deleted 表和基本表之间的关系。

① 在 Teaching 数据库的 Zy 表中添加一条记录：

INSERT INTO Zy VALUES ('41 ', '计算机科学 ')

当执行上述 INSERT 语句后，Zy 表和 inserted 表的数据如图 8-1 所示。

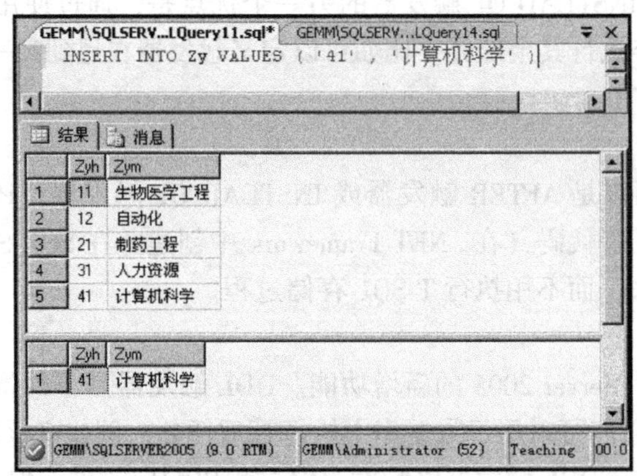

图 8-1　INSERT 操作中的基本表和 inserted 表

② 随后在 Zy 表中执行下列 UPDATE 操作：

```
UPDATE Zy   SET zym =' 国际金融'   where zyh =' 41 '
```

则 Zy 表、deleted 表和 inserted 表的数据如图 8-2 所示。

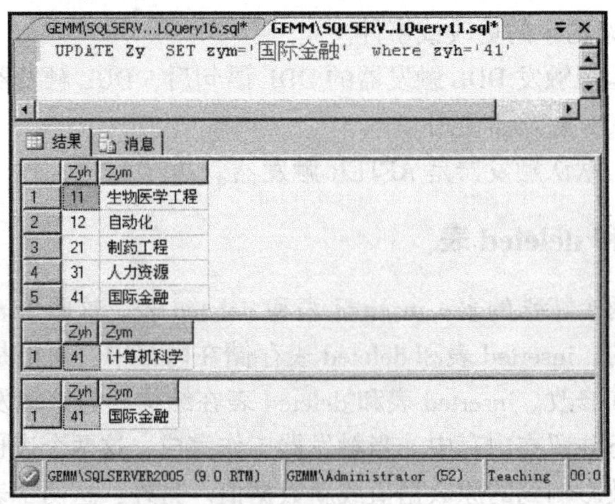

图 8-2　UPDATE 操作中的基本表、deleted 表和 inserted 表

③ 最后在 Zy 表中执行下列 DELETE 操作：

```
DELETE FROM ZY WHERE ZYH =' 41 '
```

则 Zy 表和 deleted 表的数据如图 8-3 所示。

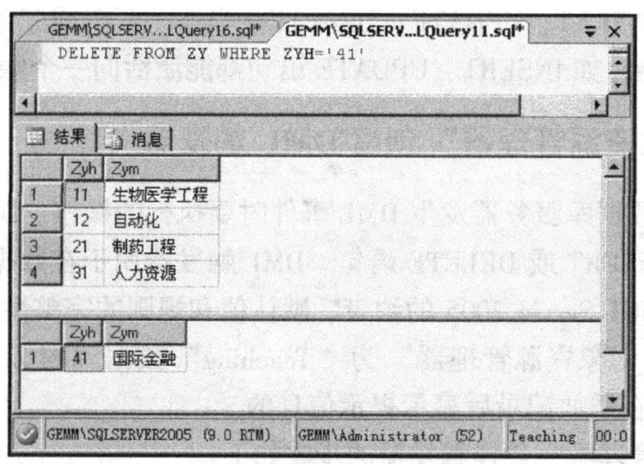

图 8-3　DELETE 操作中的基本表和 deleted 表

通过上面的分析发现，进行 INSERT 操作时，只影响 inserted 表；进行 DELETE 操作时，只影响 deleted 表；进行 UPDATE 操作时，既影响 inserted 表，也会影响 deleted 表。

注意：

① 上述结果是在触发器中对 inserted 表和 deleted 表查询（如 SELECT * FROM inserted）的结果。

② inserted 和 deleted 表不能直接被读取，因为这两个表是存在于内存中。也就是说，是在执行插入、修改和删除操作过程中，这两个表才存在；

③ 只能在触发器中才能捕获插入、修改或删除的动态事务，所以 inserted 和 deleted 表的读取也只能在触发器中实现。

④ 因为 inserted 表和 deleted 表存在于内存中，仅仅在触发器执行时存在，它们在某一特定时间和某一特定表相关。一旦某个触发器结束执行，相应的在两个表内的数据都会丢失。如果想创建一个在这些表内数据的永久拷贝，需要在触发器内把这些表的数据复制到一个永久的表内。

8.2　创建触发器

在 SQL Server 中，可以使用“对象资源管理器”或者 T-SQL 语句创建触发器。在创建触发器前必须注意以下几个问题：

① CREATE TRIGGER 语句必须是批处理中的第一个语句。将该批处理中随后的其他所有语句解释为 CREATE TRIGGER 语句定义的一部分。

② 创建触发器的权限默认分配给表的所有者，且不能将该权限转给其他用户。

③ 触发器为数据库对象，其名称必须遵循标识符的命名规则。

④ 只能在当前数据库中创建触发器，但触发器可以引用当前数据库以外的对象。

⑤ 触发器可以参照视图或者临时表，但不能在视图或临时表上创建触发器，而只能在基表或创建视图的表上创建触发器。

⑥ 一个触发器只能对应一个表，这是由触发器的机制决定的。

⑦ WRITETEXT 语句不能触发 INSERT 或 UPDATE 型的触发器。

创建一个触发器时，必须指定触发器的名字，指定要在哪个表上定义触发器以及激活触发器的修改语句，如 INSERT、UPDATE、DELETE。当然，两个或三个不同的修改语句也可以都触发同一个触发器，如 INSERT、UPDATE 语句都能激活同一个触发器。

8.2.1 使用“对象资源管理器”创建 DML 触发器

DML 触发器是当数据库服务器发生 DML 事件时要执行的操作。DML 事件包括对表或视图发出的 UPDATE、INSERT 或 DELETE 语句。DML 触发器用于在数据库被修改时强制执行业务规则，以及扩展 SQL Server 2005 的约束、默认值和规则的完整性检查逻辑。

【例 8-1】 使用“对象资源管理器”为“Teaching”数据库的 Zy 表创建一个名为 tr_insert 的触发器，用来在添加记录后显示提示信息的。

使用“对象资源管理器”创建触发器的步骤如下：

① 启动 SQL Server Management Studio，在“对象资源管理器”中依次展开“数据库”结点、“Teaching”数据库结点和“表”结点，如图 8-4 所示。

② 展开“dbo. Zy”表，右击“触发器”，选择“新建触发器”命令，如图 8-5 所示。

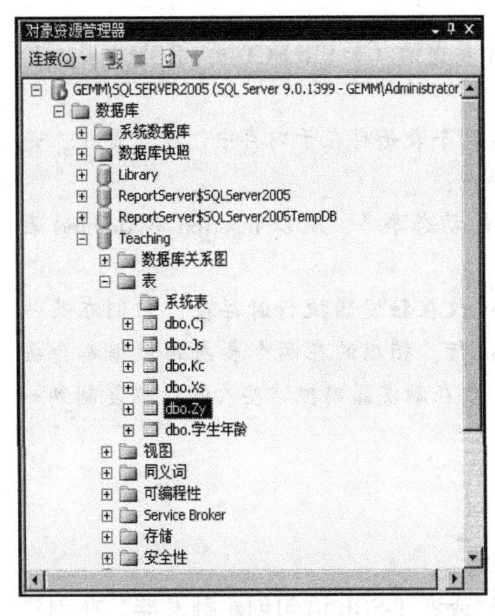

图 8-4 展开“表”结点

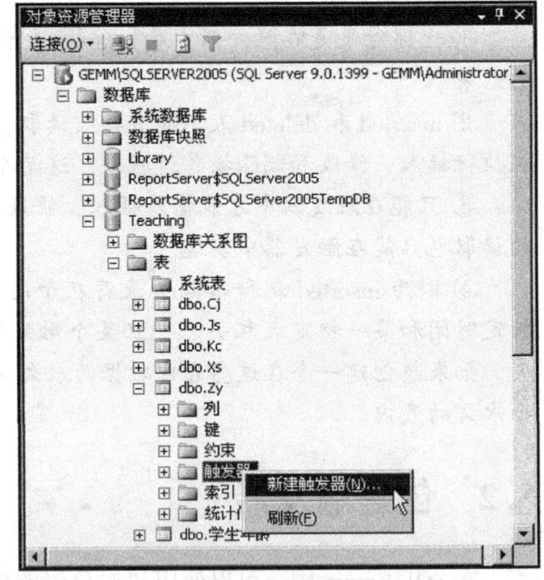

图 8-5 选择“新建触发器”命令

③ 选择新建触发器后，在管理器右边窗格出现查询窗口。该窗口中显示有创建触发器语句的语法格式，如图 8-6 所示。

需要说明的是，创建一个触发器时必须指定以下几项内容：

- 触发器的名称。
- 在其上定义触发器的表。
- 执行触发器操作的编程语句。

图 8-6 所示窗口中的语句表示，用户已创建了一个由 INSERT、UPDATE、DELETE 触发的触发器。如果要为各个动作创建不同的触发器，或者创建一个只由一个动作触发的触发

```
GEMM\SQLSERV...SQLQuery7.sql  摘要
-- =============================================
-- Author:      <Author,,Name>
-- Create date: <Create Date,,>
-- Description: <Description,,>
-- =============================================
CREATE TRIGGER <Schema_Name, sysname, Schema_Name>.<Trigger_Name, sysname, Trigger_Name>
   ON  <Schema_Name, sysname, Schema_Name>.<Table_Name, sysname, Table_Name>
   AFTER <Data_Modification_Statements, , INSERT,DELETE,UPDATE>
AS
BEGIN
    -- SET NOCOUNT ON added to prevent extra result sets from
    -- interfering with SELECT statements.
    SET NOCOUNT ON;

    -- Insert statements for trigger here

END
GO
```

图 8-6　创建触发器语句的语法格式

器，只要修改这个默认的语句，简单地删除不想使用的动作就可以了。

④ 按照语法输入创建触发器的语句：

```
CREATE TRIGGER tr_insert
    ON  Zy
    AFTER INSERT
AS
PRINT('表中增加了新记录!')
GO
```

如图 8-7 所示。

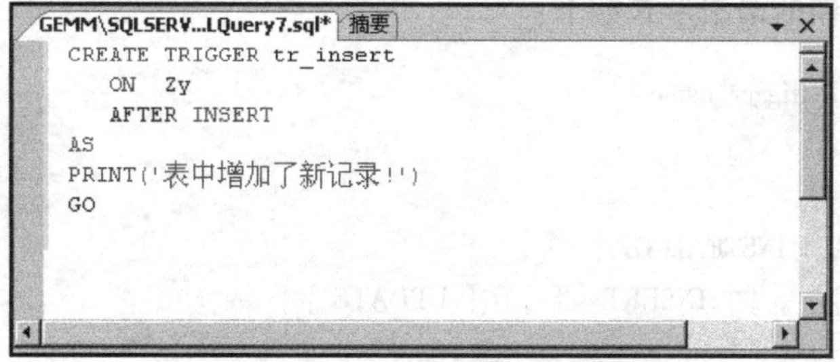

```
CREATE TRIGGER tr_insert
   ON  Zy
   AFTER INSERT
AS
PRINT('表中增加了新记录!')
GO
```

图 8-7　输入创建触发器的语句

⑤ 输入上述代码后，单击工具栏中的“分析”按钮，对输入的代码进行语法分析检查，检查通过后，单击工具栏中的“执行”按钮，在“消息”窗格中显示“命令已成功完成”信息，即成功创建了 tr_ insert 触发器。

⑥ 使用 INSERT 语句向 Zy 表中添加一条专业记录验证触发器的执行：

```
USE Teaching
GO
INSERT INTO Zy
VALUES('41','计算机科学')
GO
```

执行结果如图 8-8 所示。

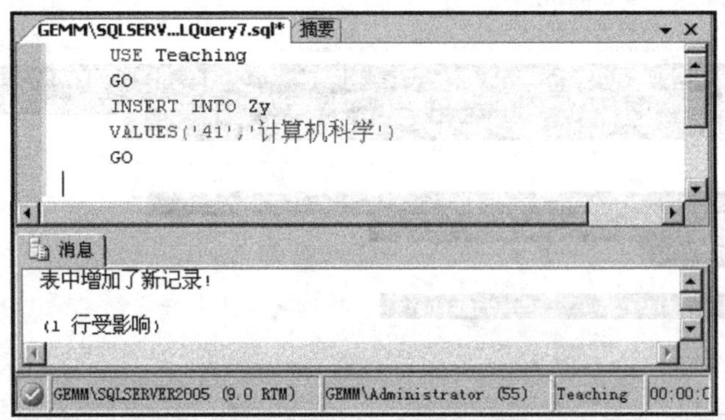

图 8-8　例 8-1 的执行结果

8.2.2　使用 T-SQL 语句创建 DML 触发器

使用 T-SQL 语句中的 CREATE TRIGGER 命令也可以创建 DML 触发器，其中需要指定以下内容：

- 触发器的名称。
- 触发器所基于的表和视图。
- 触发器激活的时机。
- 激活触发器的操作语句，有效的选项是 INSERT、UPDATE、DELETE。
- 触发器执行的语句。

创建触 DML 发器的语法形式如下：

```
CREATE TRIGGER trigger_name
ON { table | view }
{
{ { FOR | AFTER | INSTEAD OF }
    { [DELETE] [ , ] [ INSERT ] [ , ] [ UPDATE ] }
        AS
        sql_statement[ ,... ,n]
    }
}
```

其中：

trigger_ name：触发器的名字，必须符合 MS SQL Server 的命名规则，且其名字在当前数据库中必须是唯一的。

tables | view：在其上执行触发器的表或视图的名字，并且该表或视图必须已经存在。

FOR、AFTER、INSTEAD OF：指定触发触发器的时机。其中 AFTER 表示只有在执行了指定的操作（INSERT、DELETE、UPDATE）之后触发器才被触发，从而执行触发器中的 SQL 语句；关键字 FOR，表示为 AFTER 触发器，且该类型触发器仅能在表上创建；

INSTEAD OF 表示创建 INSTEAD OF 触发器。

[delete] [,] [INSERT] [,] [update]：指明哪种数据操作将触发触发器。至少要指明一个选项，在触发器的定义中三者的顺序不受限制，且各选项要用逗号隔开。

AS：是触发器将要执行的动作。

sql_ statement：指定触发器所执行的 T-SQL 语句。

按照触发器事件类型的不同，可以把 SQL Server 2005 系统提供的 DML 触发器分为 3 种类型，即 INSERT 类型、DELETE 类型和 UPDATE 类型。下面分别结合例子对这 3 种基本类型的 DML 触发器进行详细介绍。

1. INSERT 触发器

INSERT 触发器就是当对目标表（触发器的基表）执行 INSERT 操作时，就会触发的触发器。

如例 8-1，也可以直接用 T-SQL 语句来实现：

① 打开查询分析器，输入创建触发器的 T-SQL 语句，如图 8-9 所示。

② 执行 T-SQL 语句，成功创建触发器 tr_ insert。添加一条专业记录验证触发器的执行，执行结果如图 8-10 所示。

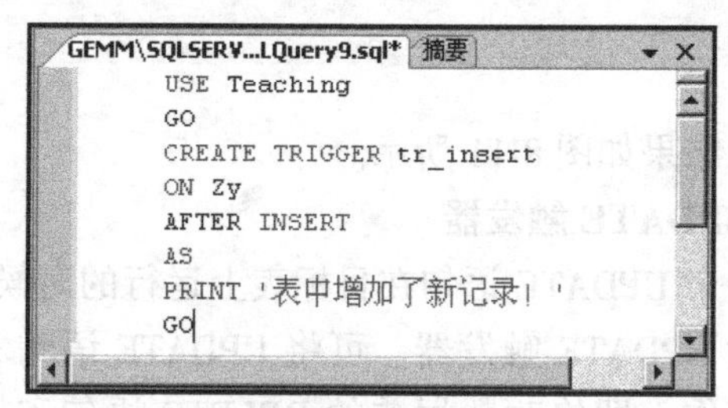

图 8-9 输入创建触发器的 T-SQL 语句

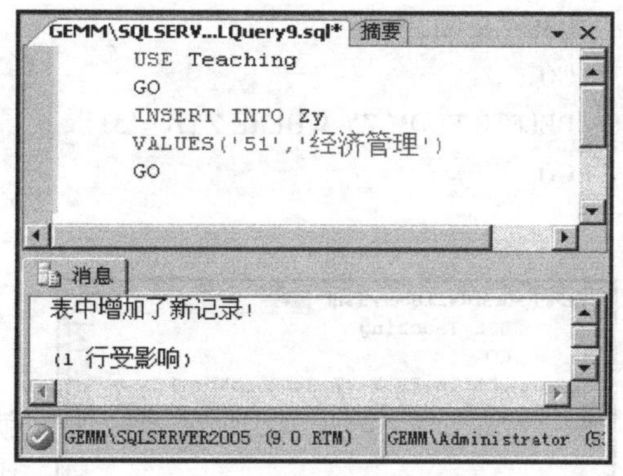

图 8-10 例 8-1 的执行结果

2. DELETE 触发器

当针对目标数据库运行 DELETE 语句时，会触发 DELETE 触发器。DELETE 触发器用于约束用户能够从数据库中删除的数据。因为有些数据是不希望用户轻易删除的。

DELETE 触发器通常用于防止那些确实要删除，但是可能会引起数据一致性问题的情况；还可以用于级联删除操作的情况。

触发 DELETE 触发器后，从受影响的表中删除的行将被放置在 deleted 表中，使用 DELETE 触发器时，需要考虑以下事项和原则：

① 当某行被添加到 deleted 表中时，它就不再存在于数据库表中，因此 deleted 表和数据库表没有相同的行。

② 创建 deleted 表时，空间是从内存中分配的，deleted 表总是被存储在高速缓存中。

③ 为 DELETE 动作定义的触发器并不执行 TRUNCATE TABLE 语句，原因在于日志不记录 TRUNCATE TABLE 语句。

【例 8-2】 为 Teaching 数据库的 Zy 表创建一个在删除记录时，显示“XX 专业已被删除”的提示信息。

创建触发器的语法如下：

```
USE Teaching
GO
CREATE TRIGGER Zy_delete
ON Zy
FOR DELETE
AS
BEGIN
    DECLARE @zy VARCHAR(20)
    SELECT @zy = zym FROM DELETED
    PRINT @zy +'专业已被删除！'
END
GO
```

执行下面的删除操作来验证触发器：

```
USE Teaching
GO
DELETE FROM ZY WHERE ZYH ='51'
GO
```

执行结果如图 8-11 所示。

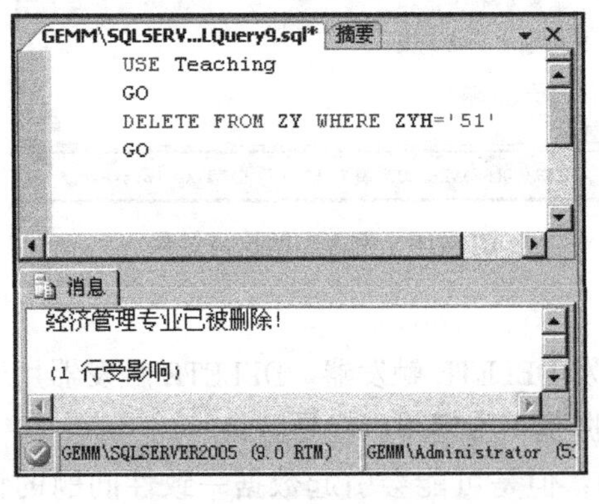

图 8-11　例 8-2 的执行结果

3. UPDATE 触发器

当一个 UPDATE 语句在目标表上运行的时候，就会触发 UPDATE 触发器。可将 UPDATE 语句看成两步操作：即修改数据前的 DELETE 语句和修改数据后的 INSERT 语句。当在定义有触发器的表上执行 UPDATE 语句时，原始行被移入 deleted 表，更新行被移入 inserted 表。

触发器检查 deleted 和 inserted 表以及被更新的表，来确定是否更新了多行以及如何执行触发器动作。

可以使用 IF UPDATE 语句定义一个监视指定列的数据更新的触发器。这样就可以让触发器容易地隔离出特定列的活动。当它检测到指定列已经更新时，触发器就会进一步执行适当的动作，例如发出错误信息指出该列不能更新，或者根据新的更新的列值执行一系列的动作语句。

【例 8-3】 为 Teaching 数据库的成绩表（Cj 表）创建一个禁止修改成绩“cj”的触发器。

创建 cj_ update 触发器代码如下：

```
USE Teaching
GO
CREATE TRIGGER cj_update
ON Cj
FOR UPDATE
AS
IF UPDATE (cj)
BEGIN
    PRINT('操作失败,成绩不能被修改!')
    ROLLBACK TRANSACTION
END
GO
```

执行下面语句修改 Cj 表中的信息，来验证 UPDATE 触发器：

```
USE Teaching
GO
UPDATE Cj
SET Cj =95
where xh ='09101001'and kch ='1'
GO
```

执行结果如图 8-12 所示。

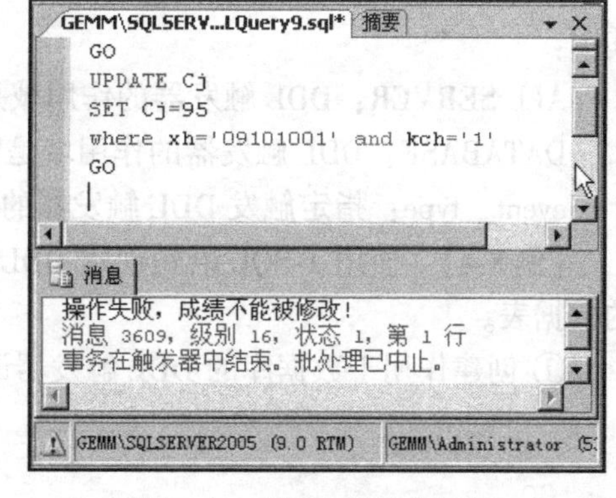

图 8-12　例 8-3 的执行结果

以上介绍了用 T-SQL 语言创建触发器的方法。创建触发器时必须记住以下几点：

① 触发器和某一指定的表有关，当该表被删除时，任何与该表有关的触发器同样会被删除。比如，当表 Zy 被删除时，触发器 Zy_ delete 也同样会被删除。

② 在一个表上的每一个动作只能有一个触发器与之关联。例如不能在表 Zy 上创建第二个 delete 触发器，该触发器在有数据被删除时触发。当添加第二个相同 delete 动作触发的触发器时，第一个触发器会在没有任何警告信息的情况下被删除。

③ 在一个表上，最多只能创建 3 个触发器与之关联，一个 INSERT 触发器，一个 DELETE 触发器和一个 UPDATE 触发器。

此外，触发器不允许出现以下语句：

- ALTER DATABASE
- CREATE DATABASE
- SIDK INIT
- DISK RESIZE

- DROP DATABASE
- LOAD DATABASE
- LOAD LOG
- RECONFIGURE
- RESTORE DATABASE
- RESTORE LOG

8.2.3 使用 T-SQL 语句创建 DDL 触发器

DDL 触发器是一种特殊的触发器，它在响应 DDL 语句时触发。DDL 触发器与 DML 触发器有许多相似的地方，例如，都可以自动触发完成相应的操作，都可以使用 CREATE TRIGGER 语句创建等。但也有一些不同的地方，DDL 触发器的触发事件主要是 CREATE、ALTER、DROP 以及 GRANT、DENY、REVOKE 等语句，并且触发的时间条件只有 AFTER，而没有 INSTEAD OF。

创建 DDL 触发器的 CREATE TRIGGER 语句的基本语法形式如下：

```
CREATE TRIGGER trigger_name
ON { ALL SERVER | DATABASE }
WITH ENCRYPTION
{ FOR | AFTER | { event_type } }
AS
sql_statement
```

其中：

ALL SERVER：DDL 触发器的作用域是整个服务器。

DATABASE：DDL 触发器的作用域是整个数据库。

event_ type：指定触发 DDL 触发器的事件。

【例 8-4】 使用 T-SQL 语句创建 DDL 触发器，用于防止删除或修改 Teaching 数据库中的数据表。

① 创建作用于数据库的 DDL 触发器语句如下：

```
USE Teaching
GO
CREATE TRIGGER tr_altertable
ON DATABASE
FOR DROP_TABLE,ALTER_TABLE
AS
BEGIN
    PRINT '无法删除或修改表！'
    ROLLBACK TRANSACTION
END
GO
```

② 验证触发器，执行修改 Zy 表的操作：

```
USE Teaching
GO
ALTER TABLE Zy ADD TEST CHAR(8)
GO
```

执行上述语句时，会出现错误信息，如图 8-13所示。同样，如果执行 DROP 操作，仍然会出现这样的错误信息。

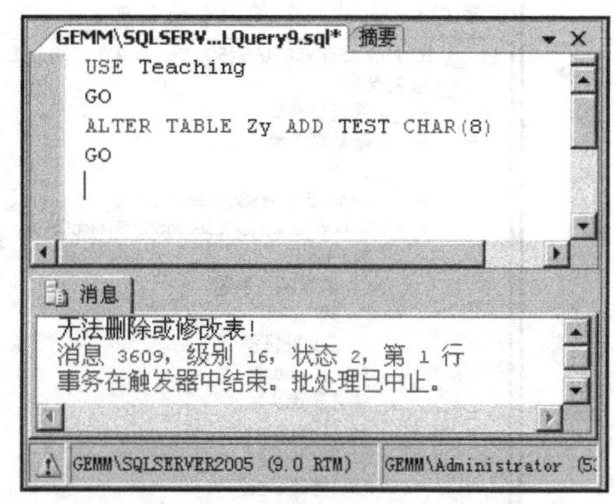

图 8-13　例 8-4 的执行结果

8.3　查看和修改触发器

创建了触发器以后，可以对触发器的相关信息进行查看和修改。

SQL Server 2005 提供了两种方式对触发器进行查看和修改：使用“对象资源管理器”方式和使用 T-SQL 语言方式。

8.3.1　使用“对象资源管理器”查看和修改触发器

操作步骤如下：

① 在企业管理器中，展开指定的服务器和数据库，这里选中服务器下的 Teaching 数据库，如图 8-14 所示。

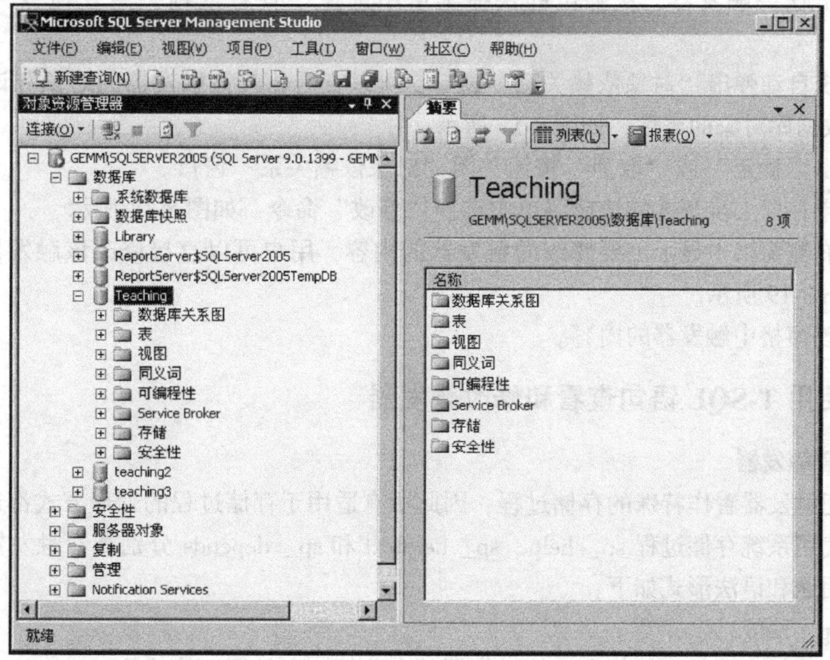

图 8-14　展开数据库

② 选择要查看或修改触发器的表（如选择 Zy 表），展开数据表，双击数据表结点下的“触发器”项，可以查看到已经创建成功的触发器，如图 8-15 所示。

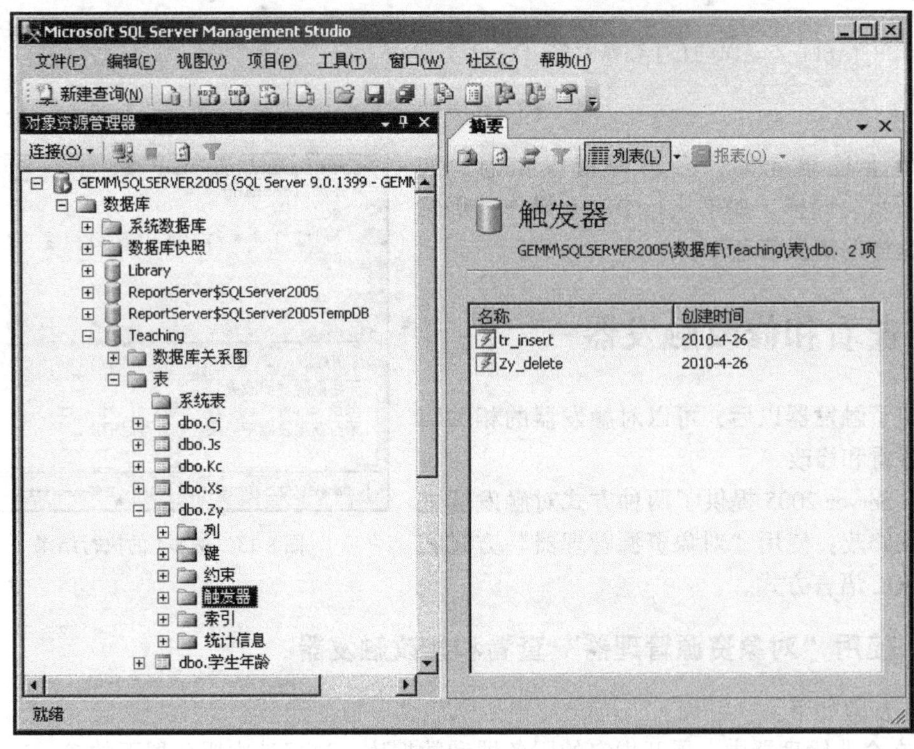

图 8-15　选择“触发器”项

③ 右击任一触发器，从弹出的快捷菜单中选择“查看依赖关系”命令，如图 8-16 所示。

④ 系统自动弹出“对象依赖关系”窗口，可以查看依赖该触发器的对象和该触发器依赖的其他数据库对象的名称，如图 8-17 所示。

⑤ 单击“确定”或“取消”按钮关闭“对象依赖关系”窗口。

⑥ 如果在以上步骤③的快捷菜单中选择“修改”命令，如图 8-18 所示。

⑦ 则右侧窗格中显示出要修改的触发器的内容，用户可以直接修改该触发器的 T-SQL 语句，如图 8-19 所示。

⑧ 修改窗格中触发器的内容。

8.3.2　使用 T-SQL 语句查看和修改触发器

1. 查看触发器

可以把触发器看作特殊的存储过程，因此所有适用于存储过程的管理方式都适用于触发器。可以使用系统存储过程 sp_ help、sp_ helptext 和 sp_ depends 分别查看触发器的不同信息，具体用途和语法形式如下：

（1）sp_ help

用于查看触发器的一般信息，如触发器的名称等，它的语法格式为：

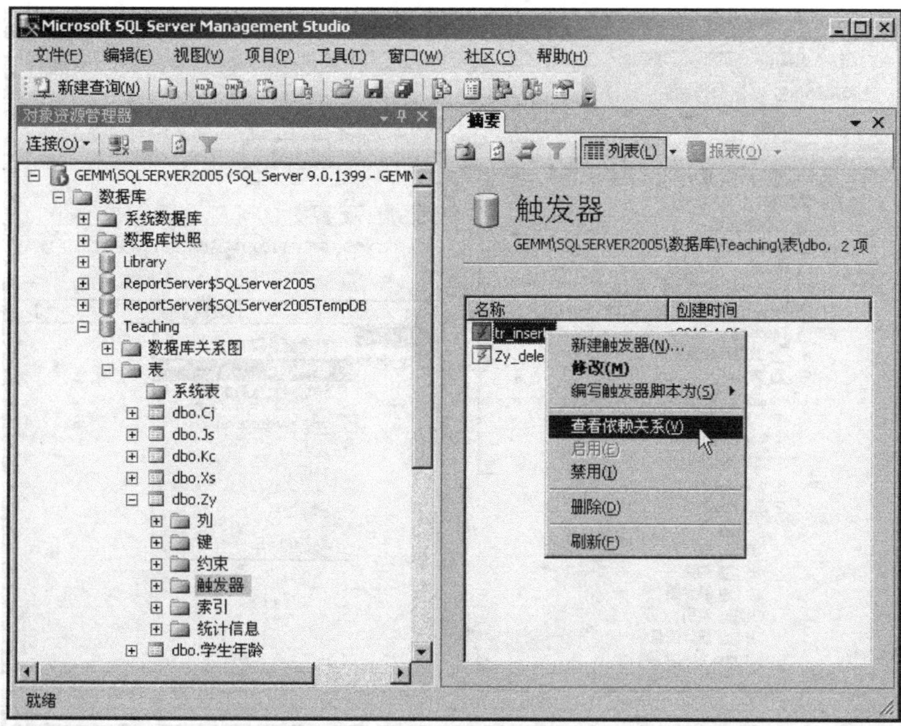

图 8-16 选择“查看依赖关系”命令

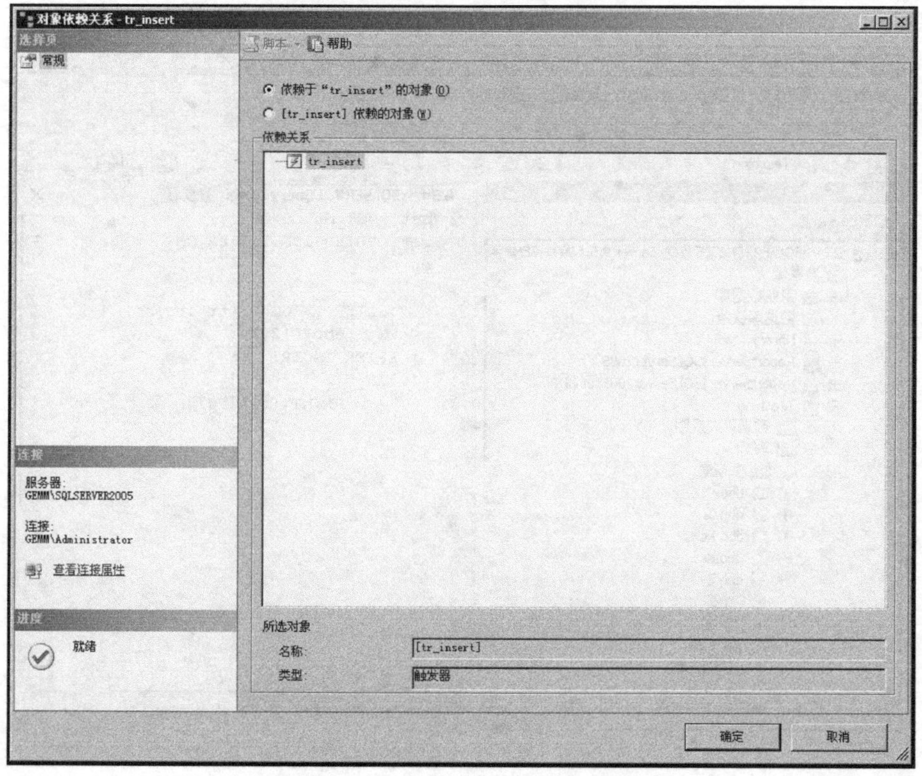

图 8-17 查看触发器依赖关系

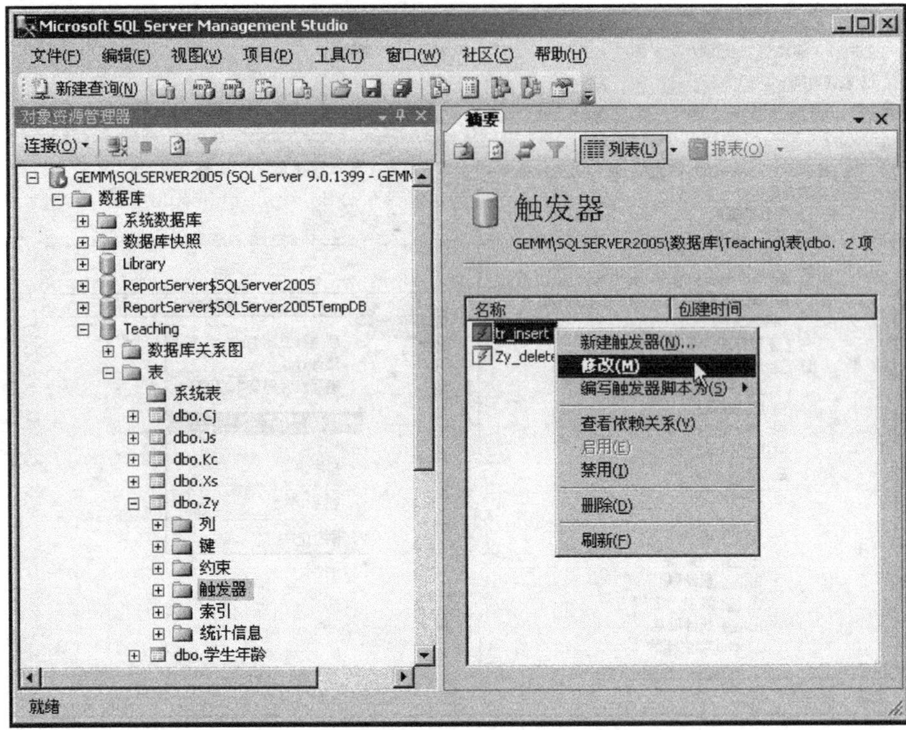

图 8-18　选择“修改”命令

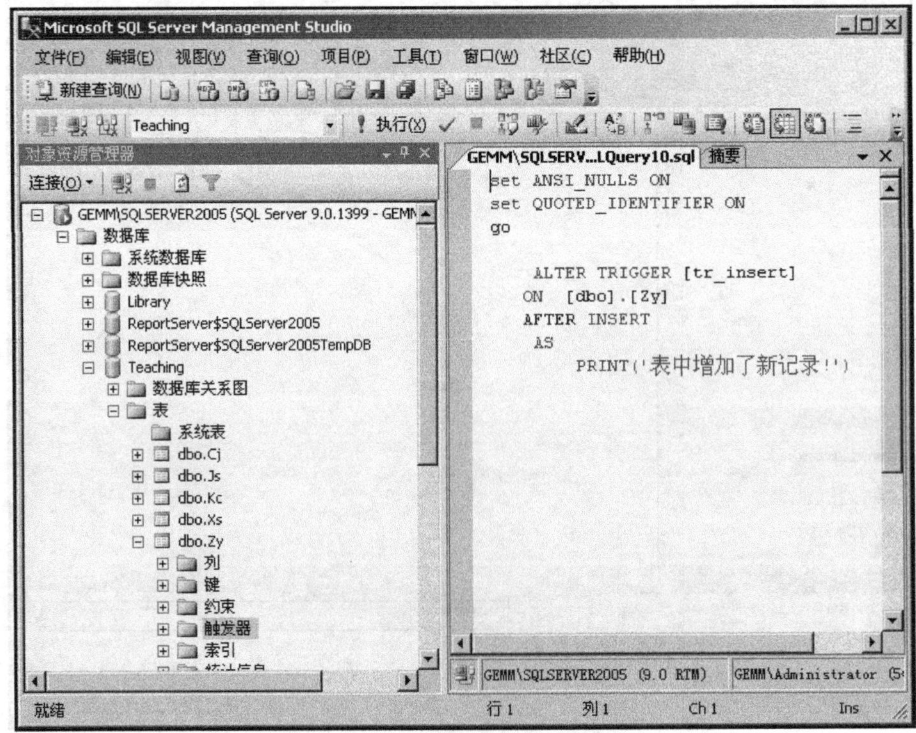

图 8-19　显示触发器内容

```
sp_help 触发器名称
```

（2）sp_ helptext

用于查看触发器的正文信息，它的语法格式为：

```
sp_helptext 触发器名称
```

（3）sp_ depends

用于查看指定触发器所引用的表或者指定的表所涉及的所有触发器，它的语法格式为：

```
sp_depends 触发器名称
sp_depends 表名
```

例如，使用系统存储过程 sp_ helptext 查看触发器 cj_ update 的正文信息，如图 8-20 所示。

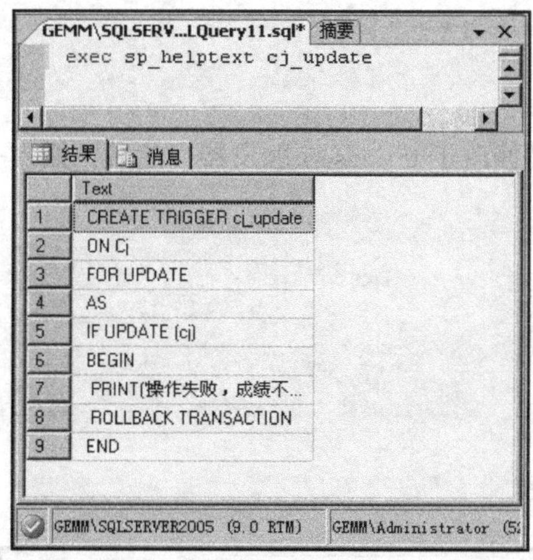

图 8-20　查看触发器的正文信息

2. 修改 DML 触发器

可以使用 T-SQL 语句中的 ALTER TRIGGER 命令修改触发器内容，ALTER TRIGGER 命令的语法形式如下：

```
ALTER   TRIGGER   trigger_name
ON {table | view }
[WITH   ENCRYPTION]
{
    { { FOR | AFTER | INSTEAD OF }
        { [ DELETE ] [ , ] [ INSERT ] [ , ] [ UPDATE ] }
            AS
            sql_statement[ ,... ,n]
    }
}
```

语句中的参数意义与 CREATE TRIGGER 语句中相同，用户可以自行参考 CREATE TRIGGER 语句中的内容进行触发器内容的修改。

一旦使用 WITH ENCRYPTION 对触发器进行加密，即使是数据库所有者也无法查看或修改触发器。

【例 8-5】 修改 tr_ insert 触发器，在输出的文字中加上新插入的专业名。

修改触发器的语句如下：

```
ALTER TRIGGER tr_insert
ON   Zy
AFTER INSERT
AS
BEGIN
    DECLARE @zym VARCHAR(20)
    SELECT @zym = zym FROM INSERTED
    PRINT'表中增加了' + @zym  + '专业！'
END
```

执行以上语句后，成功修改了 tr_ insert 触发器，然后，插入一条记录验证触发器：

```
USE Teaching
GO
INSERT INTO Zy
VALUES('53','国际金融')
GO
```

执行结果如图 8-21 所示。

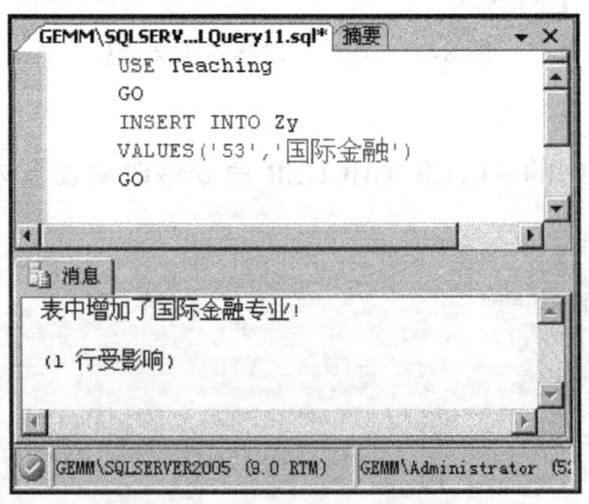

图 8-21　例 8-5 的执行结果

3. 修改 DDL 触发器

修改 DDL 触发器的语法形式如下：

```
ALTER TRIGGER trigger_name
ON { ALL SERVER | DATABASE }
WITH ENCRYPTION
{ FOR | AFTER | { event_type } }
AS
sql_statement
```

修改 DDL 触发器与创建 DDL 触发器语法基本类似，只是将创建触发器的 CREATE 关键字换成了 ALTER 关键字，因此语句中的参数意义与 CREATE TRIGGER 语句中相同。

8.3.3 使用系统存储过程修改触发器名称

可以使用系统存储过程 sp_ rename 修改触发器的名称。

sp_ rename 命令的语法形式如下：

```
sp_rename oldname,newname
```

例如，修改前面创建的 tr_ insert 触发器的名称为 zy_ insert 的语句为：

```
sp_rename tr_insert, zy_insert
```

8.4 删除触发器

可以通过删除触发器的方法移除触发器，当触发器所关联的表被删除时，将自动删除触发器。

只有触发器所有者才有权删除触发器，并且这种权限是不可转移的。删除已创建的触发器有 4 种方法：使用“对象资源管理器”方式删除触发器、使用 T-SQL 语句删除触发器、直接删除触发器所在的数据表以及创建一个相同动作的触发器来删除触发器。

1. 使用“对象资源管理器”删除触发器

【例 8-6】 在 Teaching 数据库的学生表（Cj 表）中，删除 cj_ update 触发器。

操作步骤如下：

① 启动 SQL Server Management Studio，在“对象资源管理器”中依次展开“数据库”结点、“Teaching”数据库结点、“表”结点、“dbo. Cj”表，右击“cj_ update”触发器，在弹出的快捷菜单中选择“删除”命令，如图 8-22 所示。

② 在弹出的“删除对象”窗口中显示了当前要删除的触发器的相关信息，如果确认删除，则单击“确定”按钮，系统将删除该触发器，如图 8-23 所示。

2. 使用 T-SQL 语句删除触发器

T-SQL 语言使用系统命令 DROP TRIGGER 删除指定 DML 触发器。其语法形式如下：

```
DROP TRIGGER Trigger name [ ,…,n]
```

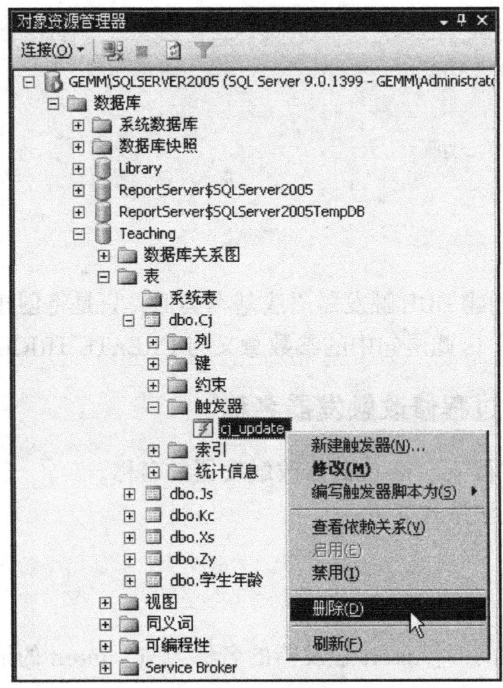

图 8-22　选择“删除”命令

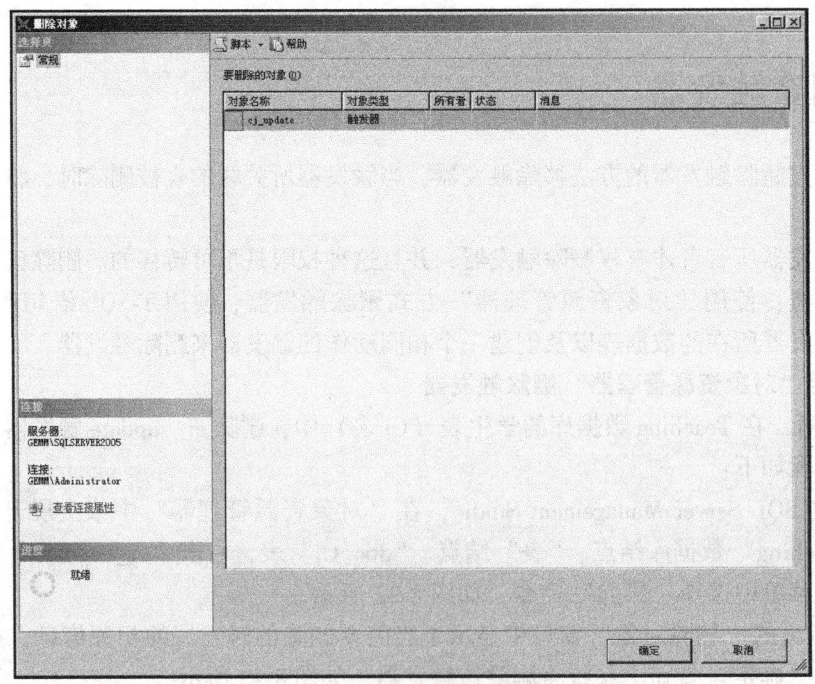

图 8-23　确认删除触发器

例如，删除 Zy 表中的触发器 tr_ insert 的命令为：

```
DROP TRIGGER tr_insert
GO
```

删除 DDL 触发器的语法格式如下：

```
DROP TRIGGER Trigger name [ ,…,n]
ON SERVER | DATABASE
```

例如，删除 Teaching 数据库中的触发器 tr_ altertable 的命令为：

```
DROP TRIGGER tr_altertable
ON DATABASE
GO
```

3. 直接删除触发器所在的表

删除触发器的另一个方法是直接删除触发器所在的表。当数据表被删除时，与之相关的触发器会自动被删除。

例如，当表 Zy 被删除时，触发器 tr_ insert 和 zy_ delete 都会自动被删除掉。

4. 创建一个相同动作的触发器来删除触发器

在同一个表中，当一个新的与同一动作相关联的触发器创建时，旧的触发器会被自动删除。例如，当 UPDATE 类型的触发器 tr_ cjupdate 创建时，原来的触发器 cj_ update 会自动被删除，因为两个触发器都由同一个数据表的 UPDATE 动作触发。

8.5　禁用或启用触发器

用户可以禁用、启用一个指定的触发器或一个表的所有触发器。当禁用一个触发器后，它在表上的定义仍然存在，但是，当对表执行 DML 操作时，并不执行触发器的动作，直到重新启动触发器为止。

1. 禁用触发器

SQL 用 ALTER TABLE 语句中的 DISABLE TRIGGER 子句禁用触发器，基本语句格式如下：

```
ALTER TABLE table_name
DISABLE TRIGGERtrigger_name [ ,…,n] | ALL
```

【例 8-7】 禁用 Zy 表中的 tr_ insert 触发器。

（1）禁用触发器

代码如下：

```
USE Teaching
GO
ALTER TABLE Zy
DISABLE TRIGGER tr_insert
GO
```

注意：由于在例 8-4 对 Teaching 数据库创建了禁止修改数据表的触发器 tr_ altertable，为了执行本例中的语句，须首先删除 tr_ altertable 触发器。

(2) 在 Zy 表中插入一条记录验证触发器

代码如下：

```
USE Teaching
GO
INSERT INTO Zy
VALUES('61','会计学')
GO
```

该语句执行时不会出现“表中增加了会计学专业!”的提示信息，说明 tr_ insert 触发器被禁用了。

2. 启用触发器

SQL 用 ALTER TABLE 语句中的 ENABLE TRIGGER 子句重新启用触发器，基本语句格式如下：

```
ALTER TABLE table_name
ENABLE TRIGGER trigger_name [,…,n] | ALL
```

【例 8-8】 重新启用 Zy 表中的 tr_ insert 触发器。

(1) 启用触发器

代码如下：

```
USE Teaching
GO
ALTER TABLE Zy
ENABLE TRIGGER tr_insert
GO
```

(2) 在 Zy 表中插入一条记录验证触发器

代码如下：

```
USE Teaching
GO
INSERT INTO Zy
VALUES('62','市场营销')
GO
```

该语句执行时又出现了“表中增加了市场营销专业!”的提示信息，说明 tr_ insert 触发器被重新启用了。

8.6 本章小结

本章介绍的触发器是一种特殊类型的存储过程，当使用 INSERT、UPDATE 和 DELETE

中的一种或多种数据修改操作在指定表中对数据进行修改时，触发器就会发生。本章内容包括触发器概述、创建触发器、查看触发器、修改和删除触发器。通过本章的学习，可以更好地利用触发器去完成一些常用的规律化的操作。

本 章 习 题

一、思考题

1. 触发器的作用是什么？

2. 触发器与存储过程有什么不同？

3. 触发器可以分成哪几个类型？

4. 触发器有哪些优点？

5. inserted 表和 deleted 表的作用是什么？

二、选择题

1. 关于触发器的描述不正确的是________。

A. 它是一种特殊的存储过程

B. 可以实现复杂的商业逻辑

C. 数据库管理员可以通过语句执行触发器

D. 触发器可以用来实现数据完整性

2. 下列操作不能触发 DML 触发器的是________。

A. INSERT　　B. DELETE　　C. UPDATE　　D. CREATE

3. 下列存储过程能实现触发器内容查看的是________。

A. sp_ help　　B. sp_ helptext　　C. sp_ depends　　D. sp_ rename

4. 下列操作会同时影响到 inserted 表和 deleted 表的是________。

A. SELECT 操作　　B. INSERT 操作　　C. UPDATE 操作　　D. DELETE 操作

5. 关于禁用/启用触发器的描述不正确的是________。

A. 禁用触发器不会删除触发器，该触发器仍然作为对象存在于当前数据库中

B. 禁用触发器后，执行相应的 T-SQL 语句仍能触发触发器

C. 使用 ENABLE TRIGGER 可以重新启用触发器

D. 可以使用 ALTER TABLE 来禁用或启用为表所定义的 DML 触发器。

三、填空题

1. inserted 表和 deleted 表存储在________中，而不是存储在数据库中。

2. 触发器主要通过________而被执行。

3. 根据服务器或数据库中调用触发器的操作不同，SQL Server 2005 的触发器分为________触发器和________触发器。

4. 使用语句____可以将触发器 tr_ delete 的名称改为 xs_ delete。

5. 删除触发器 xs_ delete 的正确语句是____。

四、操作题

1. 在 Teaching 数据库中创建一个触发器 tr_ nodrop，实现禁止删除该数据库中的数据表。

2. 在 Teaching 数据库 Kc 表中创建一个触发器 kc_ insert，实现在 Kc 表中增加一条记录的同时，显示 Kc 表和 inserted 表中的所有记录。

3. 在 Teaching 数据库 Kc 表中创建一个触发器 kc_ delete，实现在 Kc 表中删除一条记录的同时，显示 Kc 表和 deleted 表中的所有记录。

4. 在 Teaching 数据库 Kc 表中创建一个触发器 kc_ pudate，实现在 Kc 表中修改一条记录的同时，显示 Kc 表、inserted 表和 deleted 表中的所有记录。

5. 禁用 Kc 表中的 kc_ insert 和 kc_ delete 两个触发器，删除 Kc 表中的 kc_ pudate 触发器。

第 9 章　SQL Server 2005 管理

管理数据库系统是数据库管理员的一项非常重要的任务。对数据库系统的管理主要包括安全管理和数据维护。安全管理即保护数据不受内部和外部侵害，SQL Server 2005 为维护数据库系统的安全性提供了完善的管理机制和简单而丰富的操作手段。对数据库中数据的维护，包括数据导入、导出、备份和恢复等，SQL Server 2005 同样也提供了一套功能强大的工具来管理数据。

本章将详细介绍 SQL Server 2005 的安全管理、数据导入导出和数据备份恢复等。

9.1　安全管理

SQL Server 2005 的安全机制可分为 4 个等级，包括操作系统的安全性、SQL Server 2005 的登录安全性、数据库的使用安全性及数据库对象的使用安全性。其中的每一个等级就好比一道门，如果门没有上锁，或者用户拥有开门的钥匙，则用户可以通过这道门到达下一个安全等级；如果通过了所有的门，用户就可以实现对数据库的访问了。

SQL Server 2005 的安全性管理是建立在认证（authentication）和访问许可（permission）两种机制之上的。认证是指确定登录 SQL Server 的用户的登录账号和密码是否正确，以此来验证其是否有连接 SQL Server 的权限。但是，通过认证阶段并不代表能够访问 SQL Server 中的数据，用户只有在获得访问数据库的权限之后，才能够对服务器上的数据库进行权限许可下的各种操作（主要是针对数据库对象，如表、视图、存储过程等），这种用户访问数据库权限的设置是通过用户账号来实现的。同时在 SQL Server 2005 中，角色作为用户组的代替物大大地简化了安全性管理。

9.1.1　SQL Server 2005 的身份验证

用户在进入数据库系统时，SQL Server 要对该用户进行身份验证，有两种身份验证模式：

- Windows 身份验证模式（Windows authentication model），适合于当数据库仅在组织内部访问时。
- 混合身份验证模式（SQL Server and Windows authentication model），适用于当外界的用户需要访问数据库时或当用户不能使用 Windows 域时。

如果在服务器级别配置上述这些安全模式，它们会应用到服务器上的所有数据库。但还需要注意，每个数据库服务器实例都有其独立的安全体系结构。这意味着，不同的数据库服务器实例可能有不同的安全模式。

1. Windows 身份验证模式

SQL Server 数据库系统通常运行在 NT 服务器平台或基于 NT 构架的 Windows 2000/2003 上，而 NT 作为网络操作系统，本身就具备管理登录、验证用户合法性的能力，所以

Windows 验证模式正是利用这一用户安全性和账号管理的机制，允许 SQL Server 使用 NT 的用户名和口令。在该模式下，用户只要通过 Windows 的验证就可连接到 SQL Server，而 SQL Server 本身也没有必要管理一套登录数据。

Windows 验证模式比 SQL Server 验证模式具有更多的优点，原因在于 Windows 验证模式集成了 NT 或 Windows 2000/2003 的安全系统，并且 NT 安全管理具有众多特征，如安全合法性、口令加密、对密码最小长度进行限制等。所以，当用户试图登录到 SQL Server 时，它从 NT 或 Windows 2000/2003 的网络安全属性中获取登录用户的账号和密码，并使用 NT 或 Windows 2000/2003 验证账号和密码机制来验证登录的合法性，从而提高了 SQL Server 的安全性。

在 Windows 身份验证模式下，SQL Server 检测当前使用 Windows 的用户账号，并在系统注册表中查找该用户，以确定该用户账户是否有权限登录。在这种方式下，用户不必提交登录名和密码让 SQL Server 验证。Windows 身份验证模式界面如图 9-1 所示。

2. 混合身份验证模式

使用混合身份验证模式时，SQL Server 首先确定用户的连接是否使用有效的 SQL Server 用户账户登录。如果用户有有效的登录账户和正确的密码，则接受用户的连接；如果用户有有效的登录账户，但是使用了不正确的密码，则用户的连接被拒绝；仅当用户没有有效的登录账户时，SQL Server 才检查 Windows 账户的信息。在这样的情况下，SQL Server 确定 Windows 账户是否有连接到服务器的权限。如果账户有权限，则连接被接受；否则，连接被拒绝。

图 9-2 所示为使用 SQL Server 混合身份验证的界面。在使用混合身份验证模式时，用户必须提供登录名称和密码，SQL Server 通过检查用户是否注册了该 SQL Server 登录账户，或使用的密码是否与以前记录的密码相匹配来进行身份验证。如果 SQL Server 未设置登录账户，则身份验证将失败，而且用户收到错误信息。

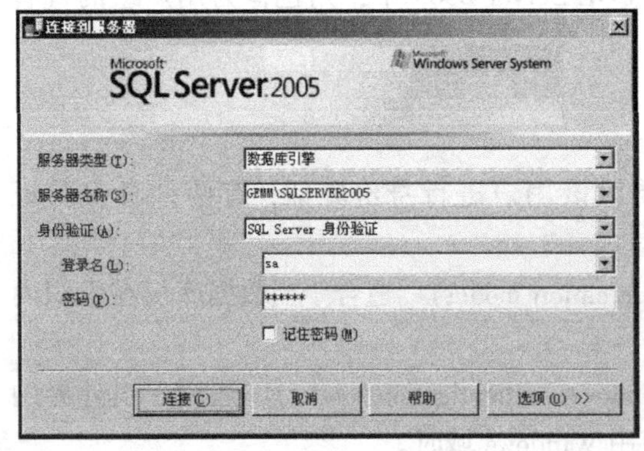

图 9-1　Windows 身份验证

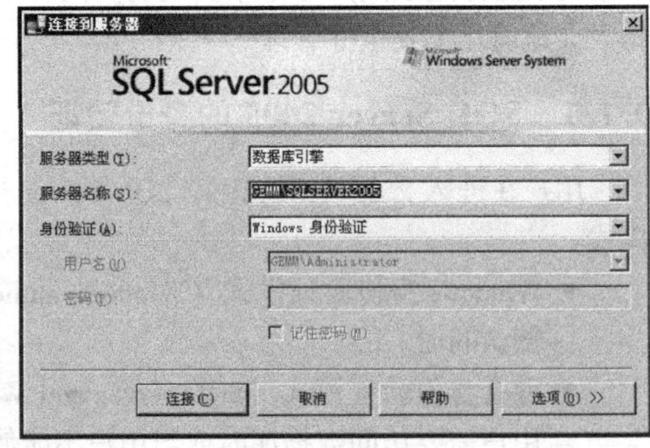

图 9-2　混合身份验证

混合验证模式具有如下优点：

- 创建了 Windows 之上的另一个安全层次。
- 支持更大范围的用户，例如非 Windows 客户等。
- 一个应用程序可使用单个的 SQL Server 登录和口令。

对 SQL Server 的默认身份验证模式的设置，可以在安装 SQL Server 实例时设置好，也可以在以后通过“对象资源管理器”来设置，步骤如下：

① 启动 SQL Server Management Studio，选择要进行验证模式设置的服务器。

② 右击该服务器，在弹出的快捷菜单中选择“属性”命令，SQL Server 将弹出“服务器属性”对话框。

③ 在“服务器属性”对话框中选择“安全性”选项，如图 9-3 所示。

④ 在“服务器身份验证”处选择要设置的验证模式，同时可以在“登录审核”选项组中选择任意一个单选按钮，以决定跟踪记录用户登录时的哪些信息，例如登录成功或失败的信息。

⑤ 在“服务器代理账户”处设置当启动 Microsoft SQL Server Management Studio 时将以默认用户名和登录密码进行登录。

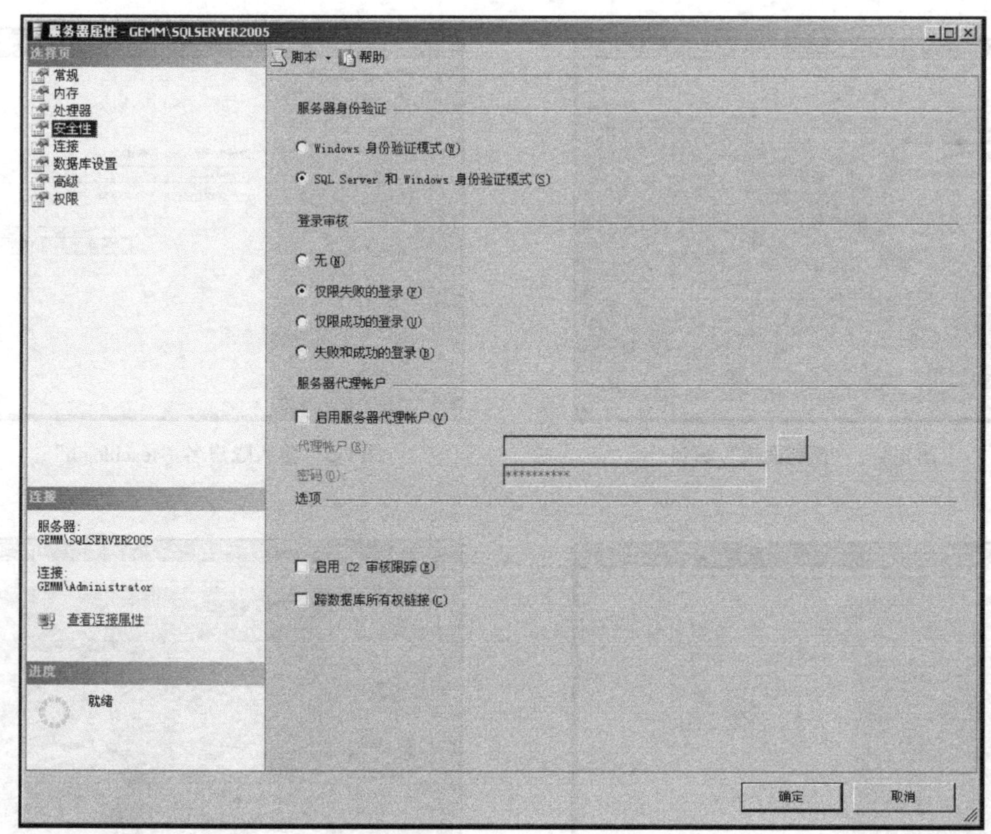

图 9-3　“服务器属性”对话框

9.1.2　登录账户管理

对 SQL Server 登录账户的管理包括添加、修改、删除身份验证登录账户等。

1. 添加 Windows 身份验证登录账户

【例 9-1】　在当前数据库引擎中创建一个新 Windows 身份验证登录账户 teachlogin（对应 Windows 用户名为 teachlogin）。

操作步骤如下：

① 创建 Windows 的用户。以管理员身份登录到 Windows，选择“开始”菜单→“设置”→“控制面板”打开“控制面板”窗口，如图 9-4 所示。

② 选择“用户账户”选项，在打开的窗口中选择“创建一个新账户”选项，进入“用户账户”窗口，在“为新账户键入一个名称”文本框中输入账户名“teachlogin”，如图 9-5 所示。单击“下一步”按钮。

③ 在“挑选一个账户类型”界面中选择“计算机管理员”单选按钮，再单击“创建账户”按钮，如图 9-6 所示。

④ 回到“用户账户”窗口，可以看到成功创建的“teachlogin”账户，如图 9-7 所示。单击“teachlogin”进入该用户的设置界面，可以对它进行名称、密码、类型等设置，还可以删除该用户。

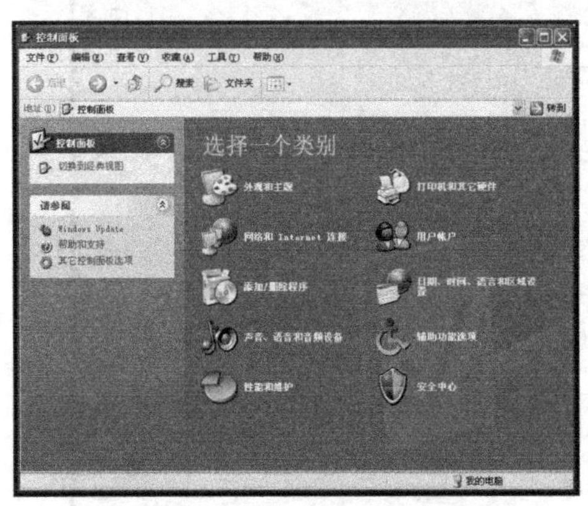

图 9-4 “控制面板”窗口

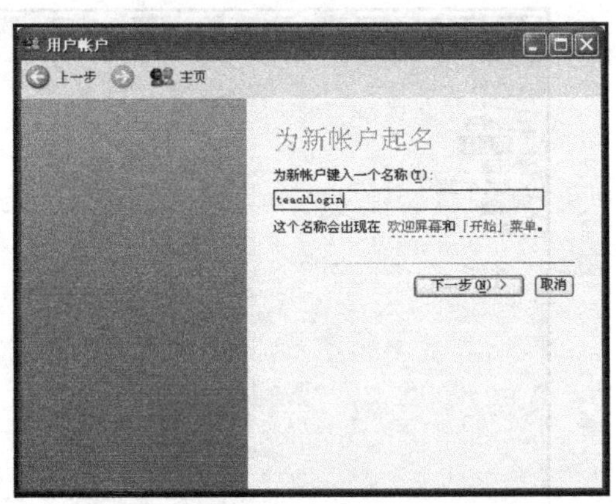

图 9-5 输入账户名“teachlogin”

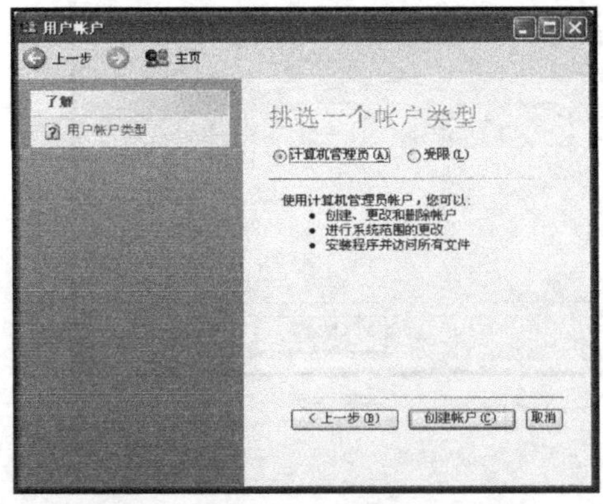

图 9-6 选择“计算机管理员”选项

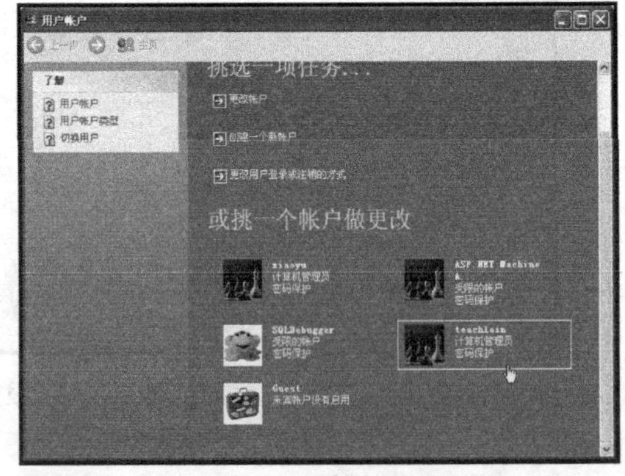

图 9-7 “用户账户”窗口

⑤ 成功创建 Windows 用户之后，启动 SQL Server“对象资源管理器”，依次展开“数据库”节点、“安全性”节点，右击“登录名”，选择“新建登录名”命令，如图 9-8 所示。

⑥ 打开“登录名 - 新建”窗口，选择“Windows 身份验证”单选按钮，在文本框中输入登录名，在“默认数据库”下拉列表中选择该用户访问的默认数据库，这里选择“Teaching”数据库，如图 9-9 所示。

单击“服务器角色”标签，可以查看或修改登录名在固定服务器角色中的成员身份。

单击“用户映射”标签，可以查看或修改登录名到数据库用户的映射。

单击“安全对象”标签，可以查看或修改安全对象。

单击“状态”标签，可以查看或修改登录名的状态信息。

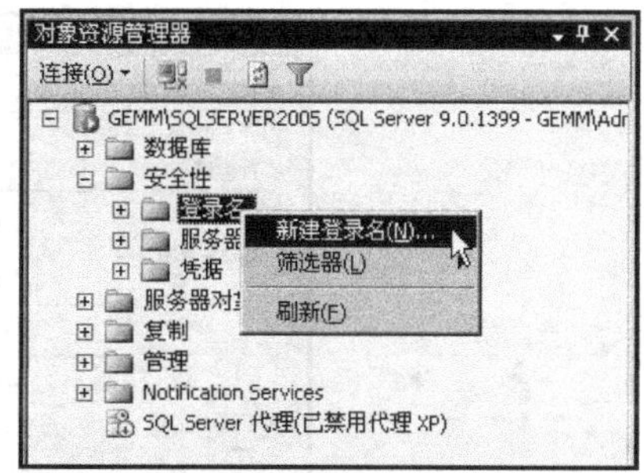

图 9-8　选择“新建登录名”命令

⑦ 单击“搜索”按钮，打开“选择用户或组”对话框，单击“高级”按钮，再单击“立即查找”按钮，选择 Windows 用户 teachlogin，如图 9-10 所示。

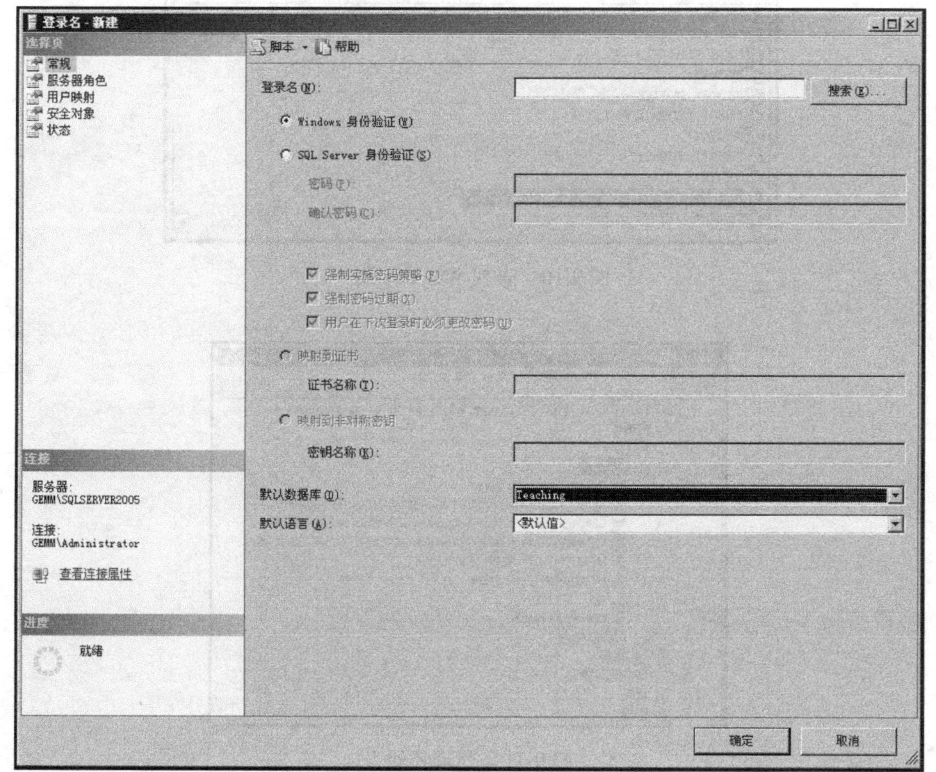

图 9-9　新建登录名“teachlogin”

⑧ 单击“确定”按钮，返回“登录名 - 新建”窗口，再单击“确定”按钮，就成功创建了 Windows 用户“teachlogin”对应的登录名，在如图 9-11 所示的登录名列表中可以看到该新创建的登录名。

2. 添加 SQL Server 身份验证登录账户

【例 9-2】　在当前数据库引擎中创建一个新的 SQL Server 身份验证登录名“newlogin”。

基本步骤同例 9-1，只是在“登录名 - 新建”窗口中“登录名”文本框中输入“newlogin”，选择“SQL Server 身份验证”，输入密码和确认密码，并根据情况选中或取消

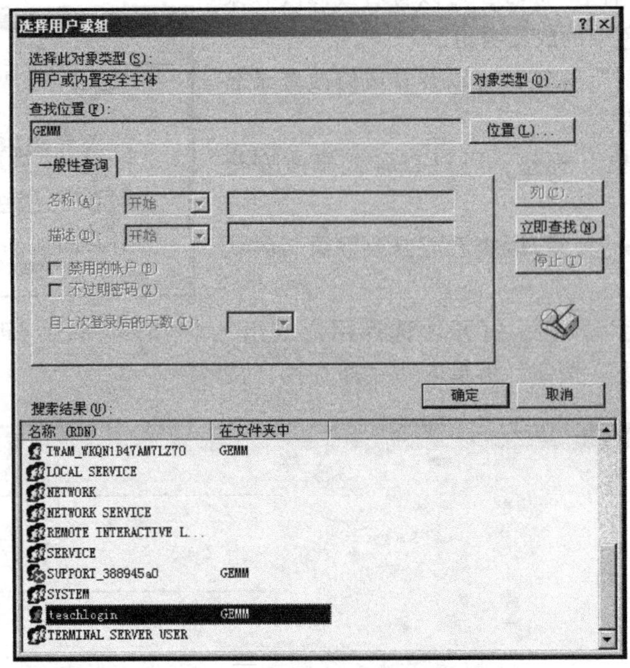

图 9-10　查找 Windows 用户

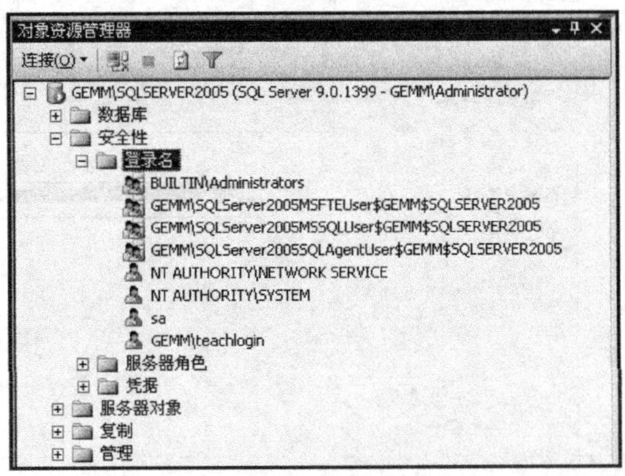

图 9-11　登录名列表

“用户在下次登录时必须更改密码”复选框，如图 9-12 所示。单击“确定”按钮，则成功创建了“newlogin”登录名，结果如图 9-13 所示。

3. 修改登录账户属性

在 Microsoft SQL Server Management Studio 中，单击“登录名”图标左边的“+”号，展开所有的登录账户，右击想要修改的登录账户，在弹出的快捷菜单中选择“属性”命令，如图 9-14 所示，之后会弹出“登录属性”窗口，如图 9-15 所示。在这个窗口中可选择不同的标签页来修改登录用户的不同信息。

4. 删除登录账户

在 Microsoft SQL Server Management Studio 中，单击“登录名”图标左边的“+”号，

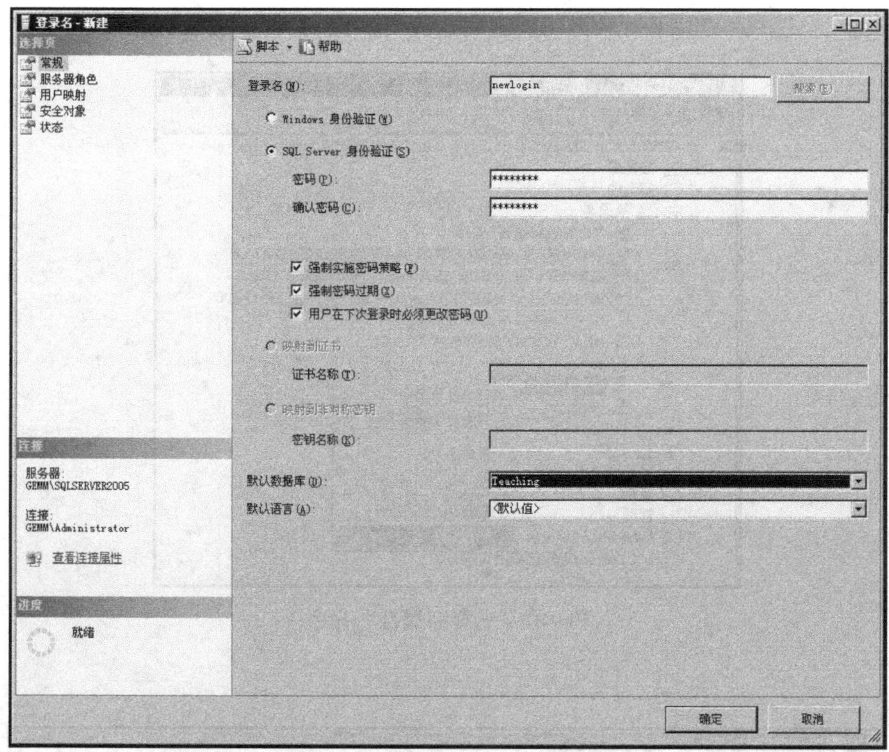

图 9-12　新建登录名“newlogin”

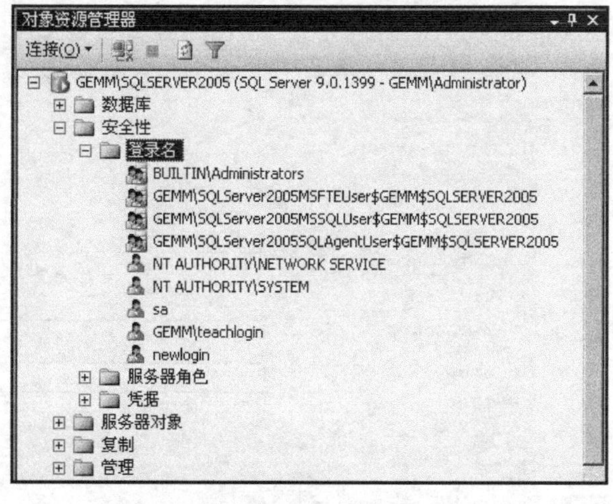

图 9-13　登录名列表

展开所有的登录账户，右击想要删除的登录账户，在弹出的快捷菜单中选择“删除”命令，如图 9-16 所示，之后会弹出“删除对象”窗口，如图 9-17 所示，单击“确定”按钮，即可删除该登录账户。

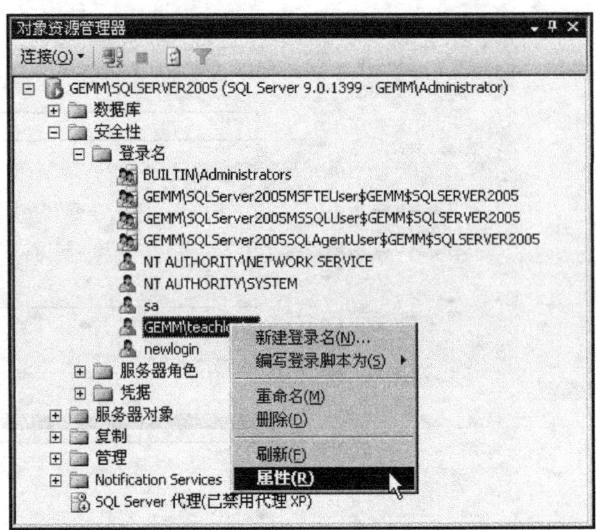

图 9-14　选择“属性”命令

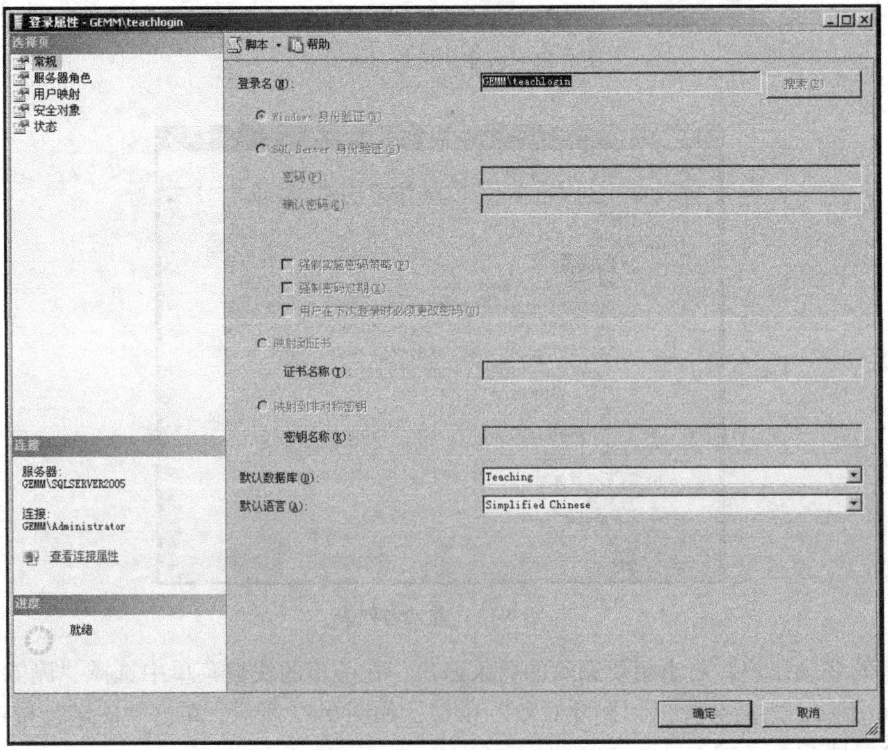

图 9-15　“登录属性”窗口

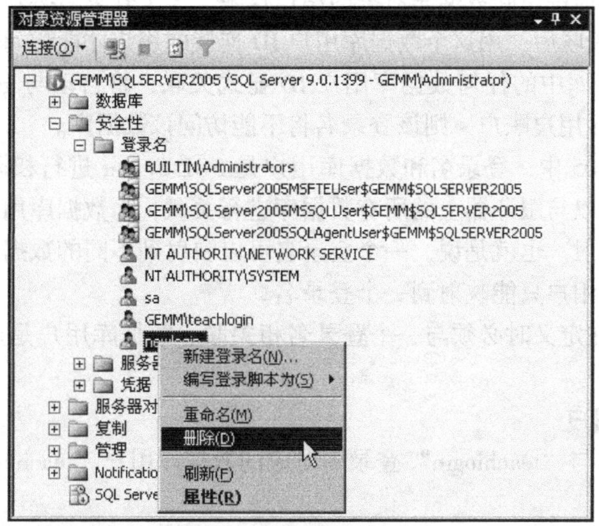

图 9-16　选择“删除”命令

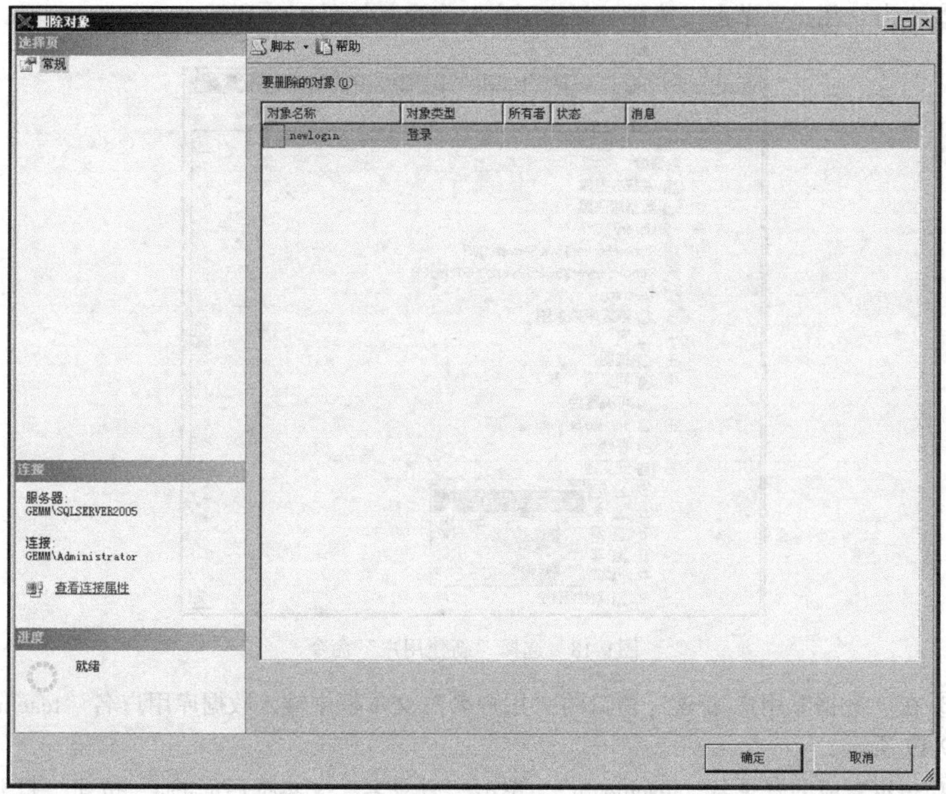

图 9-17　“删除对象”窗口

9.1.3　数据库用户管理

用户使用登录名登录后，如果需要访问数据库对象，则需要对该数据库对象有相应的权限。登录名本身并不提供访问数据库对象的用户权限，一个登录名必须与每个数据库中的一个数据库用户 ID 相关联后，用这个数据库用户 ID 连接的用户才能访问数据库中的对象。如果登录名没有与数据库中的任何数据库用户 ID 显式关联，将自动与 guest 用户 ID 相关联。如果数据库没有 guest 用户账户，则该登录名将不能访问该数据库。

在 SQL Server 2005 中，登录名和数据库用户是 SQL Server 进行权限管理的两种不同的对象。一个登录名可以与服务器上的所有数据库进行关联，而数据库用户是一个登录名在某个数据库对象中的映射。也就是说，一个登录名可以映射到不同的数据库，产生多个数据库用户，而一个数据库用户只能映射到一个登录名。

数据库用户 ID 在定义时必须与一个登录名相关联。数据库用户是定义在数据库层次的安全控制手段。

1. 添加数据库用户

【例 9-3】 创建与“teachlogin”登录名对应的数据库用户“teachuser”。

操作步骤如下：

① 启动 SQL Server“对象资源管理器”，依次展开“数据库”节点、“Teaching”数据库节点，“安全性”节点。

② 右击“用户”节点，选择“新建用户”命令，如图 9-18 所示。

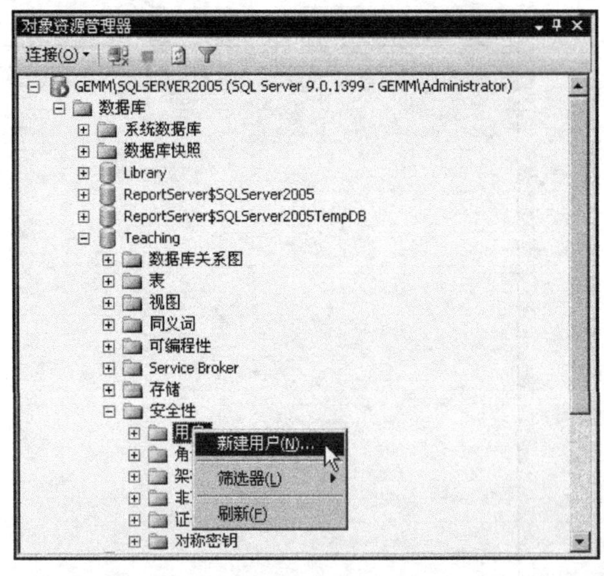

图 9-18 选择“新建用户”命令

③ 在“数据库用户-新建”窗口的“用户名”文本框中输入数据库用户名“teachuser”，如图 9-19 所示。

④ 指定对应的登录名“teachlogin”。单击“登录名”文本框后面的[...]按钮，打开“选择登录名”对话框，如图 9-20 所示。单击“浏览”按钮，打开“查找对象”对话框，选择对应的登录名 teachlogin，如图 9-21 所示。

⑤ 设置完成后，单击“确定”按钮，完成对数据库用户的创建，在 Teaching 数据库的用户列表中可以看到该用户，如图 9-22 所示。

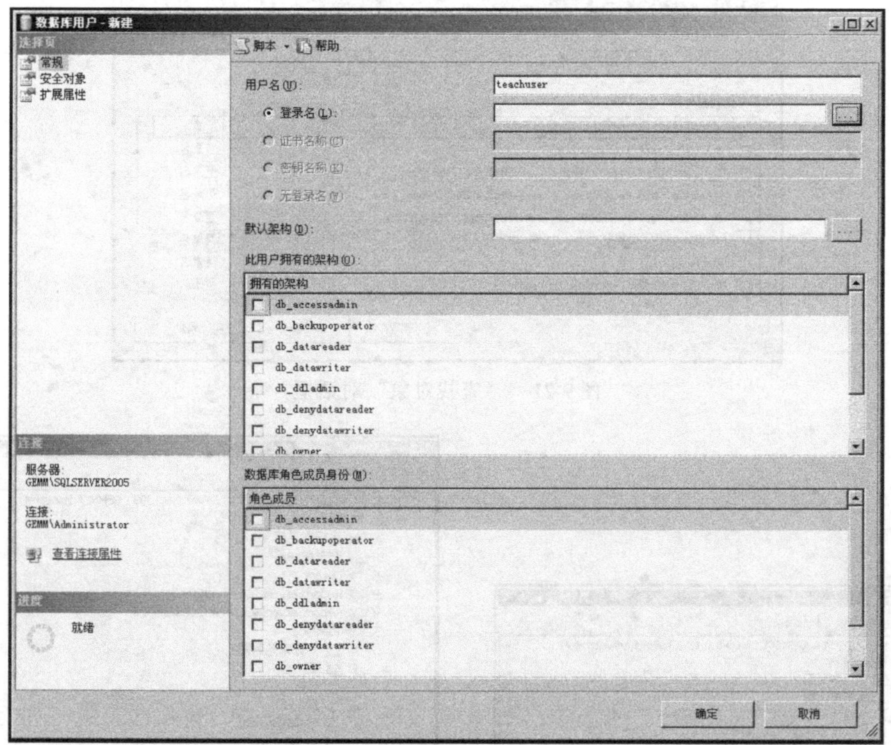

图 9-19　“数据库用户 - 新建”窗口

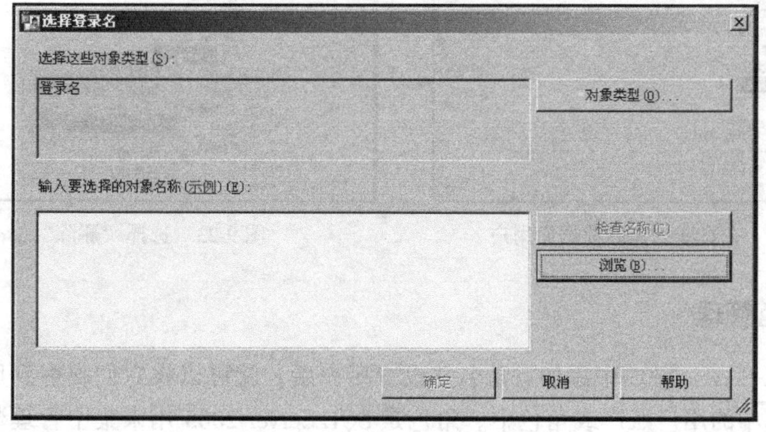

图 9-20　选择登录名

2. 删除数据库用户

【**例 9-4**】　删除数据库用户“teachuser”。

操作步骤如下：

① 启动 SQL Server“对象资源管理器”，依次展开“数据库”节点、“Teaching”数据库节点、“安全性”节点、“用户”节点。

② 右击“teachuser”，选择“删除”命令，如图 9-23 所示。

③ 在弹出的“删除对象”对话框中选择“确定”按钮，即可成功删除该数据库用户。

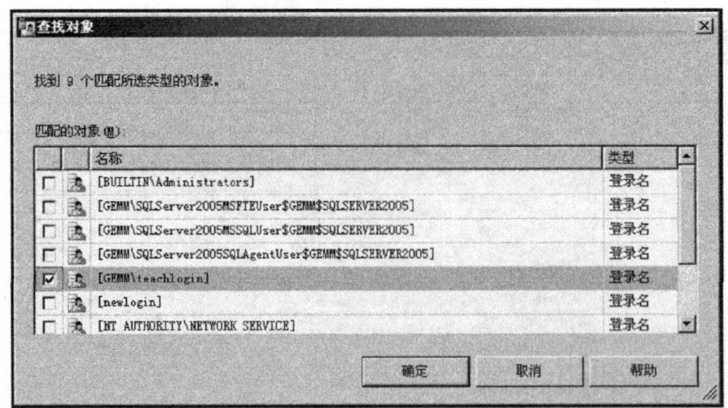

图 9-21　“查找对象”对话框

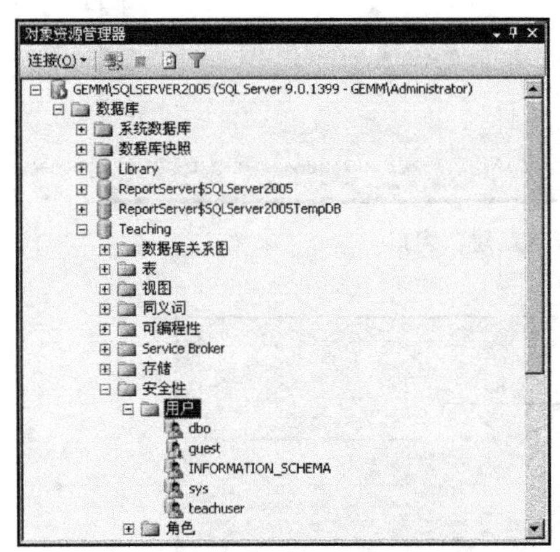

图 9-22　查看新创建的数据库用户

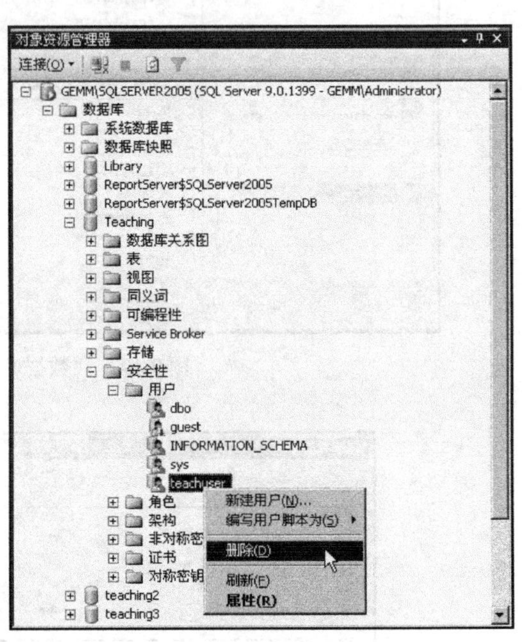

图 9-23　选择“删除”命令

9.1.4　角色管理

在向 SQL Server 2005 中添加登录名并设置用户后，就可以将它们映射到用户需要访问的每个数据库中的用户账户或角色中。角色是 SQL Server 2005 用来集中管理数据库或服务器的权限。数据库管理员将操作数据库的权限赋给角色，然后，数据库管理员再将角色赋给数据库用户或登录账户，从而使数据库用户或登录账户拥有了相应的权限。

SQL Server 2005 为服务器提供了固定的服务器角色，在数据库级又提供了数据库角色。用户可以修改固定的数据库角色，也可以自己创建新的数据库角色，再分配权限给新建的角色。

1. 服务器角色

服务器角色是指根据 SQL Server 的管理任务，以及这些任务相应的重要性等级把具有 SQL Server 管理职能的用户划分成不同的用户组，每一组所具有的管理 SQL Server 的权限已被固定。服务器角色适用于服务器范围，并且其权限不能被修改。例如，具有 sysadmin 角色的用户在 SQL Server 中可以执行任何管理性的工作，任何企图对其权限进行修改的操作都将失败，这一点与数据库角色不同。

SQL Server 2005 共提供了 8 种固定的服务器角色，各种角色的具体含义如表 9-1 所示。

表 9-1　SQL Server 中的固定服务器角色

服务器角色	描　述
sysadmin	可以在 SQL Server 中做任何事情
serveradmin	管理 SQL Server 服务器范围内的配置
setupadmin	增加、删除连接服务器，建立数据库复制，管理扩展存储过程
securityadmin	管理数据库登录
processadmin	管理 SQL Server 进程
dbcreator	创建数据库，并对数据库进行修改
diskadmin	管理磁盘文件
bulkadmin	可执行 BULK INSERT 语句，但成员必须要有 INSERT 权限

对服务器角色的管理需要注意：

- 不能添加和删除服务器角色。
- 角色类似于 Windows 操作系统中组的概念。
- 在将登录名添加到固定服务器角色时，该登录名将得到与此角色相关的权限。
- 不能更改 sa 登录名的角色。

【例 9-5】　将登录名“teachlogin”添加到“sysadmin”固定服务器角色。

操作步骤如下：

① 启动 SQL Server“对象资源管理器”，依次展开“安全性”节点、“服务器角色”节点。

② 右击“sysadmin”，选择“属性”命令，如图 9-24 所示。

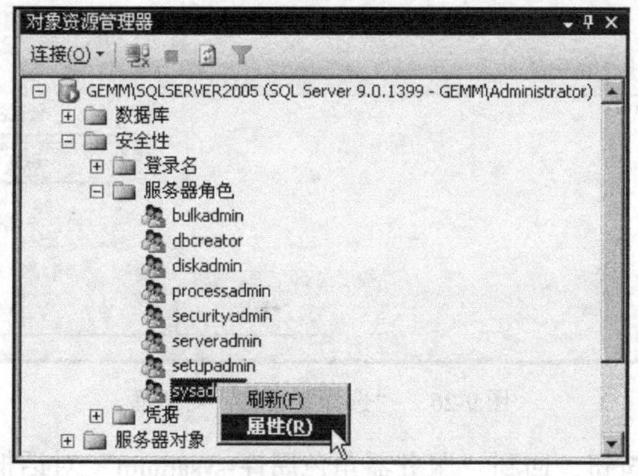

图 9-24　选择“属性”命令

③ 打开“服务器角色属性-sysadmin”窗口，如图 9-25 所示。

④ 单击“添加”按钮，打开“选择登录名”对话框，单击“浏览”按钮，从中选择要

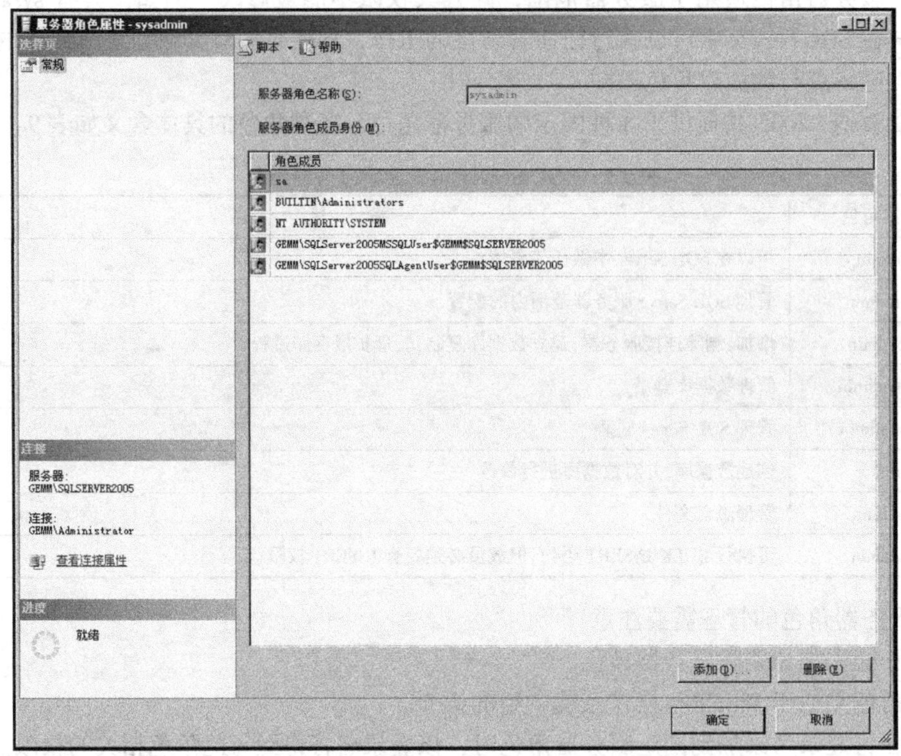

图 9-25 “服务器角色属性-sysadmin” 窗口

添加到 sysadmin 服务器角色中的登录名 “teachlogin” 如图 9-26 所示。

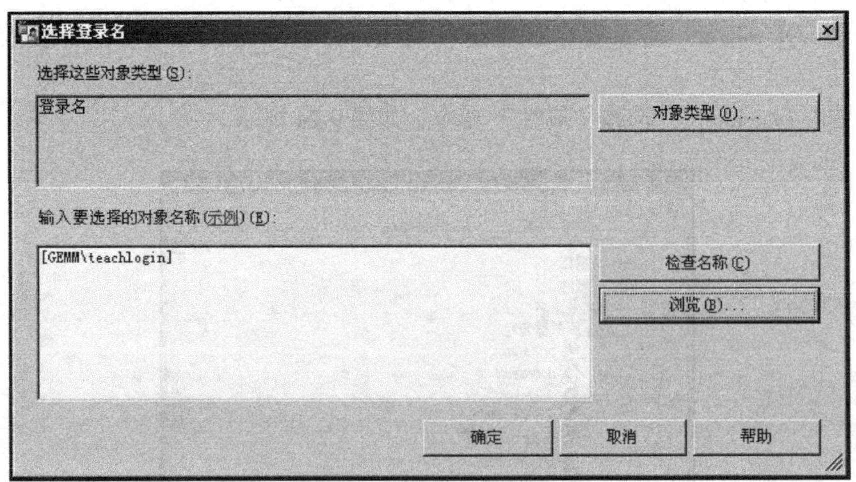

图 9-26 “选择登录名” 对话框

⑤ 单击 “确定” 按钮，回到 “服务器角色属性-sysadmin” 对话框，再单击 “确定” 按钮，即成功将登录名 “teachlogin” 添加到 “sysadmin” 固定服务器角色。

如果要把某个登录名从固定服务器角色中删除，可以在以上的步骤④中选择该登录名，然后单击 “删除” 按钮。

2. 数据库角色

如同 SQL Server 的登录名隶属于服务器角色一样，数据库用户也归属于数据库角色。SQL Server 中的每个数据库都有一组固定的数据库角色，在数据库中使用数据库角色可以将不同级别的数据库管理工作分给不同的角色，从而很容易地实现工作权限传递。

SQL Server 2005 提供了 10 个固定的数据库角色，如表 9-2 所示。

表 9-2　SQL Server 中的固定数据库角色

服务器角色	描　述
db_owner	数据库所有者,可以执行任何数据库管理工作,可以将对象权限指定给其他用户,该角色包含以下各种角色的所有权限
db_accessadmin	可以添加或删除数据库用户和角色
db_securityadmin	可以管理全部的权限、对象所有权、角色和角色成员资格
db_ddladmin	可以新建、删除和修改数据库中的任何对象
db_backupoperator	可以备份数据库
db_datareader	能且仅能对数据库中的任何表执行 SELECT 操作,从而读取信息
db_datawriter	能对数据库内的任何表执行 INSERT、UPDATE 和 DELETE 操作,但不能进行 SELECT 操作
db_denydatareader	不能对数据库中的任何表执行 SELECT 操作
db_denydatawriter	不能对数据库中的任何表执行 INSERT、UPDATE 和 DELETE 操作
public	维护默认的许可

对数据库角色的管理需要注意：

- public 数据库角色不能被删除。
- 数据库角色在数据库级别上定义，存储于数据库之内。

【例 9-6】　查看固定数据库角色“db_ owner”的属性，并将数据库用户“teachuser”添加到该角色中。

操作步骤如下：

① 启动 SQL Server“对象资源管理器”，依次展开“数据库”节点、“Teaching”数据库节点、“安全性”节点、“角色”节点、“数据库角色”节点，如图 9-27 所示。

② 右击“db_ owner”，选择“属性”命令，打开“数据库角色属性-db_ owner”窗口，如图 9-28 所示。

③ 单击“添加”按钮，打开“选择数据库用户或角色”对话框，单击“浏览”按钮，打开“查找对象”对话框，在“匹配的对象”列表框中选择要添加到“db_ owner”数据库角色中的数据库用户名“teachuser”，如图 9-29 所示。

④ 单击“确定”按钮，回到“数据库角色属性-db_ owner”窗口，单击“确定”按钮，即成功将数据库用户“teachuser”添加到“db_ owner”角色中。

如果要把某个数据库用户从固定数据库角色中删除，可以在以上的步骤③中选择该数据库用户名，然后单击“删除”按钮。

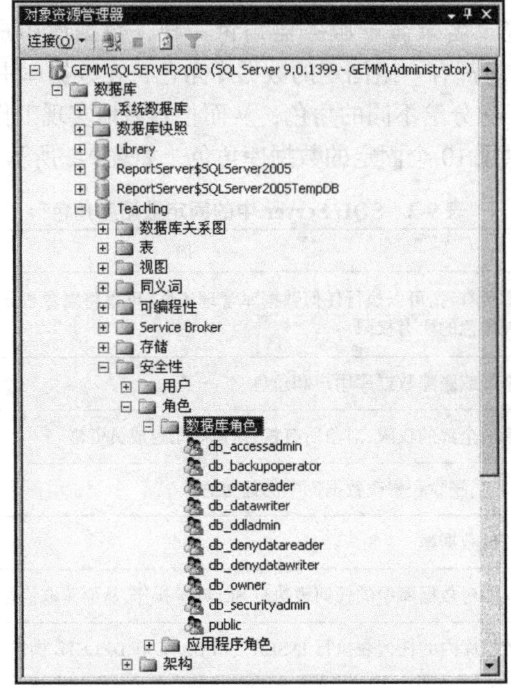

图 9-27　展开“数据库角色”节点

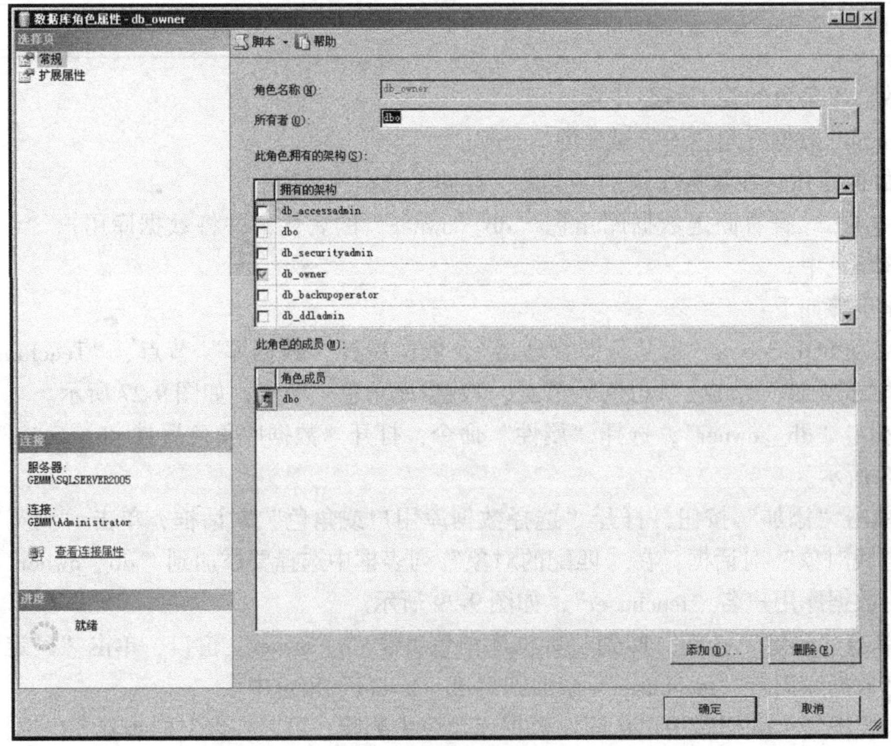

图 9-28　“数据库角色属性-db_ owner”窗口

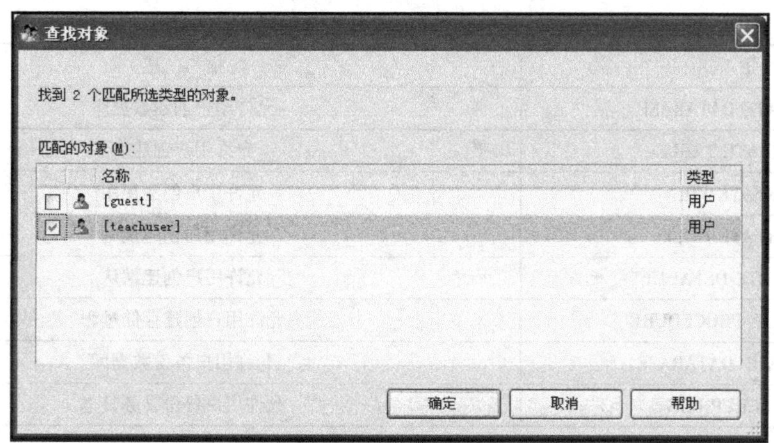

图 9-29　选择数据库用户名“teachuser”

9.1.5　权限管理

权限用来制定授权用户可以使用的数据库对象以及可以对这些数据库对象执行的操作。SQL Server 2005 使用权限作为访问数据库设置的最后一道安全设施。用户在登录到 SQL Server 服务器后，其用户账号所归属的角色被赋予的权限决定了该用户能够对哪些数据库对象执行哪些（查询、修改、插入或删除）操作。

在 SQL Server 中包括 3 种类型的权限：默认权限、对象权限和语句权限。

默认权限：是指系统安装以后固定服务器角色、固定数据库角色和数据库对象所有者具有的默认权限。固定角色的所有成员自动继承角色的默认权限。SQL Server 中包含很多对象，每个对象都有一个属主。一般情况下，对象的属主是创建该对象的用户。如果系统管理员创建了一个数据库，系统管理员就是这个数据库的属主；如果用户 A 创建了一个表，用户 A 就是这个表的属主。默认情况下，系统管理员具有这个数据库的全部操作权限，用户 A 具有这个表的全部操作权限，这就是数据库对象的默认权限。

对象权限：是指基于数据库层次上的访问操作权限。这里的对象包括表、视图、列和存储过程等。常用的对象权限包括 SELECT、INSERT、UPDATE、DELETE 和 EXECUTE 等。其中前 4 个权限用于表和视图，EXECUTE 权限用于存储过程。对象权限决定了能对表、视图等数据库对象执行哪些操作。对象及其可以有的权限如表 9-3 所示。

语句权限：是用于控制创建数据库或数据库对象所涉及的权限。语句权限应用于语句本身，而不是数据库对象。只有 sysadmin、db_ owner 和 db_ securityadmin 角色的成员才能授予用户语句权限。语句权限及其描述如表 9-4 所示。

表 9-3　对象权限及其描述

对　象	权　限
表	SELECT、INSERT、UPDATE、DELETE、REFERENCE
视图	SELECT、UPDATE、INSERT、DELETE
存储过程	EXECUTE
列	SELECT、UPDATE

表 9-4　语句权限及其描述

语　句	描　述
CREATE DATABASE	允许用户创建数据库
CREATE TABLE	允许用户创建表
CREATE VIEW	允许用户创建视图
CREATE RULE	允许用户创建规则
CREATE DEFAULT	允许用户创建默认
CREATE PROCEDURE	允许用户创建存储过程
BACKUP DATABASE	允许用户备份数据库
BACKUP LOG	允许用户备份事务日志

1. 使用“对象资源管理器”管理权限

【例 9-7】　使用“对象资源管理器”管理 Cj 表的权限。

操作步骤如下：

① 启动 SQL Server“对象资源管理器”，依次展开“数据库”节点、“Teaching”数据库节点、“表”节点。

② 右击“Cj”表，选择“属性”命令，打开“表属性-Cj”窗口，选择“权限”标签页，如图 9-30 所示。

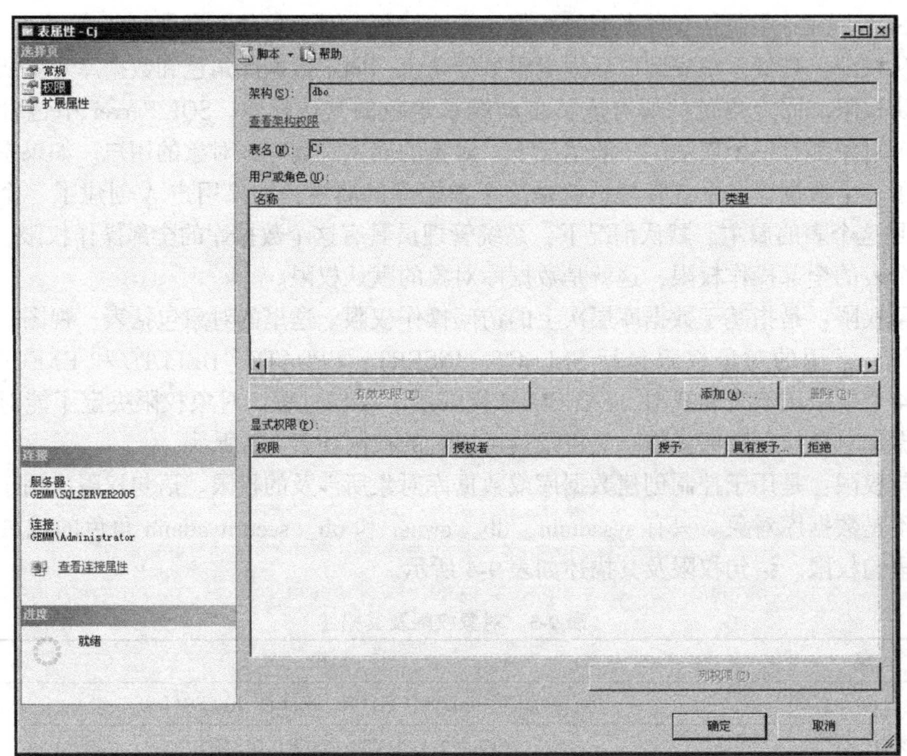

图 9-30　“表属性-Cj”窗口

③ 单击“添加”按钮，打开“选择数据库用户或角色”对话框，单击“浏览”按钮，

打开“查找对象”对话框，在“匹配的对象”列表框中选择“teachuser”用户和“public”数据库角色，如图 9-31 所示。

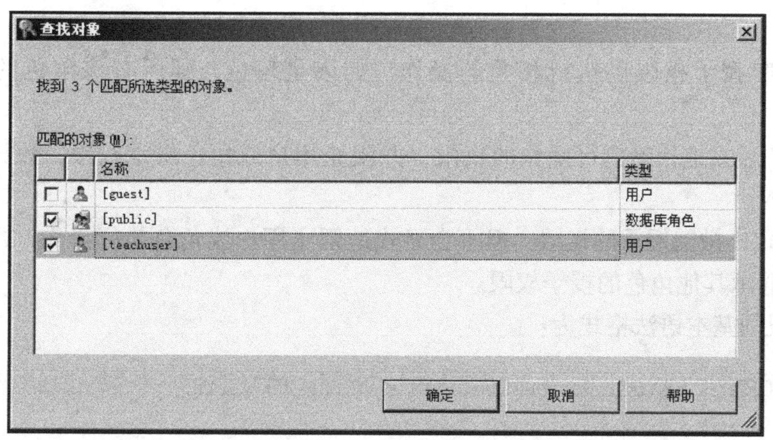

图 9-31　选择“teachuser”用户和“public”数据库角色

④ 单击“确定”按钮，回到“表属性-Cj”窗口，则可以看到刚刚添加的“public”数据库角色和“teachuser”用户。

⑤ 选择“teachuser”用户，在下面“teachuser 的显式权限”列表中给该用户设置“授予”“具有授予权限”“拒绝”的权限，如图 9-32 所示。

⑥ 单击“确定”按钮，则成功地给“teachuser”用户设置了权限。

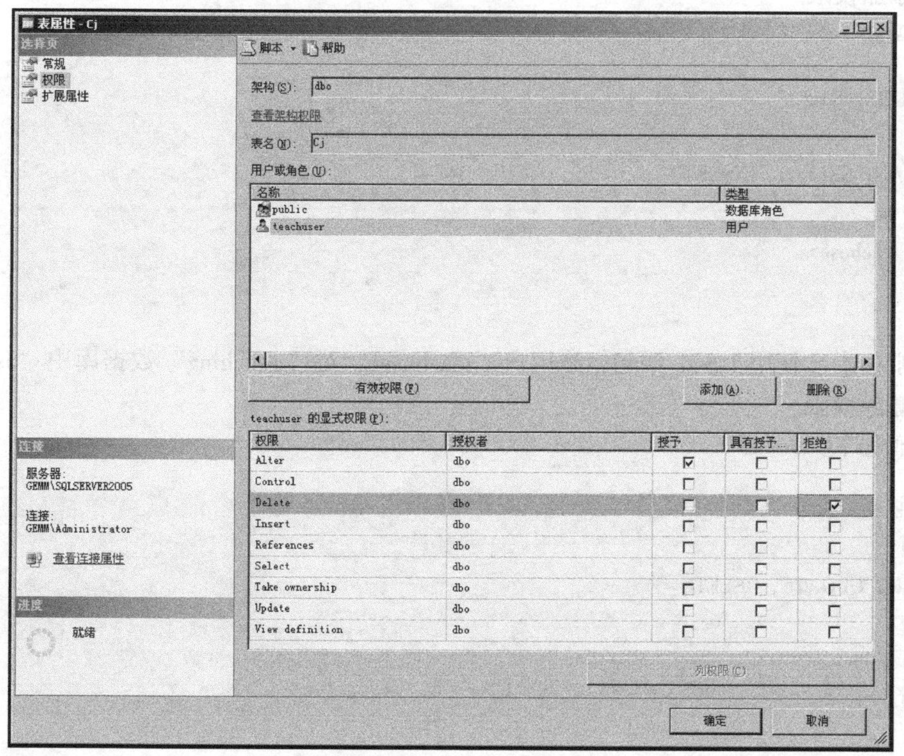

图 9-32　为用户设置权限

2. 使用 T-SQL 语句管理权限

使用T-SQL 语句 GRANT、DENY 和 REVOKE 可以设置用户或角色的3 种状态，即授予、拒绝和撤销 。

- GRANT 授予权限以执行相关的操作。如果是角色，则所有该角色的成员继承此权限。
- DENY 显式地拒绝执行操作的权限，并阻止用户或角色继承权限，该语句优先于其他受权。
- REVOKE 撤销授予的权限，但不会显式地阻止用户或角色执行操作。用户或角色仍然能继承其他角色的授予权限。

管理权限的基本语法格式为：

```
GRANT| DENY | REVOKE <permission> ON <object> TO <user>
```

其中：

GRANT | DENY | REVOKE：授予 | 拒绝 | 撤销操作。

permission：可以是相应对象的有效权限组合，可以使用 All 关键字表示所有权限。

object：被授予的对象，可以是表、视图、列或存储过程。

user：被授予的一个或多个用户或角色。

【例 9-8】 使用 T-SQL 语句授予用户“teachuser”对“Teaching”数据库中“Js”表的查询和添加权限。

代码如下：

```
USE Teaching
GO
GRANT SELECT, INSERT
ON Js
TO teachuser
GO
```

【例 9-9】 使用 T-SQL 语句拒绝用户“teachuser”对“Teaching”数据库中“Js”表的修改和删除权限。

代码如下：

```
USE Teaching
GO
DENY UPDATE, DELETE
ON Js
TO teachuser
GO
```

【例 9-10】 使用 T-SQL 语句撤销用户“teachuser”对“Teaching”数据库中“Js”表的添加权限。

代码如下：

```
USE Teaching
GO
REVOKE INSERT
ON Js
TO teachuser
GO
```

9.2　数据的导入导出

在 SQL Server 2005 中提供了数据导入/导出功能，可以使用数据转换服务（DTS）在不同类型的数据源之间导入和导出数据。通过数据导入/导出操作可以完成在 SQL Server 2005 数据库和其他类型数据库（如 Excel 表格、Access 数据库和 Oracle 数据库）之间进行数据的转换，从而实现各种不同应用系统之间的数据移植和共享。

9.2.1　数据导出

【例 9-11】 将“Teaching”数据库中的数据导出到 Microsoft Access 数据库（Teach_ access. mdb）中。

操作步骤如下：

① 创建一个空的 Microsoft Access 数据库。启动 Microsoft Access 程序，选择“文件”→“新建”→“空数据库”菜单命令，指定该新数据库的路径和名称，这里选择“d：\Teach_ access. mdb”。

② 启动 SQL Server“对象资源管理器”，展开“数据库”节点，右击“Teaching”数据库，从弹出的级联菜单中选择“任务”→“导出数据”命令，如图 9-33 所示。

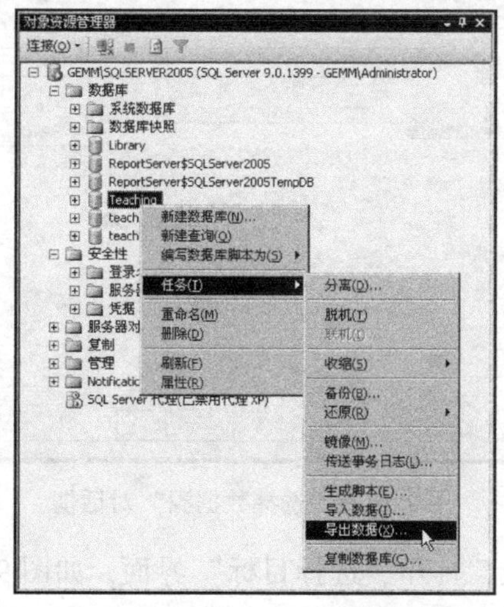

图 9-33　选择“任务”→“导出数据”命令

③ 打开“SQL Server 导入和导出向导”窗口，如图 9-34 所示。

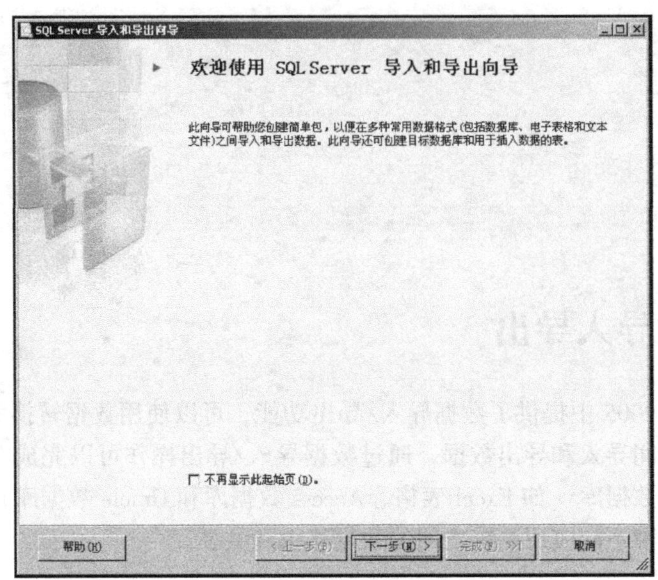

图 9-34　“SQL Server 导入和导出向导”窗口

④ 单击“下一步”按钮，打开“选择数据源”界面，如图 9-35 所示。在“数据源”下拉列表中选择“SQL Native Client”，表示将从本地 SQL Server 导出数据；选择合适的身份验证模式；在“数据库”下拉列表中选择“Teaching”。

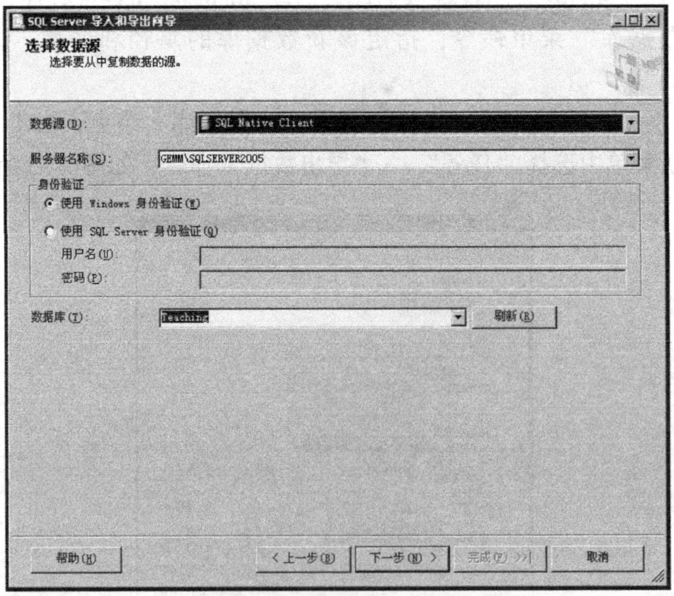

图 9-35　“选择数据源”对话框

⑤ 单击“下一步”按钮，打开“选择目标”界面，如图 9-36 所示。在“目标”下拉列表中选择“Microft Access”，表示将数据导出到 Access 中；在“文件名”文本框后面单击“浏览”按钮，选择合适的文件路径和数据库文件名，这里选择“d:\Teach_access. mdb”；

可通过单击“高级”按钮来测试数据库连接是否成功。

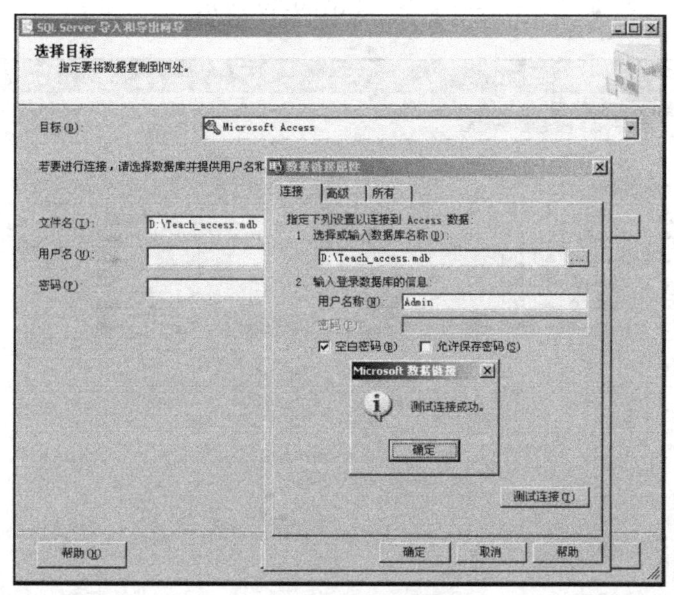

图 9-36　“选择目标”界面

⑥ 单击“下一步”按钮，打开“指定表复制或查询”界面，选择“复制一个或多个表或视图的数据”单选按钮，如图 9-37 所示。

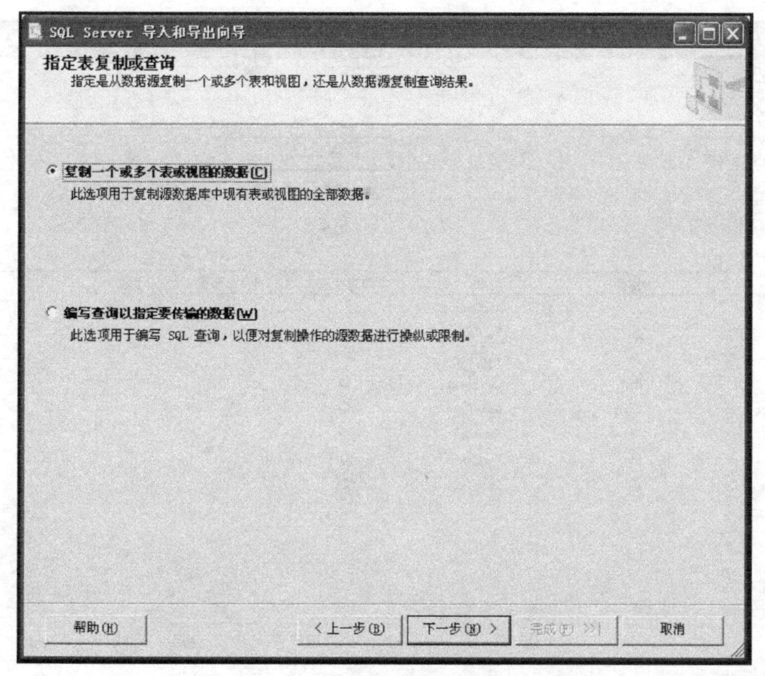

图 9-37　“指定表复制或查询”界面

⑦ 单击“下一步”按钮，打开“选择源表和源视图”界面，选择 Teaching 数据库中的

所有表，如图 9-38 所示；单击“编辑”按钮，打开“列映射”窗口。在“列映射”窗口可以编辑源数据和目标数据之间的映射关系，如图 9-39 所示。

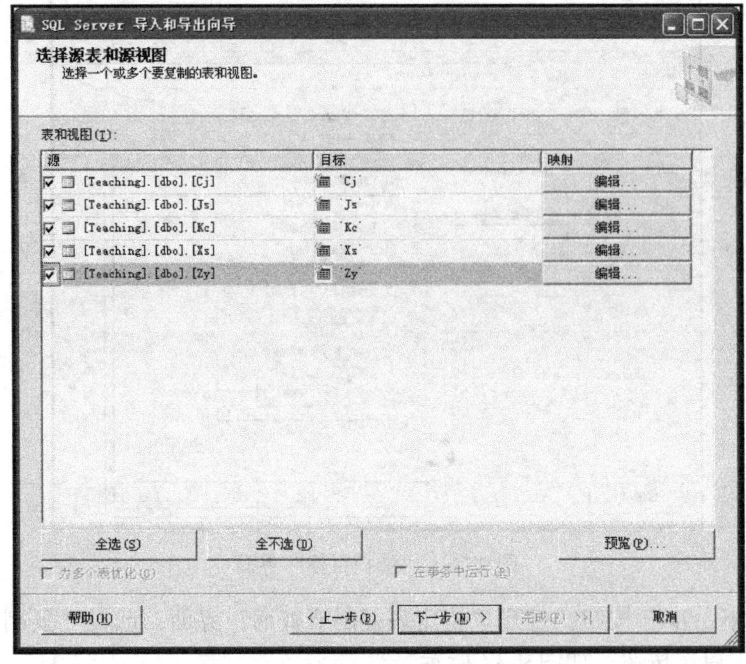

图 9-38　“选择源表和源视图”界面

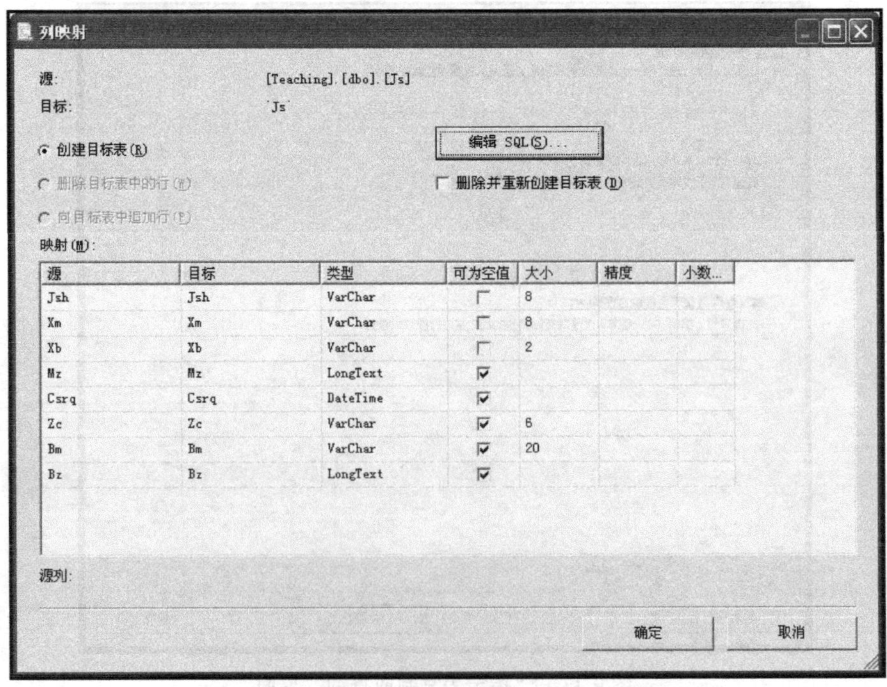

图 9-39　编辑源数据和目标数据之间的映射关系

⑧ 单击“下一步”按钮，打开“显示并执行包”界面，如图 9-40 所示；再单击“下一步”按钮，打开“完成该向导”界面，如图 9-41 所示。

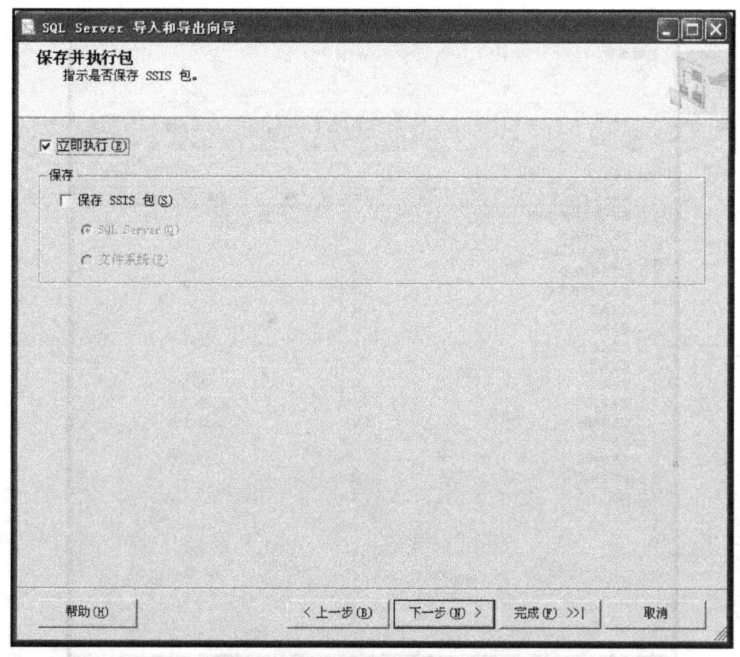

图 9-40　“保存并执行包”界面

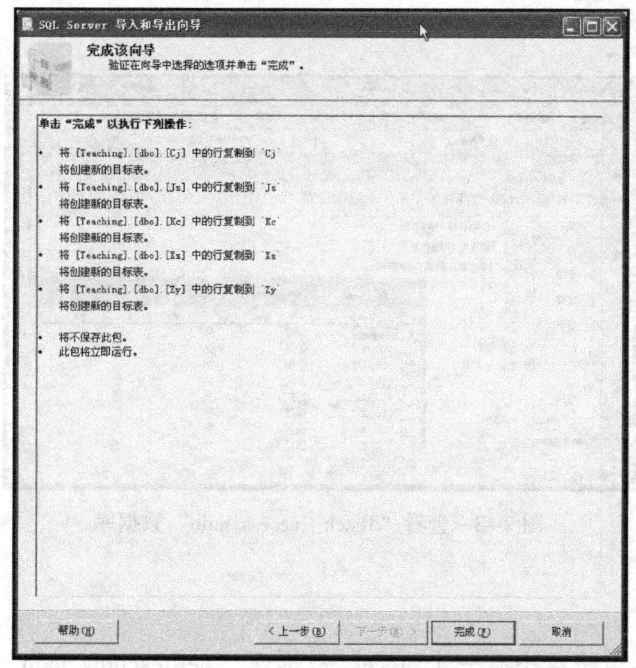

图 9-41　“完成该向导”界面

⑨ 单击“完成”按钮，打开“执行成功”界面，如图 9-42 所示，单击“关闭”按钮，则导出数据工作完成。

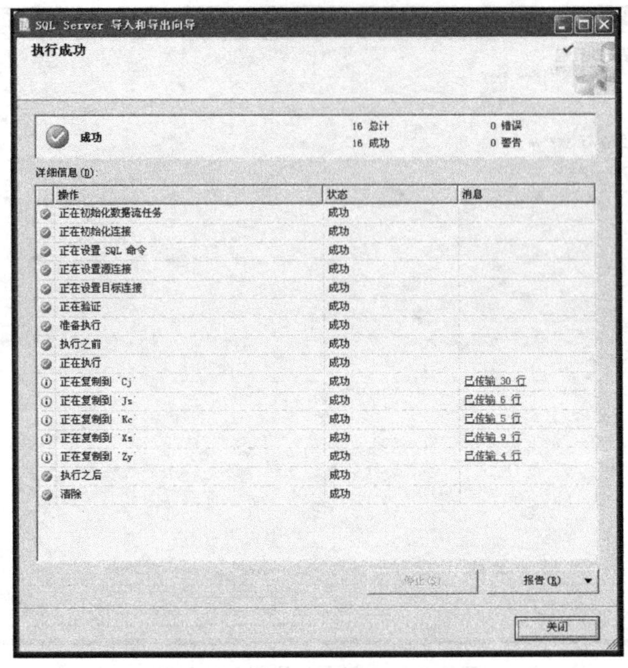

图 9-42　“执行成功”界面

⑩ 打开“Teach_ access. mdb”数据库，可以看到 Teaching 数据库中的数据已经全部导出到此，图 9-43 所示。

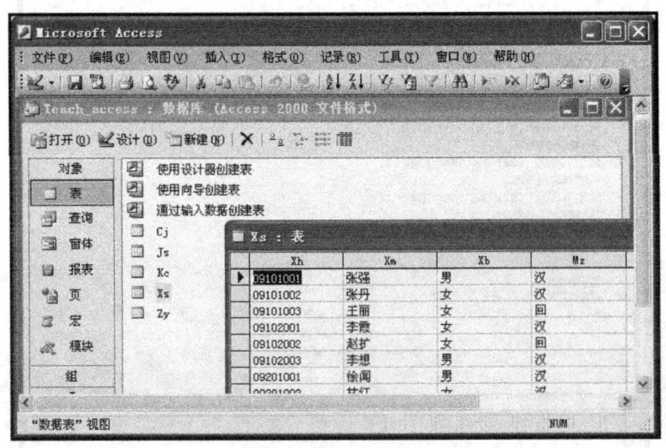

图 9-43　查看“Teach_ access. mdb”数据库

9. 2. 2　数据导入

【例 9-12】　本地磁盘中有一个 Access 数据库“newteaching. mdb”，将它导入到 SQL Server 数据库中。

操作步骤如下：

① 在导入数据之前，要先在 SQL Server 中新建一个数据库。启动 SQL Server “对象资源管理器”，右击“数据库”节点，从弹出的快捷菜单中选择“新建数据库”命令，进入“新建数据库”对话框，输入新建数据库名称“newteaching”，单击“确定”按钮。

② 展开“数据库”节点，右击“newteaching”数据库，从弹出的级联菜单中选择“任务”→“导入数据”命令，如图 9-44 所示。

③ 打开“SQL Server 导入和导出向导”窗口，单击“下一步”按钮，打开“选择数据源”界面，在“数据源”下拉列表中选择“Microft Access”，表示将从 Acceess 导入数据；单击“浏览”按钮选择要导入的数据库文件名“D:\newteaching. mdb”，如果该数据库设有“用户名”和“密码”，则输入此信息，如图 9-45 所示。

④ 单击“下一步”按钮，打开“选择目标”界面，在“目标”下拉列表中选择“SQL Native Client”，表示将数据导入到 SQL Server 中；选择合适的身份验证模式；在“数据库”下拉列表中选择“newteaching”数据库，如图 9-46 所示。

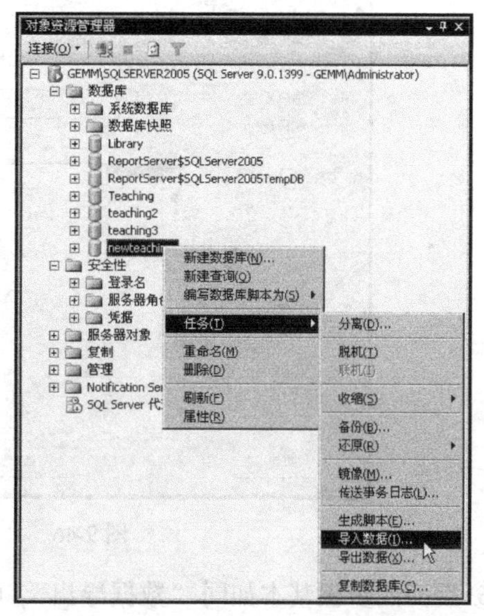

图 9-44　选择“任务”→“导入数据”命令

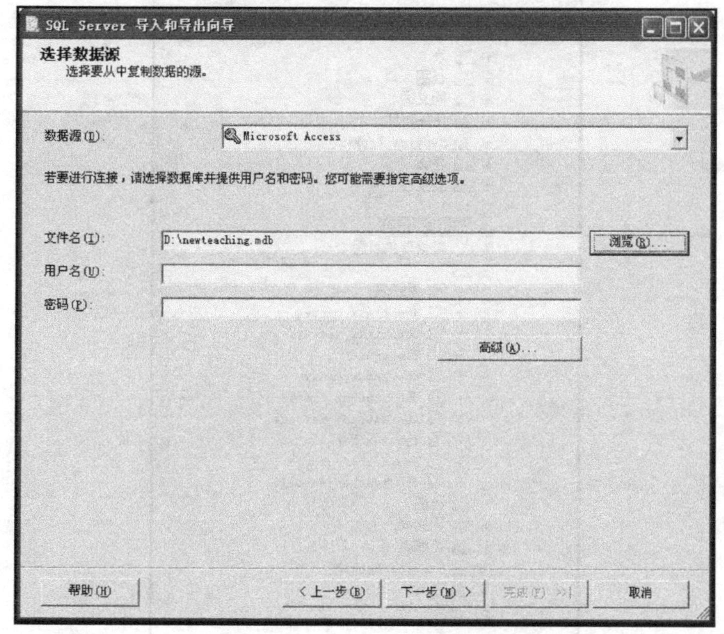

图 9-45　“选择数据源”窗口

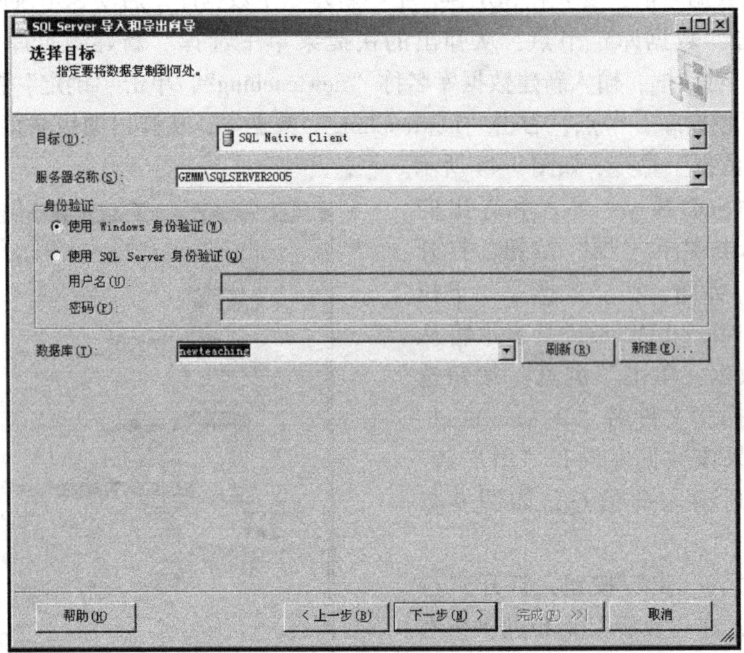

图 9-46　“选择目标”窗口

⑤ 后面的步骤基本如同“数据导出”，可参考前面一节。

⑥ 导入成功后，在“newteaching”数据库中可以看到导入的所有表，如图 9-47 所示。

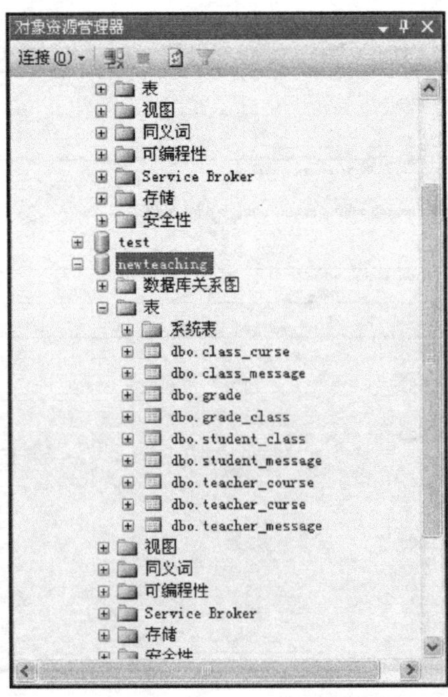

图 9-47　查看“newteaching”数据库中导入的表

9.3 数据库备份

数据的备份和恢复是数据库管理员最重要的职责之一。任何数据的丢失都会带来严重的后果。对于 SQL Server 2005 数据库系统，主要存在以下3种会造成数据丢失的危险：

操作失误：如果用户无意或恶意删除数据库中的数据、表格甚至删除整个数据库，或者进行大量非法的操作等，则数据库系统将处于难以使用和管理的混乱局面。

系统故障：由于硬件故障（如停电）、软件错误（操作系统不稳定等）使内存或存储器中的数据内容突然损坏。

自然灾害：如果遇到台风、水灾、火灾、地震，数据将化为乌有。

数据库备份就是对 SQL Server 数据库或事务日志进行复制。数据库备份记录了在进行备份这一操作时数据库中所有数据的状态，以便在数据库遭到破坏时能够及时将其恢复。

9.3.1 备份设备

备份设备是用来存储数据库、事务日志或者文件和文件组备份的物理介质。在创建备份时，必须选择存放备份数据的备份设备。备份设备可以是磁盘设备或磁带设备。SQL Server 使用物理设备名称或逻辑设备名称来标识备份设备。其中，物理设备是操作系统用来标识备份设备的名称，如“d:\SQL\back\backup1”；逻辑备份设备是用户定义的别名，用来标识物理备份设备。逻辑设备名称永久性地存储在 SQL Server 的系统表中。使用逻辑备份设备的优点是引用物理设备名称简单。例如，逻辑设备名称是“Teaching_ backup”，而物理设备名称可能是“d:\SQL\backup\Teaching\full.bak”，显然前者引用起来更简单。备份或还原数据库时，物理备份设备名称和逻辑设备名称可以互换使用。备份数据时可以使用1~64个备份设备。

备份设备可以是以下3种设备：

磁盘设备：磁盘备份设备是硬盘或其他磁盘存储介质上的文件，与常规操作系统文件一样。引用磁盘备份设备与引用任何其他操作系统文件一样，可以在服务器的本地磁盘上或共享网络资源的远程磁盘上定义磁盘备份设备，磁盘备份设备根据需要可大可小。最大文件大小可以相当于磁盘上可用磁盘空间。

磁带设备：磁带备份设备的用法与磁盘备份设备基本相同。但必须将磁带设备物理连接到运行 SQL Server 实例的计算机上。SQL Server 不支持备份到远程磁带设备上。如果磁带备份设备在备份操作过程中已满，但还需要写入一些数据，SQL Server 将提示更换新磁带并继续备份操作。

命名管道设备：这是微软公司专门为第三方软件供应商提供的一种备份和恢复方式。命名管道设备不能使用 SQL Server 的“对象资源管理器”来创建和管理，若要将数据备份到一个命名管道设备，必须在 BACKUP 语句中提供管道名字。

在进行备份以前，首先必须指定或创建备份设备。当使用磁盘作为备份设备时，SQL Server 允许将本地主机硬盘和远程主机上的硬盘作为备份设备。备份设备在硬盘中是以文件的方式存储的。

1. 使用“对象资源管理器”管理备份设备

【例9-13】 使用“对象资源管理器”创建磁盘备份设备“Teaching1”。

操作步骤如下：

① 启动 SQL Server “对象资源管理器”，展开“服务器对象”节点，右击“备份设备”节点，从弹出的快捷菜单中选择“新建备份设备”命令，如图 9-48 所示。

图 9-48　选择“新建备份设备”命令

② 打开“备份设备”窗口，在“设备名称”文本框中输入“Teaching1”（逻辑名称），单击“文件”文本框后面的 ... 按钮，选择对应的物理文件名“D：\ SQL \ backup \ teaching1. bak”，如图 9-49 所示。

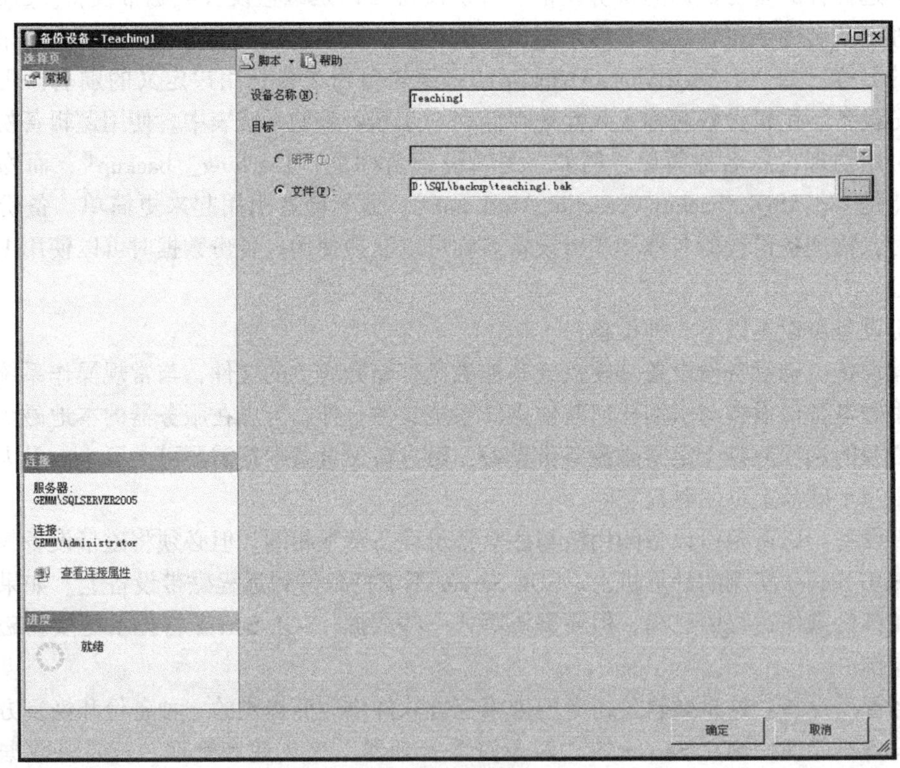

图 9-49　“备份设备”窗口

③ 单击“确定”按钮完成了对备份设备的创建，在“备份设备”节点下可以看到该备份设备对象，如图 9-50 所示。

如果在以上的步骤①操作中，右击“备份设备”节点，从弹出的快捷菜单中选择“属性”或“删除”命令，如图 9-51 所示，可以查看该备份设备的属性或者删除该设备。

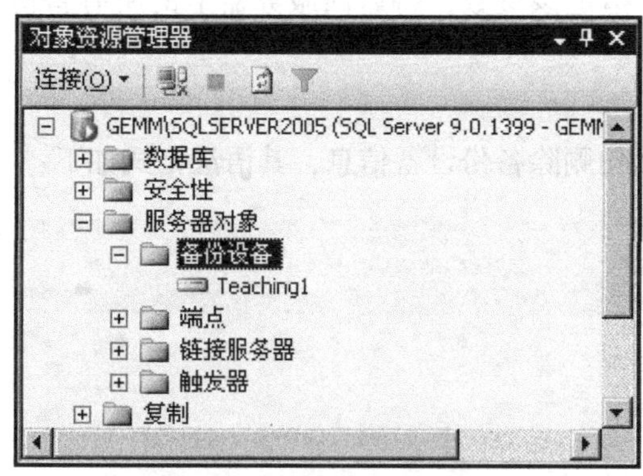

图 9-50　查看“Teaching1”备份设备

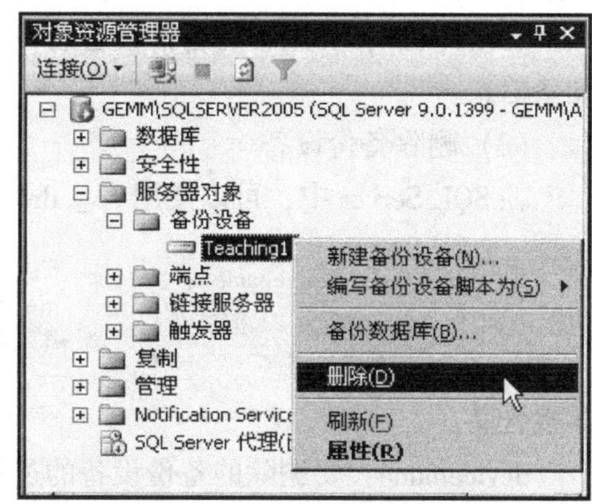

图 9-51　选择“删除”命令

2. 使用 T-SQL 语句管理备份设备

（1）创建备份设备

在 SQL Server 中，可以使用 sp_ addumpdevice 语句将备份设备添加到数据库中，其语法格式如下：

```
sp_addumpdevice 'device_type',
    'logical_name',
    'physical_name'
```

参数含义：

device_ type：所创建的备份设备类型，可以是 disk（磁盘文件）、tape（磁带设备）和 pipe（命名管道设备）。

logical_ name：所创建的备份设备的逻辑名称。

physical_ name：所创建的备份设备的物理名称。

【例 9-14】　使用 T-SQL 语句创建磁盘备份设备“Teaching2”。

创建该备份设备的 T-SQL 语句如下：

```
USE Teaching
GO
sp_addumpdevice 'disk',
    'teaching2 ',
    'D:\SQL\backup\teaching2. bak'
GO
```

（2）查看备份设备

在 SQL Server 中，可以使用 sp_ helpdevice 语句查看备份设备信息，其语法格式如下：

```
sp_helpdevice 'devicename'
```

参数含义：

devicename：要查看的备份设备名称。如果不指定该参数，将返回服务器上的所有备份设备信息。

（3）删除备份设备

在 SQL Server 中，可以使用 sp_ dropdevice 语句删除备份设备信息，其语法格式如下：

```
sp_dropdevice 'devicename',
        [,[@delfile = ] 'delfile']
```

参数含义：

devicename：要删除的备份设备的逻辑名称。

delfile：指明是否要删除备份设备所在的文件，如果将其指定为 delfile，则删除设备磁盘文件。

【例 9-15】 使用 T-SQL 语句删除磁盘备份设备“Teaching2”。

删除该备份设备的 T-SQL 语句如下：

```
USE Teaching
GO
sp_dropdevice 'teaching2 ',
        'delfile'
GO
```

9.3.2 备份策略

SQL Server 2005 提供了高性能的备份功能，用户可以设计自己的备份策略，以保护存储在 SQL Server 2005 数据库中的关键数据。备份策略包括如下内容：

1. 选择备份内容

备份内容包括如下几个方面：

（1）系统数据库

系统数据库 master 中存储着 SQL Server 2005 服务器配置参数、用户登录标识、系统存储过程等重要内容，需要备份。

（2）用户数据库

用户数据库包含了用户加载的数据信息，是数据库程序操作的主体，应定期备份。

（3）事务日志

事务日志记录用户对数据库的修改，一个事务就是单个工作单元。SQL Server 2005 自动维护和管理所有数据库更改事务，在修改数据库以前，它把事务写入日志，所以日志要定期备份。

2. 确定备份频率

影响备份频率的因素主要有存储介质出现故障可能导致数据丢失的工作量的大小和数据库事务的数量两个方面。

3. 选择备份类型

SQL Server 2005 提供了 4 种备份类型：

(1) 完整数据库备份

完整数据库备份就是备份整个数据库，它备份数据库文件、这些文件的地址以及事务日志的某些部分（从备份开始时所纪录的日志顺序号到备份结束时的日志顺序号）。这是任何备份策略中都要求完成的第一种备份类型，因为其他所有备份类型都依赖于完整数据库备份。换句话说，如果没有执行完整数据库备份，就无法执行差异数据库备份和事务日志备份。

(2) 差异数据库备份

差异数据库备份是指从最近一次完整数据库备份以后发生改变的数据开始纪录。如果在完整备份后将某个文件添加至数据库，则下一个差异备份会包括该新文件。这样可以方便地备份数据库，而无须了解各个文件。例如，如果星期一执行了完整数据库备份，并在星期二执行了差异备份，那么该差异备份将纪录自星期一的完整备份之后发生的所有修改；而星期三的另一个差异备份将纪录自星期一的完整备份之后发生的所有修改。差异备份每做一次就会变得更大一些，但仍然比完整备份小，因此差异备份比完整备份快。

(3) 事务日志备份

尽管事务日志备份依赖于完整备份，但它并不备份数据库本身。这种类型的备份只记录事务日志的适当部分，确切地说，是自从上一个事务以来已经发生了变化的部分。事务日志备份比完整数据库备份节省时间和空间，而且利用事务日志进行恢复时，可以指定恢复到某一个事务，这是完整备份和差异备份所不能做到的。但是在恢复数据库时，用事务日志备份恢复比用完整备份和差异备份恢复要花费更长的时间。

(4) 文件组备份

当一个数据库很大时，对整个数据库进行备份可能会花很多的时间，这时可以采用文件和文件组备份，即对数据库中的部分文件或文件组进行备份。文件组备份是一种将数据库存放在多个文件上的方法，并允许控制数据库对象存储到这些文件中的哪个文件上。这样，数据库就不会受到只存储在单个硬盘上的限制，而是可以分散到许多硬盘上，因而可以变得非常大。利用文件组备份，每次可以备份这些文件中的一个或多个文件，而不是同时备份整个数据库。

9.3.3　执行数据库备份

执行数据库备份可以使用“对象资源管理器”来完成，也可以通过 T-SQL 语句来实现。下面以 Teaching 数据库为例介绍备份数据库的方法和步骤。

1. 使用“对象资源管理器”执行数据库备份

【例 9-16】　使用“对象资源管理器”完成对“Teaching”数据库的完整备份。

操作步骤如下：

① 启动 SQL Server“对象资源管理器”，展开“数据库”节点，右击要备份的数据库“Teaching”，从弹出的级联菜单中选择“任务”→“备份”命令，如图 9-52 所示。

② 打开“备份数据库”窗口，如图 9-53 所示，进行如下设置：

数据库：指定要备份的数据库，这里选择“Teaching”。

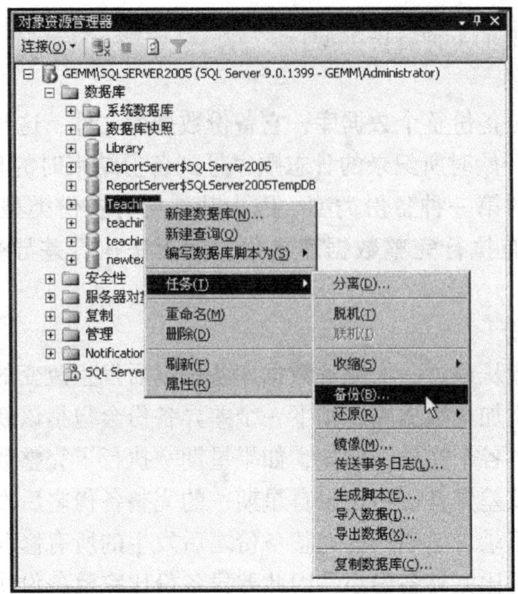

图 9-52 选择“任务”→“备份”命令

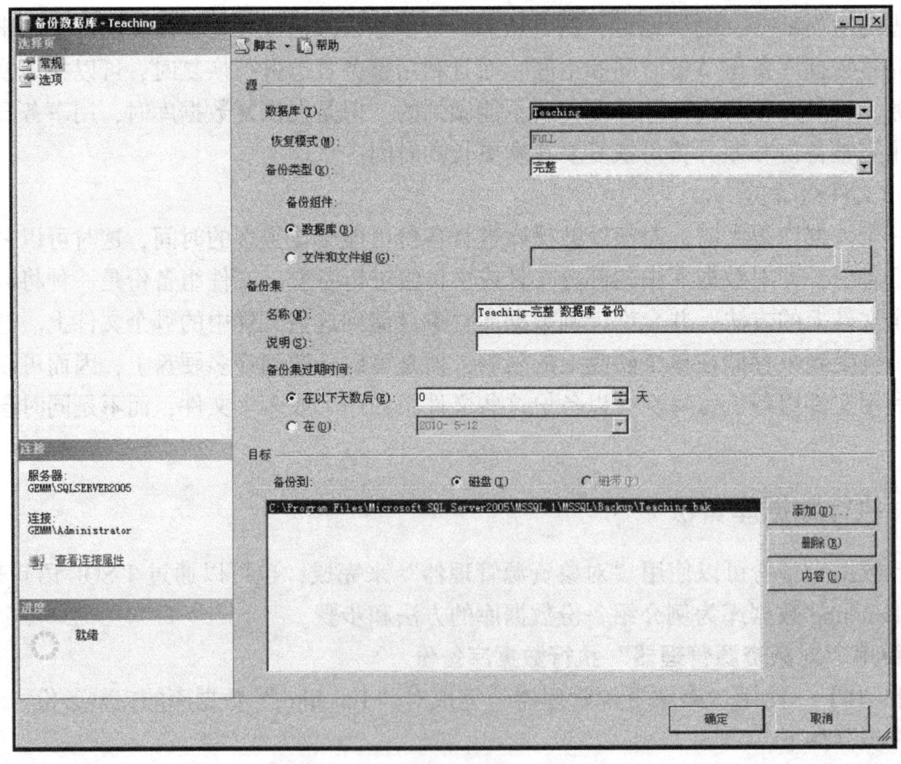

图 9-53 “备份数据库”窗口

备份类型：如果选择“数据库”，可以选择“完整”“差异”“事务日志”3 种形式；如果选择“文件和文件组”单选按钮，可以通过弹出的对话框选择备份文件或文件组。这里选择“数据库”单选按钮，“完整”备份类型。

名称：指定备份集的名称。

备份集过期时间：指定备份过期从而可以被覆盖的时间（通过两种方式指定）。

目标：指定将源数据备份到哪里去。默认使用文件名形式，可以单击“添加”按钮，在打开的“选择备份目标”对话框中指定使用文件名还是备份设备的逻辑名称，如图 9-54 所示。

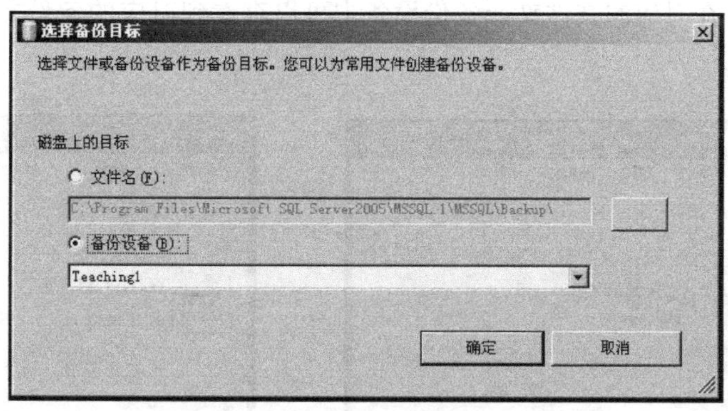

图 9-54　“选择备份目标”对话框

③ 在如图 9-53 所示的“备份数据库”窗口中“选项”标签页的“覆盖媒体”区域中选择备份方式，如图 9-55 所示。若要将此次备份追加在原有备份数据的后面，则选择“追加到现有备份集”方式；若要将此次备份的数据覆盖原有备份数据，则选择“覆盖所有现有备份集”方式。

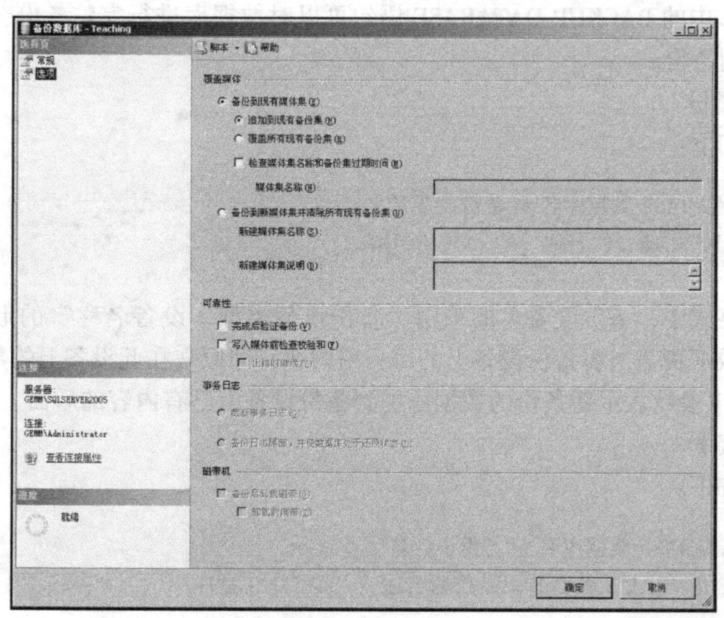

图 9-55　选择备份方式

④ 单击“确定”按钮，开始执行备份操作，当看到如图 9-56 所示的备份成功信息时，单击“确定”按钮，结束备份操作。

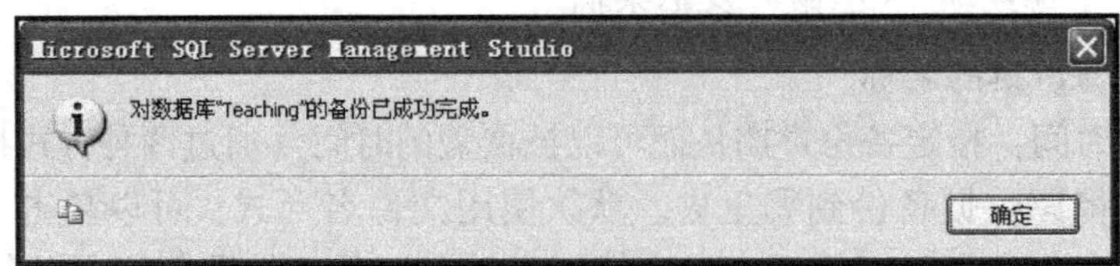

图 9-56　备份成功

备份完成后，在对应的文件夹或备份设备中可以查看到对应的备份文件，如图 9-57 和图 9-58 所示。

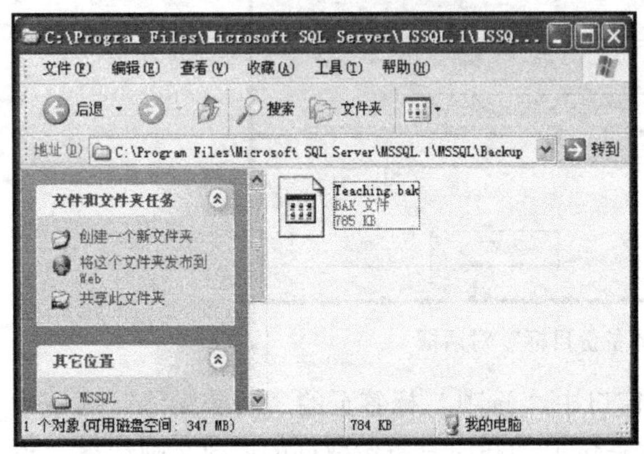

图 9-57　查看备份文件（一）

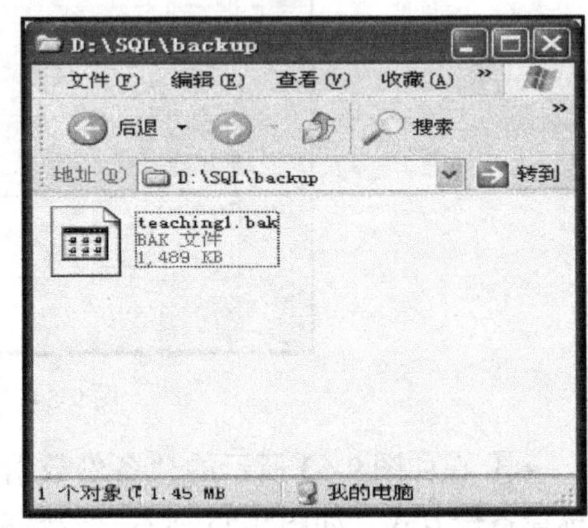

图 9-58　查看备份文件（二）

2. 使用 T-SQL 语句执行数据库备份

使用 T-SQL 中的 BACKUP DATABASE 语句可以对数据库进行完整备份、差异备份、日志备份和文件组备份。

（1）完整备份

语法格式如下：

```
BACKUP DATABASE 数据库名 to 备份设备名
[WITH [NAME ='备份的名称'] [,INIT|NOINIT]]
```

上述语法格式中，备份设备名的采用“备份设备类型 = 设备名称”的形式；INIT 参数表示新备份的数据覆盖当前备份设备上的每一项内容，即原来在此设备上的数据信息都将不存在了；NOINIT 参数表示新备份的数据添加到备份设备上已有内容的后面。

（2）差异备份

语法格式如下：

```
BACKUP DATABASE 数据库名 to 备份设备名
WITH DIFFERENTIAL [,NAME ='备份的名称'] [,INIT|NOINIT]
```

上述语法格式中，DIFFERENTIAL 子句的作用是，通过它可以指定只对在创建最新的数据库备份后数据库中发生变化的部分进行备份。

（3）日志备份

语法格式如下：

```
BACKUP LOG 数据库名 to 备份设备名
[WITH [NAME ='备份的名称'] [,INIT|NOINIT]]
```

上述语法格式中的参数与完整备份格式中的参数相同。

(4) 文件和文件组备份

语法格式如下：

```
BACKUP DATABASE 数据库名
FILE  = '文件的逻辑名称'|FILEGROUP  = '文件组的逻辑名称'
TO 备份设备名
[WITH [NAME ='备份的名称'] [,INIT|NOINIT]]
```

使用上述语法格式备份数据库时，如果备份的是文件，则用“FILE = '文件的逻辑名称'”方式；如果备份的是文件组，则用“FILEGROUP = '文件组的逻辑名称'”方式。

【例 9-17】　使用 T-SQL 语句完成对“Teaching”数据库进行完整备份，备份设备为在前面创建的本地磁盘设备“Teaching1”，并且本次备份覆盖以前所有的备份。

代码如下：

```
USE Teaching
GO
BACKUP DATABASE Teaching to teaching1
WITH INIT,name ='backup01'
GO
```

【例 9-18】　使用 T-SQL 语句完成对“Teaching”数据库进行差异备份，备份设备为在前面创建的本地磁盘设备“Teaching1”。

代码如下：

```
USE Teaching
GO
BACKUP DATABASE Teaching to teaching1
WITH DIFFERENTIAL,NOINIT,name ='backup02'
GO
```

【例 9-19】　使用 T-SQL 语句完成对“Teaching”数据库进行日志备份，备份设备为在前面创建的本地磁盘设备“Teaching1”。

代码如下：

```
USE Teaching
GO
BACKUP LOG Teaching to teaching1
WITH NOINIT,name ='backup03'
GO
```

【例9-20】 使用T-SQL语句将“Teaching”数据库的“Teaching”文件备份到磁盘文件“d：\ SQL \ backup \ filebackup. bak”中。

代码如下：

```
USE Teaching
GO
BACKUP DATABASE Teaching FILE ='Teaching'
TO DISK = 'd:\SQL\backup\filebackup. bak'
GO
```

其实，前面几个例题中备份目标中的备份设备形式都可以换成磁盘文件形式，例如将备份语句改为：

```
BACKUP DATABASE Teaching to disk ='d:\sql\backup\backup01. bak'
```

9.4 数据库恢复

数据库恢复就是把原来备份的数据恢复到备份前的状态。恢复数据库时，SQL Server 2005 会自动将备份文件中的数据全部复制到数据库，并回滚任何未完成的事务，以保证数据库中数据的一致性。

1. 使用“对象资源管理器”恢复数据库

【例9-21】 使用“对象资源管理器”恢复例9-17～例9-19中所做的备份。

操作步骤如下：

① 启动SQL Server“对象资源管理器”，右击“数据库”节点，从弹出的快捷菜单中选择“还原数据库”命令，如图9-59所示。

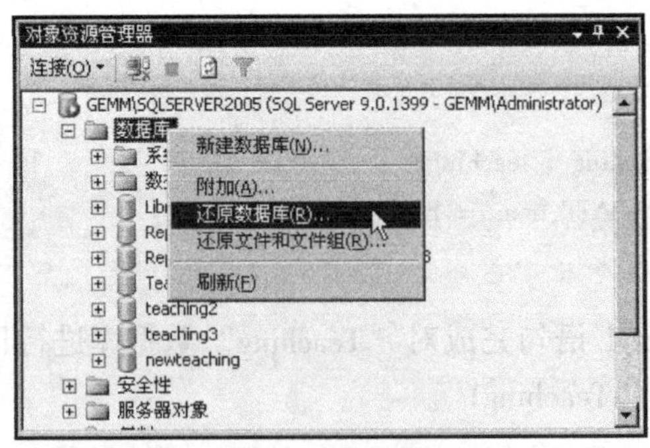

图9-59 选择“还原数据库”命令

② 打开“还原数据库”窗口，如图9-60所示，进行如下设置：

目标数据库：指定要恢复的目标数据库，这里选择“Teaching”。

该数据库可以是不同于备份数据库的另一个数据库，即可以将一个数据库的备份还原到另一个数据库中。若输入一个新的数据库名，SQL Server 2005将自动新建一个数据库，并将数据库备份还原到新建的数据库中。

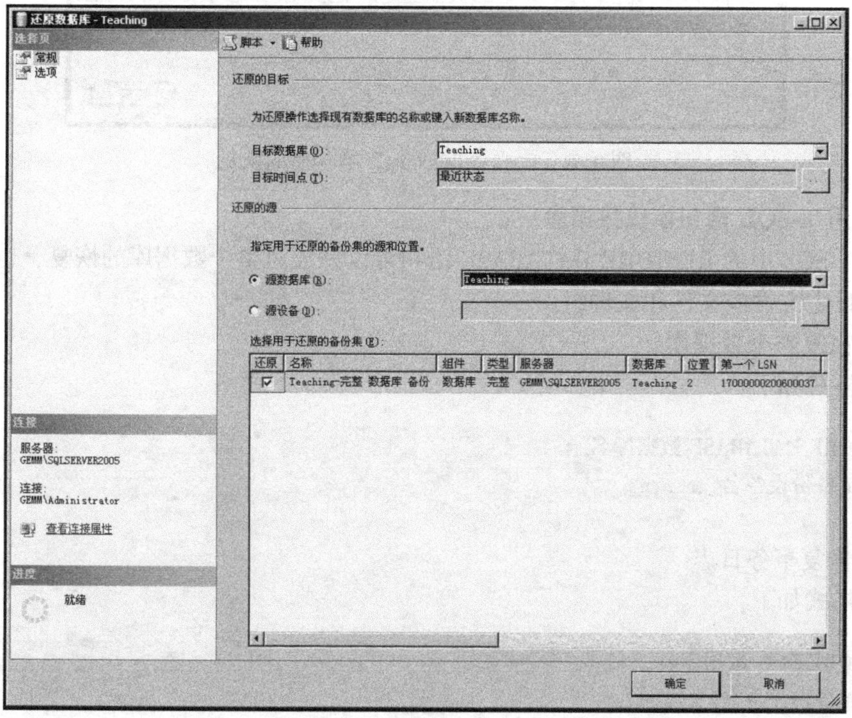

图 9-60　“还原数据库” 窗口

目标时间点：指定将数据库还原到备份的最近可用时间或特定时间点。单击□按钮在打开的“时点还原”窗口中进行选择，如图 9-61 所示。

源数据库：指定要恢复的源数据库，这里选择“Teaching”。

选择用于还原的备份集：指定用于还原的备份。

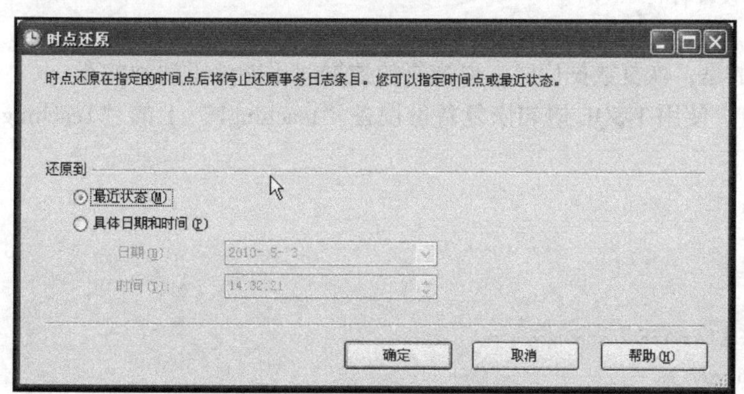

图 9-61　“时点还原” 对话框

③ 单击“确定”按钮，开始执行还原操作，当看到如图 9-62 所示的提示信息时，单击“确定”按钮，完成“Teaching”数据库的恢复。

需要说明的是，在还原数据库时，必须关闭要还原的数据库。

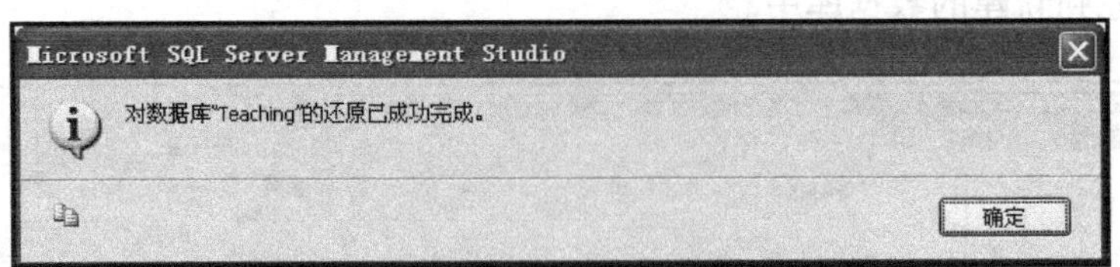

图 9-62　完成“Teaching”数据库的恢复

2. 使用 T-SQL 语句恢复数据库

使用 T-SQL 中的 RESTORE DATABASE 语句可以完成对整个数据库的恢复，也可以恢复数据库的日志文件或文件和文件组。

（1）恢复整个数据库

语法格式如下：

```
RESTORE DATABASE 数据库名
FROM 备份设备名[,...,n]
```

（2）恢复事务日志

语法格式如下：

```
RESTORE LOG 数据库名
FROM 备份设备名[,...,n]
```

（3）恢复部分文件或文件组

语法格式如下：

```
RESTORE DATABASE 数据库名
FILE ='文件名'|FILEGROUP ='文件组名'
FROM 备份设备名[,...,n]
```

需要注意的是，恢复数据库时，要恢复的数据库不能处于活动状态。

【例 9-22】　使用 T-SQL 语句恢复备份设备“teaching1”上的“Teaching”数据库的完整备份。

代码如下：

```
USE master
GO
RESTORE DATABASE Teaching
FROM teaching1
GO
```

该语句执行后会出现“尚未备份数据库‘Teaching’的日志尾部”的错误提示，可以使用 BACKUP LOG 进行尾部日至备份：

```
USE master
GO
BACKUP LOG Teaching to teaching1 WITH NORECOVERY
GO
```

该语句执行成功后，再重新执行恢复语句即可成功恢复数据库。

【例 9-23】　使用 T-SQL 语句恢复备份设备“teaching1”上的事务日志备份。

代码如下：

```
USE master
GO
RESTORE LOG Teaching
FROM teaching1
GO
```

9.5　本章小结

SQL Server 2005 的安全机制可分为 4 个等级，包括操作系统的安全性、SQL Server 2005 的登录安全性、数据库的使用安全性及数据库对象的使用安全性。用户在进入数据库系统时，SQL Server 要对该用户进行身份验证，有两种身份验证模式：Windows 身份验证模式和混合身份验证模式。

用户在使用 SQL Server 时，需要经过身份验证和权限验证两个安全阶段。SQL Server 2005 提供了权限作为最后一道屏障；角色是 SQL Server 2005 用来集中管理数据库或服务器的权限。数据库管理员将操作数据库的权限赋给角色，然后，数据库管理员再将角色赋给数据库用户或登录账户，从而使数据库用户或登录账户拥有了相应的权限。

SQL Server 2005 提供了数据导入/导出功能。可以使用数据转换服务（DTS）在不同类型的数据源之间导入和导出数据。通过数据导入/导出操作可以完成在 SQL Server 2005 数据库和其他类型数据库（如 Excel 表格、Access 数据库和 Oracle 数据库）之间进行数据的转换，从而实现各种不同应用系统之间的数据移植和共享。

数据的备份和恢复是数据库管理员最重要的职责之一。数据库备份就是对 SQL Server 数据库或事物日志进行复制。数据库备份记录了在进行备份这一操作时数据库中所有数据的状态，以便在数据库遭到破坏时能够及时将其恢复。SQL Server 2005 提供了 4 种备份类型：完整数据库备份、差异数据库备份、事务日志备份和文件组备份。

数据库恢复就是把原来备份的数据恢复到备份前的状态。恢复数据库时，SQL Server 2005 会自动将备份文件中的数据全部复制到数据库，并回滚任何未完成的事务，以保证数据库中数据的一致性。

本章习题

一、思考题

1. 简述 SQL Server 的身份验证模式。

2. SQL Server 中主要有哪两种类型的角色？

3. 在 SQL Server 中包括哪些类型的权限？

4. 什么是数据库的备份和恢复？

5. 简述备份策略包括哪些内容？

二、选择题

1. SQL Server 2005 系统提供了________个固定的服务器角色。

A. 9　　B. 7　　C. 8　　D. 10

2. 下列不属于 SQL Server 中权限类型的是________。

A. 默认权限　　B. 对象权限

C. 语句权限　　D. 用户自定义权限

3. 如果要实现不同数据源之间数据的转换，最好使用________。

A. 备份与恢复　　B. 分离与附加

C. 导入与导出　　D. 发布与订阅

4. 使用下列________系统存储过程可以创建一个备份设备。

A. sp_ addbackup　　B. sp_ backup

C. sp_ addumpdevice　　D. sp_ addevice

5. 对数据库“Teaching”的事务日志内容进行还原的 T-SQL 语句是________。

A. RESTORE LOG Teaching FROM backlog

B. BACKUP LOG Teaching FROM backlog

C. RESTORE Teaching FROM backlog

D. RESTORE LOG Teaching

三、填空题

1. SQL Server 2005 的安全性管理是建立在__________和__________两种机制上的。

2. SQL Server 2005 为服务器提供了固定的__________角色，在数据库级又提供了________角色。

3. 使用 T-SQL ________可以给指定的对象授予权限。

4. 数据库备份的 4 种类型分别是________备份、________备份、________备份和________备份。

5. 数据库备份选择备份目的地时，可以指定到__________，也可以指定到__________。

四、操作题

1. 使用“对象资源管理器”创建 SQL Server 身份验证登录名“loginsql”，并创建与该登录名对应的数据库用户“usersql”，然后授予“usersql”用户对“Zy”表的查询权限。

2. 使用“对象资源管理器”创建 Windows 身份验证登录名“loginwin”，并创建与该登录名对应的数据库用户“userwin”，然后将“userwin”用户添加到“db_ owner”角色中。

3. 创建一个 Access 数据库，然后导入到 SQL Server 数据库中。

4. 创建一个逻辑名为“testbackup”的备份设备，对应物理文件存放在“D:\”中，对 Teaching 数据库进行一次完全备份，备份到备份设备“testbackup”中。

5. 分别使用“对象资源管理器”和 T-SQL 语句恢复 Teaching 数据库的完全备份。

第 10 章　数据库应用系统设计

一个完整的数据库应用系统在逻辑上包括用户界面和数据库访问链路。SQL Server 2005 在 C/S 或 B/S 双层结构中位于服务器端，构成整个数据库应用系统的后端数据库，满足客户端连接数据库和存储数据的需要，但它并不具备图形用户界面的设计功能。在 C/S 结构中，图形用户界面的设计工作通常使用可视化开发工具 Visual Basic、C + + Builder、PowerBuilder 等；在 B/S 结构中，常使用 ASP、JSP、PHP 等技术来实现。本章将以 VB、Java 为例介绍在 C/S 结构中数据库应用系统的开发，还将以 ASP. NET 为例介绍在 B/S 模式下使用 SQL Server 2005 数据库的系统开发方法。

10.1　常用的数据库连接方法

目前，常用连接数据库的方法有微软公司的 ODBC、OLE DB 以及 ADO. NET，还有针对 Java 的数据库开发技术 JDBC。下面对这几种常用技术作简单介绍。

10.1.1　开放的数据库连接（ODBC）

关系数据库产生后很快就成为数据库系统的主流产品，由于每个 DBMS 厂商都有自己的一套标准，人们很早就产生了标准化的想法，于是产生了 SQL。由于其语法规范逐渐为人们所接受，成为 RDBMS 上的主导语言。最初，各数据库厂商为了解决互连的问题，往往提供嵌入式 SQL API，用户在客户机端要操作系统中的 RDBMS 时，往往要在程序中嵌入 SQL 语句进行预编译。由于不同厂商在数据格式、数据操作、具体实现甚至语法方面都具有不同程度的差异，所以彼此不能兼容。

1991 年 11 月，微软公司宣布了开放的数据库连接（open database connectivity，ODBC），次年推出可用版本。1992 年 2 月，推出了 ODBC SDK 2. 0 版。由于 ODBC 思想上的先进性，且没有同类的标准或产品与之竞争，它一枝独秀，推出后仅仅二三年就受到了众多厂家与用户的青睐，成为一种被广为接受的标准。目前，已经有 130 多家独立厂商宣布了对 ODBC 的支持，常见的 DBMS 都提供了 ODBC 的驱动接口。这些厂商包括 Oracle、Sybase、Informix、Ingres、IBM（DB/2）、DEC（RDB）、HP（ALLBASE/SQL）、Gupta、Borland（Paradox）等。目前，ODBC 已经成为客户机/服务器系统中的一种重要支持技术。

一个完整的 ODBC 由下列几个部件组成：

应用程序（application）。

ODBC 管理器（administrator）：该程序位于控制面板的 ODBC 内，其主要任务是管理安装的 ODBC 驱动程序和管理数据源。

驱动程序管理器（driver manager）：驱动程序管理器包含在 ODBC 32. DLL 中，对用户是透明的。其任务是管理 ODBC 驱动程序，是 ODBC 中最重要的部件。

ODBC API：ODBC 驱动程序，是一些 DLL，提供了 ODBC 和数据库之间的接口。

数据源：数据源包含了数据库位置和数据库类型等信息，实际上是一种数据连接的抽象。

各部件之间的关系如图 10-1 所示。

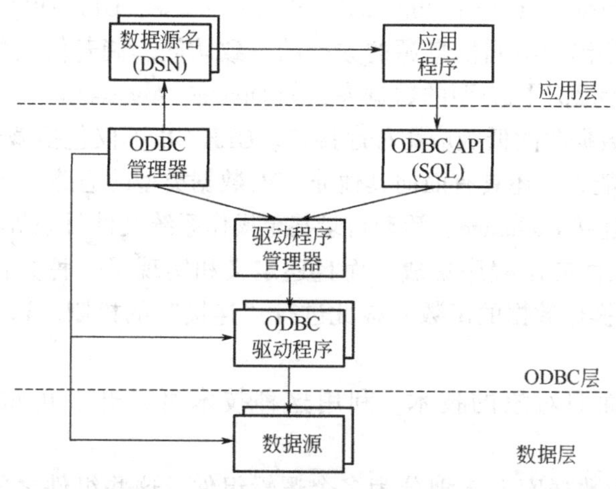

图 10-1　ODBC 模型关系图

应用程序要访问一个数据库，首先必须用 ODBC 管理器注册一个数据源。ODBC 数据源分为以下 3 种：

用户数据源：用户创建的数据源，称为“用户数据源”。此时只有创建者才能使用并且只能在所定义的计算机上运行，任何用户都不能使用其他用户创建的用户数据源。

系统数据源：所有用户和在 Windows NT 下以服务方式运行的应用程序均可使用系统数据源。

文件数据源：文件数据源是 ODBC 3.0 以上版本增加的一种数据源。可用于企业用户。

创建数据源最简单的方法是使用“ODBC 数据源管理器”（见图 10-2）。在连接中，用数据源名来代表用户名、服务器名、所连接的数据库名等，可以将数据源名看成是与一个具体数据库建立的连接。

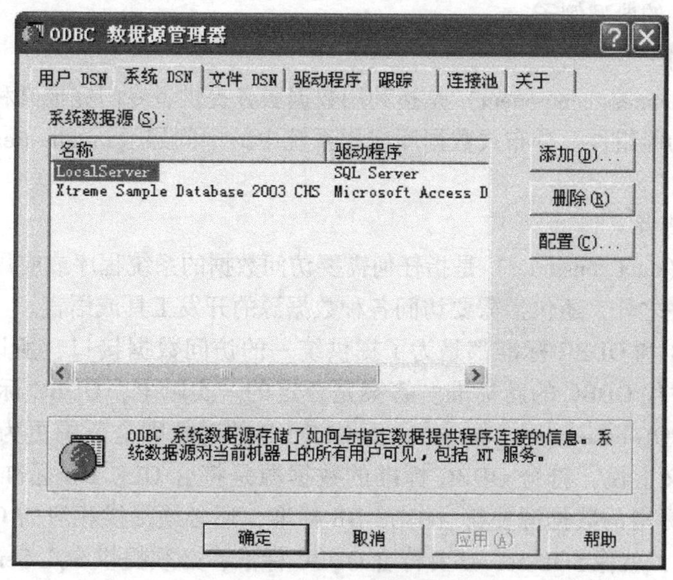

图 10-2　ODBC 数据源管理器

10.1.2 对象链接与嵌入数据库（OLE DB）

对象链接与嵌入数据库（object link and embed database，OLE DB）是一种数据库结构，它可以使程序具有对存储于不同信息源的数据的一致访问。倘若使用像 select * from table 这样的 SQL 语句可访问到不同类型的数据库，如 Oracle、Access 等。OLE DB 是微软公司的战略性的通向不同的数据源的低级应用程序接口。OLE DB 不仅包括微软公司资助的标准数据接口 ODBC 的 SQL 能力，还具有面向其他非 SQL 数据类型的通路。OLE DB 不仅可以连接各种数据库，还可以连接 exchange、活动目录甚至操作系统文件目录等各种数据库源。

OLE DB 不仅是桌面应用程序集成，而且还定义和实现了一种允许应用程序作为软件“对象”（数据集合和操作数据的函数）彼此进行“连接”的机制。这种连接机制和协议称为部件对象模型。

OLE DB 是一种面向对象的技术。利用这种技术可以开发可重复使用的软件组件（COM）。

OLE DB 将传统的数据库系统划分为多个逻辑组件，这些组件之间相对独立又相互通信。这种组件模型中的各个部分被冠以不同的名称：

（1）数据提供者

数据提供者（data provider）。提供数据存储的软件组件，小到普通的文本文件，大到主机上的复杂数据库，或者电子邮件存储，都是数据提供者的例子。有的文档把这些软件组件的开发商也称为数据提供者。

（2）数据服务提供者

数据服务提供者（data service provider）位于数据提供者之上，是从过去的数据库管理系统中分离出来而独立运行的功能组件，例如查询处理器和游标引擎（cursor engine），这些组件使得数据提供者提供的数据以表状数据（tabular data）的形式向外表示（不管真实的物理数据是如何组织和存储的），并实现数据的查询和修改功能。SQL Server 7.0 的查询处理程序就是这种组件的典型例子。

（3）业务组件

业务组件（business component）是指利用数据服务提供者专门完成某种特定业务信息处理，可以重用的功能组件。分布式数据库应用系统中的中间层（middle-tier）就是这种组件的典型例子。

（4）数据消费者

数据消费者（data consumer）是指任何需要访问数据的系统程序或应用程序，除了典型的数据库应用程序之外，还包括需要访问各种数据源的开发工具或语言。

由于 OLE DB 和 ODBC 标准都是为了提供统一的访问数据接口，所以曾经有人疑惑：OLE DB 是不是替代 ODBC 的新标准？答案是否定的。实际上，ODBC 标准的对象是基于 SQL 的数据源（SQL-based data source），而 OLE DB 的对象则是范围更为广泛的任何数据存储。从这个意义上说，符合 ODBC 标准的数据源是符合 OLE DB 标准的数据存储的子集。符合 ODBC 标准的数据源要符合 OLE DB 标准，还必须提供相应的 OLE DB 服务程序（service provider），就像 SQL Server 要符合 ODBC 标准，必须提供 SQL Server ODBC 驱动程序一样。

10.1.3　ActiveX 数据对象（ADO）

1. ADO 模型

OLE DB 标准的具体实现是一组 API 函数。使用 OLE DB API 可以编写能访问符合 OLE DB 标准的任何数据源的应用程序，也可以编写针对某些特定数据存储的查询处理器和游标引擎。但是，OLE DB 应用程序编程接口的目的是为各种应用程序提供最佳的功能。它并不符合简单化的要求，而 ADO（ActiveX data objects，Active 数据对象）技术则是一种良好的解决方案，它构建于 OLE DB API 之上，提供一种面向对象的、与语言无关的应用程序编程接口。

ADO 的应用场合非常广泛，不仅支持多种程序设计语言，而且兼容所有的数据库系统，从桌面数据库到网络数据库等，ADO 提供相同的处理方法。ADO 不仅可在 VisuaI Basic 这样的高级语言开发环境中使用，还可以在服务器端脚本语言中使用，这对于开发 Web 应用，在 ASP 的脚本代码中访问数据库提供了操作应用的捷径。ADO 是一个 ASP 内置的服务器组件，它是一座连接 Web 应用程序和 OLE DB 的桥梁，运用它结合 ASP 技术可在网页中执行 SQL 命令，达到访问数据库的目的。ADO 最主要的优点是易于使用、速度快、内存支出少和磁盘遗迹小。ADO 在关键的应用方案中使用最少的网络流量，并且在前端和数据源之间使用最少的层数，所有这些都是为了提供轻量、高性能的接口。

随着微软 .NET 框架的推出，ADO 模型也随之升级为 ADO. NET。ADO. NET 的数据存取和 ADO 不同，ADO 存取数据的方式只有一种，即通过 OLE DB 来存取数据；而 ADO. NET 则分为两种，一种是直接存取 MS SQL Server 中的数据，另一种是透过 OLE DB 来存取其他数据库中的数据。这两种数据操作组件虽然针对的数据源不一样，但对象的架构都一样。这些对象包括 Connection 对象、Command 对象、DataSet 对象以及 DataReader 对象等。其框架结构如图 10-3 所示。

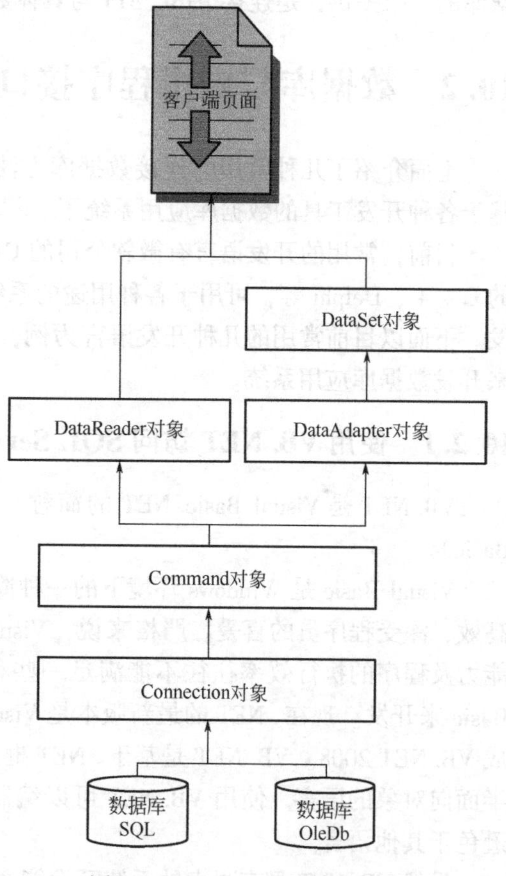

图 10-3　ADO. NET 框架结构图

2. ADO 功能

ADO 支持开发 C/S 和 B/S 应用程序的关键功能包括：

- 独立创建对象。使用 ADO 不再需要浏览整个层次结构来创建对象，因为大多数的 ADO 对象可以独立创建。这个功能允许用户只创建和跟踪需要的对象，ADO 对象的数目较少，所以工作集也更小。
- 成批更新。通过本地缓存对数据的更改，然后在一次更新中将其全部写到服务器。

- 支持带参数和返回值的存储过程。
- 不同的游标类型，包括对 SQL Server 和 Oracle 数据库后端特定的游标支持。
- 可以限制返回行的数目和其他的查询目标来进一步调整性能。
- 支持从存储过程或批处理语句返回的多个记录集。

ADO 连接数据库功能强大，使用方便，所以现在一些主要的软件开发工具都支持 ADO。

10.1.4 Java 数据库连接（JDBC）

JDBC（Java DataBase Connectivity）是专门针对 Java 的一种数据库访问技术，可以实现 Java 对不同数据源的一致性访问。它是一个面向对象的应用程序接口（API），通过它可以访问各类关系数据库。

JDBC 与 ODBC 类似，其特点是它独立于具体的关系数据库。JDBC API 中定义了一些 Java 类分别用来表示与数据库的连接（connections）、SQL 语句（SQL statements）、结果集（result sets）以及其他的数据库对象，使得 Java 程序能方便地与数据库交互并处理所得的结果。使用 JDBC，所有 Java 程序（包括 Java applications、Applets 和 Servlet）都能通过 SQL 语句或存储过程（stored procedures）来存取数据库。

要通过 JDBC 来存取某一特定的数据库，必须有相应的 JDBC Driver，它往往需由生产数据库的厂家提供，是连接 JDBC API 与具体数据库之间的桥梁。

10.2 数据库与应用程序接口

上面介绍了几种常用的连接数据库方法，结合前面所学的 T-SQL 语句，应该可以开发基于各种开发工具的数据库应用系统了。

目前，常用的开发语言有微软公司的 C#. NET、VB. NET 和 SUN 公司的 Java，其他公司的 C + +、Delphi 等，可用于各种用途的系统开发，也常用于数据库应用系统图形界面的开发。下面以目前常用的几种开发语言为例，介绍这些语言如何连接 SQL Server 2005 数据库来开发数据库应用系统。

10.2.1 使用 VB. NET 访问 SQL Server

VB. NET 是 Visual Basic. NET 的简称。提到 VB. NET，就不能不先提一下 VB（Visual Basic）。

Visual Basic 是 Windows 环境下的一种简单、易学的编程语言，由于其开发程序的快速、高效，深受程序员的喜爱。严格来说，Visual Basic 只是半面向对象的语言，其面向对象的能力及程序的执行效率往往不能满足一些程序员的需要，因此，大的项目很少使用 Visual Basic 来开发。现在 . NET 的最新版本是 Visual Studio 2008，对应的 VB. NET 的最新版本是集成 VB. NET 2008。VB. NET 是基于 . NET 框架的完全对向对象的编程语言，而 VB 6.0 只是半面向对象的语言。使用 VB. NET 可以编制出功能非常强大的 Windows 程序，一点儿也不逊色于其他语言。

虽然 VB. NET 具有强大的系统开发能力，但其自身并不具备对数据库进行操作的功能，它对数据库的处理是通过 . NET FrameWork SDK 中面向数据库编程的类库和微软公司的 MDAC 来实现的。其中，ADO. NET 又是 . NET FrameWork SDK 中重要的组成部分。要了解 VB. NET 的数据库编程，首先要明白 ADO. NET 的工作原理以及相关的对象、方法、属性。

1. ADO. NET 简介

ADO. NET 是由微软公司的 ADO 升级发展而来的。它是在 . NET 中创建分布式数据共享程序的开发接口。前面已经介绍了其框架结构及功能，其实质是通过两个类库来访问数据库：System. Data. sqlclient 类库可以直接连接到 SQL Server 的数据，System. Data. Oledb 类库可以用于其他通过 OLE DB 进行访问的数据源，如 Oracle，Access 数据。因此要连接数据库首先要导入命名空间，连接 SQL Server 数据库要导入 System. Data. sqlclient 命名空间或 System. Data. Oledb。其导入语句是：

```
Imports System. Data. sqlclient
```

或

```
Imports System. Data. Oledb
```

若连接其他（如 Access 等）数据库，则必须导入

```
ImportsSystem. Data. Oledb
```

2. ADO. NET 的对象模型

ADO. NET 包含的对象较少，主要有以下几个：

- 用于连接和管理数据库事务的 Connection 对象。
- 用于向数据库发送命令的 Command 对象。
- 用于对驻留内存中的数据进行存储和操作的 DataSet 对象。
- 提供内存中数据集与数据库交换数据通道的 DataAdapter 对象（也称为“数据适配器”）。
- 用于直接读取流数据的 DataReader 对象。

需要说明的是，Connection 对象、Command 对象和 DataAdapter 对象在实际使用中，每个对象都有两种类型，Sqlxxxx 对象和 OleDbxxxx 对象。其中，以 Sql 开头的对象用来连接 SQL Server 数据库，它们存在于 System. Data. SqlClient 命名空间中；以 OleDb 开头的对象用来连接其他 OLE DB 数据库，如 Access、Oracle 等，它们存在于 System. Data. OleDB 命名空间中。对象间的关系如图 10-4 所示。

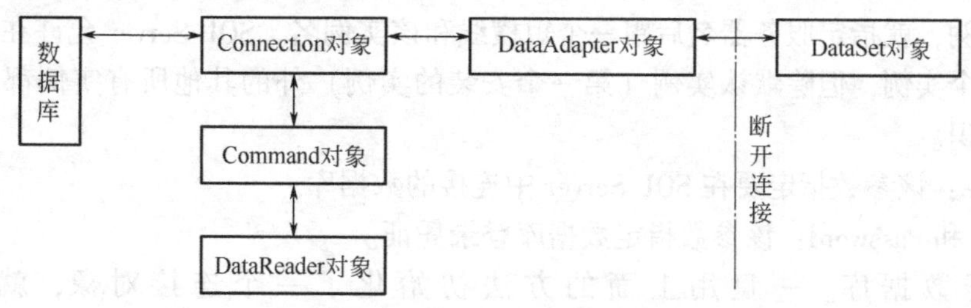

图 10-4　ADO. NET 对象间的关系

3. 使用 ADO. NET 访问数据库

使用 ADO. NET 开发数据库访问应用程序是非常便利的，而且由于 ADO. NET 具有语言无关的特性，可以在不同的环境中运行，无论是 VB、VC + + 还是 Java 都可以选择 ADO. NET 对象来进行数据库应用程序设计，如果使用 ADO. NET 访问不同的数据库系统，只需更改少量的参数即可，其他代码可以不经任何修改直接移植。

（1） 使用 ADO. NET 对象连接数据库的步骤

连接并使用 ADO. NET 对象的一般步骤为：

① 创建 Connection 对象，连接数据库。

② 创建 Command 对象，设置 SQL 命令或存储过程。

③ 创建装载数据的容器。可以使用 DataReader 对象，也可以使用 DataSet 对象。

使用 DataReader 对象，可直接读取数据流；使用 DataSet 对象，必须先创建 DataAdapter 对象，因为它提供数据源与记录集之间的数据变换，数据库与内存中数据交换。然后创建 DataSet 对象，将从数据源中得到的数据保存在内存中，并对数据进行各种 SQL 操作等过程。

④ 执行相应的 SQL 命令或执行存储过程。

⑤ 创建 Windows 窗体，并向其中添加必要的控件。

⑥ 设置各控件的属性，编写主要控件的事件代码。

ADO. NET 对象定义了连接 ODBC、OLE DB、SQL Server 和 Oracle 的各种对象，以 Connection 对象为例，分别命名了 OdbcConnection、OleDbConnection、SqlConnection 和 OracleConnection。这些前缀不同的对象实现了相同的属性和方法。

（2） ADO. NET 数据库访问对象详解

1） 创建 Connection 对象，连接数据库。

本节详细介绍 OleDbConnection 对象。这里论述的属性和方法也适用于上文提及的其他 Connection 对象。

① 定义连接字符串并创建连接。连接 SQL Server 数据库的连接字符串如下面的代码段如下：

```
Dim strConnectionString As String  = _
"Provider = SQLOLEDB; Data Source  = localhost; Database = pubs;" &_
"User ID = sa; Password = 1234"
Dim objConnection As New OleDbConnection( strConnectionString)
```

其中：

Data Source：该参数指定运行 SQL Server 的计算机的服务器名。如果 SQL Server 安装为已命名的实例，就指定服务器名后跟一个短横线和该实例名。SQL Server 允许在同一台计算机上安装多个实例，但除默认实例（第一个安装的实例）外的其他所有实例都必须用实例名唯一地标识。

Database：该参数指定要在 SQL Server 中连接的数据库。

User ID 和 Password：该参数指定数据库登录凭证。

② 打开数据库。一旦用上面的方法初始化了一个连接对象，就可以调用 OleDbConnection 类的任何方法来操作数据。其中，打开数据库方法是任何操作的基本环节。

打开数据库的方法是：

```
objConnection. Open( )
```

2）创建 Command 对象，设置 SQL 命令或存储过程。

Command 对象提供了在数据库上执行 SQL 语句和存储过程的方式。SQL 语句和存储过程可以选择、插入、更新和删除数据库中的数据。还可以使用 Command 类中的 Parameters 集合把参数传送给 SQL 语句和存储过程。

OleDbCommand 对象有几个重载的构造函数，在开始编写数据库代码时，最常用的一个是下面例子中的构造函数。

```
Dim strSQL As String  ="SELECT FNAME, LNAME FROM EMPLOYEE"
Dim objCommand As New OleDbCommand( strSQL, objConnection)
```

这个构造函数带一个 String 参数值和一个 OleDbConnection 对象。其中，String 参数包含要执行的 SQL 语句；OleDbConnection 对象表示数据库连接。数据库连接不一定在此时打开，所以只需一个已通过构造函数初始化的 Connection 对象。

另一个可能使用的构造函数是执行存储过程的构造函数，它带几个参数。在执行存储过程时，不能使用前面代码中的构造函数，而应使用带参数的构造函数，如下面的代码：

```
Dim objCommand As New OleDbCommand
objCommand. Connection  =  objConnection
objCommand. CommandText  = "SelectEmployee"
objCommand. CommandType  =  CommandType. StoredProcedure
objCommand. Parameters. Add("EmployeeID", OleDbType. Char, 9). Value  = "PTC11962M"
```

以上代码设置了 Command 对象的属性，指定 Connection 对象、存储过程名、命令类型和存储过程需要的参数。CommandType 属性指定 CommandText 属性的解释方式。在默认情况下，CommandType 属性设置为 Text，即把 CommandText 属性解释为要执行的 SQL 语句。使用 CommandType 枚举设置为 StoredProcedure，表示要执行存储过程。

最后，对于存储过程需要的每个参数，把一个 Parameter 对象添加到 Command 对象的 Parameters 集合中。在上面的例子中，存储过程只需要一个参数，它指定了雇员的 ID。

Parameters 集合的 Add 方法是一个重载方法。也就是说，有多个 Add 方法可供选择。最常用的一个如上面的代码所示。它指定了参数名、参数的数据类型和参数的大小。除了把 Parameter 对象添加到 Parameters 集合中之外，还要使用 Value 属性设置它的值。

设置好 Command 对象的所有属性，并给 Parameters 集合添加了合适的参数后，Command 对象就可以供 DataReader 或 DataAdapter 对象使用了。

3）DataAdapter 对象。

DataAdapter 对象是数据库和程序之间的桥梁，它可以执行 Command 对象，从数据库中检索数据，再填充到 DataSet 对象中，或使用 DataSet 对象插入、更新和删除数据库中的数据。

```
Dim objDataAdapter As New OleDbDataAdapter(objCommand)
Dim objDataSet As New DataSet
objDataAdapter.Fill(objDataSet, "Employees")
objDataAdapter.Dispose()
objDataAdapter = Nothing
objCommand.Dispose()
objCommand = Nothing
```

第一行代码创建一个 DataAdapter 对象，第二行声明一个表示 DataSet 类的新对象，注意 DataSet 是独立于提供程序的，因为它不带 ODBC、OLE DB、SQL 或 Oracle 前缀。DataSet 的构造函数提供了一个重载列表，但一般在初始化时不带参数。

初始化 DataAdapter 和 DataSet 对象后，就要从数据库中检索数据，并填充 DataSet 对象。使用 DataAdapter 的 Fill 方法来完成填充工作。

Fill 方法也提供了一个重载列表，但最常用的是上面代码中的 Fill 方法。该方法指定了表示 DataSet 的对象和一个表名，当要把多个表添加到 DataSet 对象中时，要使用该表名进行表映射。这个表名还可以用于引用 DataSet 对象中的表。注意，不必在 SQL 语句的 FROM 子句中使用指定的这个表名，SQL 语句使用的表名还是在数据库中的表名。

给 DataSet 对象填充数据后，DataAdapter 的工作就完成了，应调用 Dispose 方法释放 DataAdapter 占用的资源，并把它设置为 Nothing。Command 的工作也完成了，最后也删除它，并把它设置为 Nothing，以释放资源。另外，如果不进行更多的数据库操作，应关闭数据库连接，对该连接调用 Dispose 方法。

DataAdapter 另一个常用的构造函数把 SQL 语句直接传送给 DataAdapter，而不使用 Command 对象，如下面的代码：

```
Dim strSQL As String = "SELECT FNAME, LNAME FROM EMPLOYEE"
Dim objDataAdapter As New OleDbDataAdapter(strSQL, objConnection)
Dim objDataSet As New DataSet
objDataAdapter.Fill(objDataSet, "Employees")
objDataAdapter.Dispose()
objDataAdapter = Nothing
```

在这个构造函数中，传送了字符串变量和表示数据库连接的对象。在前面的例子中，是把 Command 对象传送给 DataAdapter，使 DataAdapter 能提取其中的连接信息。而在这个构造函数中，为 SQL 语句使用了一个字符串，所以 DataAdapter 需要通过 Connection 对象了解如何与数据库通信，以执行 SQL 字符串。

给 DataSet 对象填充数据后，就可以处理这些数据。DataSet 对象包含一系列表，每个表都包含一系列行，每一行都包含一系列项，这些项表示行中的列，如下面的代码：

```
Dim objDataRow As DataRow
For Each objDataRow In objDataSet.Table("Employees").Rows
    Debug.WriteLine(objDataRow.Item("FNAME") & "" &objDataRow.Item("LNAME"))
Next
objDataSet.Dispose()
objDataSet = Nothing
```

代码为 DataRow 声明一个对象，它用于访问 Rows 集合中的每一行，Rows 集合放在 Tables 集合的表中。接着使用 For Each 循环迭代表中的行。

使用 DataRow 对象的 Item 属性，可以访问行中的每一列，这行代码把 DataSet 对象中每个雇员的姓名输出到 IDE 的输出窗口中。

最后，使用完 DataSet 对象后，调用 Dispose 方法释放 DataSet 对象占用的资源，并把它设置为 Nothing。这是非常重要的，因为 DataSet 对象表示一个内存数据高速缓存，即 DataSet 对象包含的所有数据都加载到内存中，因此应尽快释放该内存。

在修改完 DataSet 对象中的数据后，可以使用 DataAdapter 的 Update 方法，把 DataSet 对象中的数据更新到数据库中。

在关系数据库中更新或插入数据时，通常使用存储过程执行插入或更新操作，再使用 Command 对象执行这些存储过程。

4）DataReader 对象。

DataReader 对象为数据库提供了只向前的数据流，而不是像前面的 DataSet 对象那样，把数据高速缓存在内存中。顾名思义，DataReader 对象只能从数据库中读取数据。注意，由于该对象是从数据库中读取数据，所以数据库连接要保持打开状态，因此 DataReader 对象使用的 Connection 对象将一直忙于把数据传送给 DataReader 对象，而不能用于其他数据库操作。

这个对象提供了读取数据库中数据的最高效方式。当从头至尾只需要从数据库中读取数据，填充到窗体上的一个列表中，或填充数组或集合时，就应使用 DataReader 对象。

DataReader 类不使用构造函数进行初始化，而使用 Command 对象的 ExecuteReader 方法来设置。下面的代码段假定已经用 SQL 语句初始化了一个 Command 对象，而且数据库连接已打开。

```
Dim objReader As OleDbDataReader = objCommand. ExecuteReader( )
While objReader. Read
Debug. WriteLine( objReader. Item("FNAME") & "" & objReader. Item("LNAME"))
End While
objReader. Close( )
objReader = Nothing
```

第一行代码为 DataReader 声明了一个对象，并使用 Command 对象的 ExecuteReader 方法设置它。在设置好 DataReader 对象后，就可以开始使用 Read 方法读取数据了。

下一行代码建立了一个 While 循环，从数据库中读取记录。每次执行 DataReader 的 Read 方法时，都从数据库中检索另一个数据行。使用 DataReader 对象的 Item 属性，可以访问在 SQL SELECT 语句中指定的列值。

下面的代码把从 Employees 表中选择出来的每个雇员的姓名写入 IDE 的输出窗口。

读取完所有的记录后，就应使用 Close 方法关闭 DataReader，这会释放 DataReader 占用的资源，允许打开的数据库连接用于另一个操作或关闭。应把 DataReader 设置为 Nothing，以释放被这个对象所占用的内存。

4. VB. NET 访问 SQL Server 数据库的完整实例

学会使用 ADO. NET 对象，就可以使用各种 T-SQL 语言访问数据库，完成指定的任务。

【例 10-1】 用 VB. NET 访问 pubs 数据库。本例采用 VB. NET 2005 为开发工具，连接 SQl Server 2005 中的样例 pubs 数据库，SQL Server 2005 采用 Windows 登录，显示控件为 DataGrid-View，任务是显示 pubs 数据库下 employee 表中的 fname 及 lname，显示结果见图 10-5。

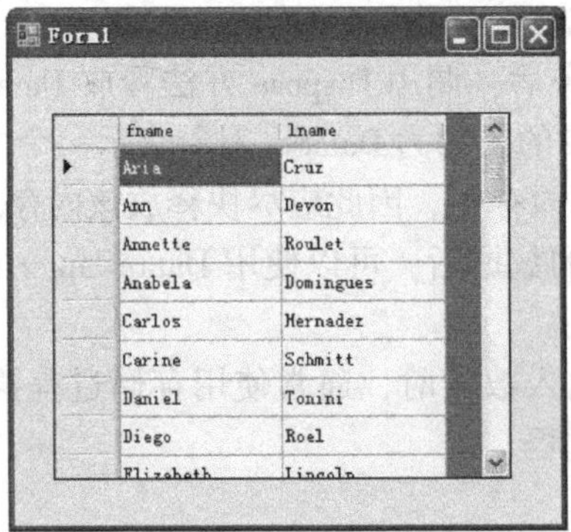

图 10-5　使用 ADO. NET 对象连接数据库结果

在窗体中创建 DataGridView 对象，用于显示数据库的查询结果，其代码如下：

```
Imports System. Data. OleDb
Public Class Form1
    Private Sub Form1_Load( ByVal sender As System. Object, ByVal e As System. EventArgs) Handles MyBase. Load
        '创建连接字符串
        Dim strConnectionString As String = "Provider = SQLOLEDB; server = localhost; integrated security = sspi; Initial Catalog = pubs; Data Source = 127. 0. 0. 1"
        '创建连接
        Dim objConnection As New OleDbConnection( strConnectionString)
        '创建 T-SQL 命令
        Dim strSQL As String = "SELECT fname, lname FROM employee"
        '创建 command 对象
        Dim objCommand As New OleDbCommand( strSQL, objConnection)
        '创建 DataAdapter 对象
        Dim objDataAdapter As New OleDbDataAdapter( objCommand)
        '创建 DataSet 对象
        Dim objDataSet As New DataSet
        '用 fill 方法填充到 objDataSet 对象
        objDataAdapter. Fill( objDataSet, "Employees")
        objDataAdapter. Dispose( )
        objDataAdapter = Nothing
        objCommand. Dispose( )
        objCommand = Nothing
        '指定 DataGridView1 对象的数据源
        DataGridView1. DataSource = objDataSet. Tables(0). DefaultView
    End Sub
End Class
```

10.2.2　使用 Java 访问 SQL Server

基于 Java 的平台无关性以及 Internet 应用的广泛性和深入性，使得 Java 的数据库开发及使用越来越广泛，同时也使得 Java 越来越流行，越来越受到广大程序员的欢迎。本节将通过简单实例介绍 Java 访问 SQL Server 的方法。

1. Java 数据库连接方法

学习 Java 与数据库的连接，必须首先学习 JDBC。JDBC 允许用户从 Java 应用程序中访问任何表格化数据源，它的主要特点是与任何关系数据库协同工作的方式完全相同。它有 3 种主要功能：建立与数据库或其他表列数据源的连接，向数据库发送 SQL 命令，处理结果。

要与数据库连接，JDBC 需要每个数据库的驱动程序，JDBC 驱动程序有 4 种基本类型：

类型 1：JDBC - ODBC 桥加上驱动程序

类型 2：本地 API 部分 Java 驱动程序

类型 3：JDBC - NET 纯 Java 驱动程序

类型 4：本地协议纯 Java 驱动程序

类型 1 和类型 2 用于程序员编写应用程序，类型 3 和类型 4 通常用于由中间件或数据库提供商使用。它们各有优缺点，这里介绍最经常使用的类型 1。其主要步骤如下：

① 建立 ODBC 数据源：通过“控制面板”→“管理工具”→“数据源（ODBC)”，按照向导创建数据源，界面如图 10-2 所示。

② 导入数据库开发类：

```
Import   Java. sql. * ;
```

③ 加载驱动程序 JDBC - ODBC 桥：

```
Class. forname(" sun. jdbc. odbc. JdbcOdbcDriver") ;
```

④ 获取数据库连接：

```
Connection = DriverManager. getConnection(" dabc:odbc:student"," sa"," 1234") ;
//student 是数据源名称,sa 是数据库用户名,1234 是该用户名的密码
```

⑤ 声明 SQL 语句并执行：

```
statementstmt = con. createStatement( ) ;
ResultSet rs = stmt. executeQuery( select from stuinfo) ;
//可执行任何合法的 SQL 语句
```

⑥ 根据需要，进行各种操作。

【例 10-2】　利用 Java 应用程序访问 SQL Server 2000 数据库。

操作步骤如下：

（1）建立数据库

启动“Microsoft SQL Server 2000”，打开“企业管理器”在“数据库”中建立名为“mydata”的数据库，并在其下制作名为“wuzi”的数据表，如图 10-6 所示。

（2）建立（ODBC）数据源和驱动程序

在“控制面板”上通过“管理工具”的“数据源（ODBC)”打开“ODBC 数据源管理

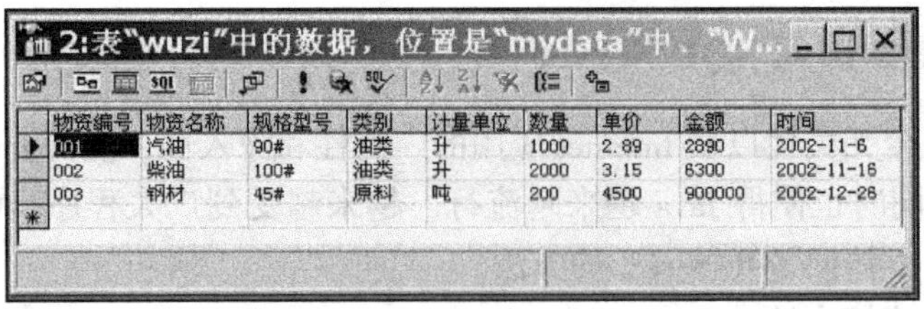

2:表"wuzi"中的数据，位置是"mydata"中、"W...

物资编号	物资名称	规格型号	类别	计量单位	数量	单价	金额	时间
001	汽油	90#	油类	升	1000	2.89	2890	2002-11-6
002	柴油	100#	油类	升	2000	3.15	6300	2002-11-16
003	钢材	45#	原料	吨	200	4500	900000	2002-12-26

图 10-6　在 SQL Server 2000 的 mydata 数据库中建立 wuzi 表

器"对话框，单击"系统 DSN"选项卡，然后单击"添加"按钮，得到"创建数据源"对话框，选择"SQL Server"并单击"完成"按钮，在出现的"建立新的数据源到 SQL Server"对话框中的"数据源名称"文本框中填写"Java1"并选取"服务器名"，然后单击"下一步"按钮，选择"使用网络登录 ID 的 Windows NT 验证"选项，单击"下一步"按钮，将默认的数据库改为"mydata"，再单击"下一步"按钮，单击"完成"按钮，然后可以单击"测试数据源"，成功后，单击"确定"按钮，即完成了（ODBC）数据源和驱动程序的建立。

（3）编写并保存代码

编写代码并将代码保存在 jdbc. java 文件中：

```
import java. awt. * ;
import java. awt. event. * ;
import java. sql. * ;
public class jdbc //定义主类
{
  public static void main(String args[])
  {
    GUI gui = new GUI(); //创建类 GUI 的对象
    gui. pack(); //装载执行 GUI 类
  }
}
class GUI extends Frame implements Action Listener
{
  TextArea text; Panel panel; TextField sno; Button btn;
  GUI() //构造方法
  {
    super("物资情况查询");setLayout(new BorderLayout());
    setBackground(Color. cyan);
    setVisible(true);text = new TextArea();
    btn = new Button("查询");
    sno = new TextField(16);
    panel = new Panel();
    panel. add(new Label("输入被查询的物资编号:"));
    panel. add(sno); panel. add(btn);
    add("North",panel); add(text,"Center");
```

```
text. setEditable( false ) ;btn. addActionListener( this) ;
    addWindowListener( new WindowAdapter( )
    {
      public void windowClosing( WindowEvent e)
      {
        setVisible( false) ;
            System. exit(0) ;
      }
    });
}
public void actionPerformed( ActionEvent e) {
  if( e. getSource( ) = =btn) //当用户按下查询按钮时
  {
    text. setText("查询结果" +'') ; //显示提示信息
    try
    {
      Liststudent( ) ;
    }
    catch( SQLException ee) { }
  }
}
public void Liststudent( ) throws SQLException //针对数据库的操作
{
  String bh,mc,xh,lb,dw,sj;
  int sl; float dj,je;
  try
  {
    Class. forName(" sun. jdbc. odbc. JdbcOdbcDriver" ) ;
  }
  catch( ClassNotFoundException e) { }
  Connection con = DriverManager. getConnection(" jdbc:odbc:Java1 " ) ;
  Statement sql = con. createStatement( ) ; //创建 Statement 对象
  ResultSet rs = sql. executeQuery(" select  *  from wuzi" ) ;
  while( rs. next( ) ) //输出被查询的情况   {
    bh = rs. getString("物资编号" ) ;
    mc = rs. getString("物资名称" ) ;
    xh = rs. getString("规格型号" ) ;
    lb = rs. getString("类别" ) ;
    dw = rs. getString("计量单位" ) ;
    sl = rs. getInt("数量" ) ;
    dj = rs. getFloat("单价" ) ;
    je = rs. getFloat("金额" ) ;
```

```
    sj = rs. getDate("时间"). toString();
        if(bh. trim(). equals(sno. getText(). trim()))
        {
            text. append(" +"物资编号" +"" +"物资名称" +"" +"规格型号" +"" +"类别" +"" +"计量单位"
+"" +"数量" +"" +"单价" +"" +"金额" +"" +"时间" +");
            text. append(" +bh +"" +mc +"" +xh +"" +lb +"" +dw +"" +sl +"" +dj +"" +je +"" +sj +"" +");
        }
      }
    }
    }
```

(4) 运行程序

首先编绎 javac jdbc. java，编译成功后，执行 java jdbc。

执行后在“物资情况查询”窗口的“输入被查询的物资编号”文本框中输入要查询物资的物资编号，单击“查询”按钮，在下面的列表框中显示被查询物资的所有信息，如图 10-7 所示。

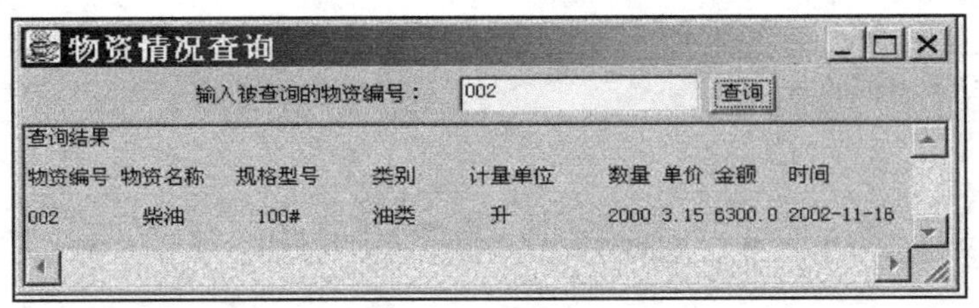

图 10-7　程序运行结果

2. 使用 Java 访问 SQL Server 2005

前面介绍了 Java 连接 SQL Server 的方法，其中通过 JDBC 驱动连接 SQL Server 也是一种常用方法。以下实例是通过 JDBC 连接 SQL Server 2005 的过程。

【例 10-3】 通过 JDBC 连接 SQL Server 2005。

操作步骤如下：

1）到微软公司的官方网站下载一个 SQL Server 用的 JDBC 驱动。下载下来的是一个 . exe 文件，运行那个 . exe 把文件解压到随便一个文件夹，取里面的 sqljdbc4. jar 和 sqljdbc. jar 备用。

2）配置 SQL Server 2005。在 SQL Server 2005 中，默认不开启 TCP/IP，此步主要是开启协议并使 SQL Server 接受远程访问。具体步骤如下：

① 打开 SQL Server Configuration Manager（SQL Server 配置管理器）（见图 10-8），选择“SQL Server 2005 网络配置”下面的“SQLEXPRESS 协议”。

② 双击“TCP/IP”打开“TCP/IP 属性”对话框。将“已启用”项设置为“是”。切换到“IP 地址”选项卡，将“IP ALL”中的“TCP 端口”设置为1433，如图 10-9 所示，然后单击“确定”按钮。

③ 打开 SQL Server 外围应用配置器（SQL Server Surface Area Configuration），然后打开“服务和连接的外围应用配置器”，转到 SQLEXPRESS→Database Engine→远程连接，选择

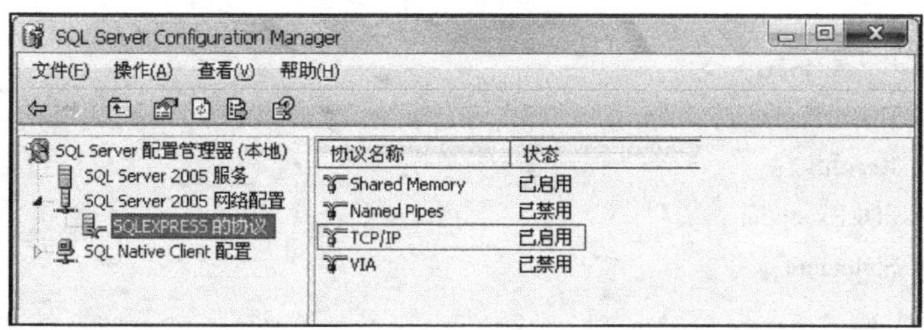

图 10-8　SQL Server Configuration Manager

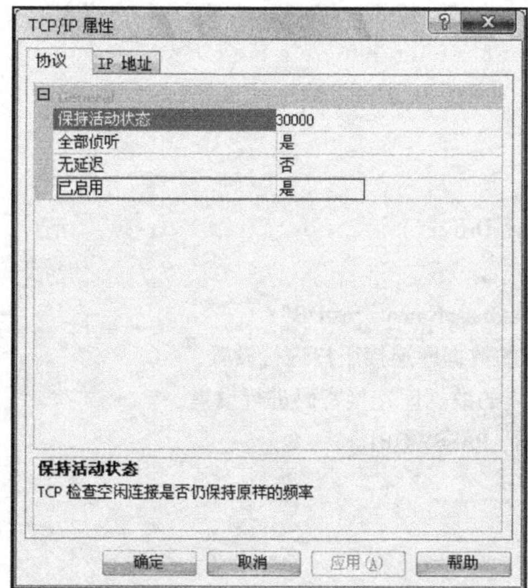

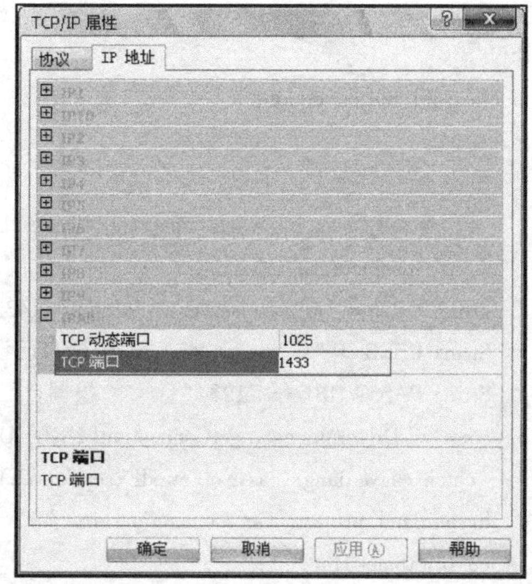

图 10-9　TCP/IP 属性

“本地链接和远程连接”下面的“仅使用 TCP/IP”或者“同时使用 TCP/IP 和 named pipes”，这里我们选择了前者，然后单击“应用”和“确定”按钮。

④ 重新启动 SQL Server 服务。

3. 测试连接

① 在 SQL Server Management Studio Express 中建立数据库 testDB，在 testDB 中建表 user。然后往表中添加几条数据。

```
CREATE TABLE user
(ID bigint NOT NULL,
Name varchar(20) NOT NULL,
Email varchar(50) NULL)
```

② 在 eclipse 环境（或其他 IDE 环境）建立一个 Java Application 工程，把 SQL Server 驱动导入工程。值得注意的是，如果使用的是 JDK6，那么导入 sqljdbc4. jar；如果是低版本的 JDK，导入 sqljdbc. jar。不要弄错，否则连接时会报错。

③ 使用 JDBC 访问 SQL Server 2005 的程序代码如下：

```
package jdbc;
import java. sql. Connection;
import java. sql. DriverManager;
import java. sql. ResultSet;
import java. sql. SQLException;
import java. sql. Statement;
public class Test {
private Connection conn = null;
public Test() {
  super();
}
public void getConnection() {
  try {
   Class
     . forName("com. microsoft. sqlserver. jdbc. SQLServerDriver")
     . newInstance();
   String URL = "jdbc:sqlserver://localhost:1433;DatabaseName = testDB";
   String USER = "sa";              // 根据自己设置的数据库连接用户进行设置
   String PASSWORD = "1234";    // 根据自己设置的数据库连接密码进行设置
   conn = DriverManager. getConnection(URL, USER, PASSWORD);
  } catch (java. lang. ClassNotFoundException ce) {
   System. out. println("Get Connection error:");
   ce. printStackTrace();
  } catch (java. sql. SQLException se) {
  System. out. println("Get Connection error:");
  se. printStackTrace();
  } catch (Exception e) {
  System. out. println("Get Connection error:");
  e. printStackTrace();
  }
}

public void testConnection() {
  if (conn = = null)
   this. getConnection();
  try {
   String sql = "SELECT * FROM user";
   Statement stmt = conn. createStatement();
   ResultSet rs = stmt. executeQuery(sql);
   while (rs. next()) {
   System. out. print(rs. getString("ID") +"");
   System. out. print(rs. getString("Name") +"");
```

```
        System.out.println(rs.getString("Email"));
        }
        rs.close();
        stmt.close();
       } catch (SQLException e) {
       System.out.println(e.getMessage());
       e.printStackTrace();
       } finally {
        if (conn != null)
         try {
          conn.close();
         } catch (SQLException e) {
         }
       }
    }
    public static void main(String[] args) {
       Test bean = new Test();
       bean.testConnection();
    }
}
```

10.2.3　使用 ASP.NET 访问 SQL Server

ASP.NET 是微软公司 Active Server Pages 的新版本，是建立在微软公司新一代 .NET 平台架构和公共语言运行库上，在服务器后端为用户提供建立强大的企业级 Web 应用服务的编程框架。可用于在服务器上生成功能强大的 Web 应用程序，为 Web 站点创建动态的、交互的 HTML 页面。

ASP.NET 为能够面向任何浏览器或设备的更安全的、更强的可升级性、更稳定的应用程序提供了新的编程模型和基础结构。

ASP.NET 是 Microsoft .NET Framework 的一部分，是一种可以在高度分布的 Internet 环境中简化应用程序开发的计算环境。.NET Framework 包含公共语言运行库，它提供了各种核心服务，如内存管理、线程管理和代码安全。它也包含 .NET Framework 类库，这是一个开发人员用于创建应用程序的综合的、面向对象的类型集合。

ASP.NET 环境配置要求：

目前支持 ASP.NET 开发的平台有 Windows XP、Windows 2000 和 Windows 2003 Server (.NET) 等。

第一步，在 ASP 配置的基础上，这里假设目的服务器已经安装了 IIS。

第二步，按照微软公司的要求安装 Visual Studio.NET，以便 IIS 能够识别并处理 ASP.NET 文件类型，例如 .aspx、.asmx 等。

第三步，和 ASP Web 应用程序类似，按照需求设置 IIS 虚拟目录，以便可以轻松地对 ASP.NET Web 应用程序进行浏览。

ASP. NET 支持的开发语言包括 VB. NET、C#. NET、Jscript. NET、VC + +. NET。另外，其他高级语言安装适当的插件也可以集成在 Visual Studio. NET 开发环境中。ASP. NET 程序只能在服务器执行，当浏览器向服务器请求打开 ASP. NET 程序时，服务器会从磁盘上读取该程序，然后加以执行并将结果转换成浏览器兼容的 HTML 文档，而将 HTML 文档发送给浏览器，待浏览器收到 HTML 文档后，将会将 HTML 文档翻译成网页画面呈现在用户眼前。

ASP. NET 访问后台数据库也是使用微软公司的 ADO. NET 对象，且 ADO. NET 的对象与 VB. NET 中介绍的 ADO. NET 对象完全一致。ADO. NET 访问数据库的步骤也与前文说明的步骤一致：

① 创建 Connection 对象，连接数据库。

② 创建 Command 对象，设置 SQL 命令或存储过程。

③ 创建装载数据的容器。可以使用 DataReader 对象，也可以使用 DataSet 对象。

使用 DataReader 对象，可直接读取数据流；使用 DataSet 对象，必须先创建 DataAdapter 对象，因为它提供数据源与记录集之间的数据变换和数据库与内存中数据的交换。然后创建 DataSet 对象，将从数据源中得到的数据保存在内存中，并对数据进行各种 SQL 操作等过程。

④ 执行相应的 SQL 命令或执行存储过程。

⑤ 创建 Web 窗体，向网页中添加必要的控件，美化页面。

⑥ 设置各 Web 控件的属性，编写主要控件的事件代码。

【例 10-4】 使用 DataReader 对象，将查询结果显示在网页中。

代码如下：

```
Imports system                          '在代码文件头部导入命名空间
Imports system. data
Imports system. data. sqlclient         '导入连接 sqlserver 对象的命名空间
sub page_load( )                        '定义网页装载事件过程
if( not page. ispostback) then          '若网页第一次被装载
dim myreader as SQLDataReader
dim myconnectionstring as string
dim i as integer
'创建连接字符串,用户为 sa,密码为空,数据库为 pubs
myconnectionstring =" server = localhost;uid = sa;pwd = ;database = pubs"
'创建连接
Dim myconnection as new sqlconnection( myconnectionstring)
'创建 T-SQL 命令
Dim mycommand as new sqlcommand(" select  *  from publishers" ,myconnection)
'打开数据库连接
myconnection. open( )
'执行 T-SQL 的查询操作
myreader = mycommand. ExecuteReader( )
'在网页中画表格
response. write(" < table border = 1  >" )
'将 datareader 对象中的数据取出,并显示在表格中
while( myreader. read)
```

```
response. write(" <tr>")
for i =0 to myreader. fieldcount-1
response. write(" <td>" + myreader(i). tostring() +" </td>")
next
response. write(" </td>")
end while
'结束画表格
response. write(" </table>")
'释放 datareader 对象
myreader. close()
'关闭数据库连接
myconnection. close()
end if
end sub
```

由例 10-4 可以看出，Web 连接数据库的步骤与开发 Windows 应用程序连接数据库的方法相同，不同的是将数据库的查询结果显示在网页中，使用的是 HTML。此方法比较烦琐。在新的 ASP. NET 开发环境中，微软公司提供了很多使用方便的 Web 服务器端控件，例如 DataGrid、DataList、Repeater 等，可以方便地将数据绑定在这些控件中。同时还提供了许多数据库专用控件（见图 10-10），用户只需设置相应属性就可连接到数据库。

【例 10-5】 使用 DataGrid 控件，将 DataSet 中的数据绑定在控件中。

代码如下：

```
Imports system                    '在代码文件头部导入命名空间
Imports system. data
Imports system. data. sqlclient   '导入连接 sqlserver 对象的命名空间
Sub Page_Load()
Dim strConnect As String
'创建连接字符串
strConnect = "server = localhost; uid = sa; pwd = ; database = pubs"
Dim strSelect As String
'创建 T-SQL 命令
strSelect = "SELECT * FROM authors WHERE zip LIKE '94%%%'"
'显示 T-SQL 命令
outSelect. innerText = strSelect
'创建 DataSet 对象
Dim objDataSet As New DataSet()
'数据库连接异常处理
Try
'创建数据库连接
Dim objConnect As New SqlConnection(strConnect)
'创建 DataAdapter 对象
Dim objDataAdapter As New SqlDataAdapter(strSelect, objConnect)
```

```
'将数据库查询结果填入 DataSet 对象,并起名为 Books 表
objDataAdapter. Fill( objDataSet, "Books" )
Catch objError As Exception
'一旦出现异常,在 outError 控件处报错
outError. innerHTML = " <b> * Error while accessing data </b>. <br /> "_
& objError. Message &" <br />"& objError. Source
Exit Sub
End Try
'创建 DataSet 对象中 Book 表的视图
Dim objDataView As New DataView( objDataSet. Tables("Books" ) )
'指定数据绑定的数据源,数据源为 Book 表的视图
DataGrid1. DataSource = objDataView
'对 DataGrid 对象进行数据绑定
DataGrid1. DataBind( )
End Sub
```

10.3 本章小结

本章介绍了目前数据库应用系统开发的常用方法；介绍了常用的开发对象 ODBC、OLEDB、ADO、ADO. NET；结合当前流行的开发工具，以 VB. NET 及 Java 语言为例，介绍了在 C/S 模式下如何进行数据库连接，如何使用 T-SQL 语句来完成对数据的查询、添加、修改及删除；以 ASP. NET 为例，介绍了基于 B/S 结构的数据库系统的开发。

建议读者，通过本章的学习至少熟悉一种开发环境（如 Visual Studio. NET、Eclipse 或其它 IDE)，掌握一门开发语言，结合所学的 SQL Server 2005 完成一个完整的系统开发，最终满足用户的各种数据库需求。

本 章 习 题

一、思考题

1. ODBC 的含义是什么？它包含哪些控件？
2. 如何为 SQL Server 数据库配制 ODBC 数据源。
3. 在要创建的数据源类型中，系统数据源和用户数据源有何不同。
4. 说说 ADO. NET 数据库模型的各个对象及其功能。
5. 归纳各种程序设计语言与 SQL Server 2005 接口的共性和差别。

二、选择题

1. 下列哪种不是连接数据库的方法________。

A. ODBC　　B. JDBC　　C. DBMS　　D. OLE DB

2. 在 ODBC 数据管理器中，访问数据库必须首先注册一个数据源 DSN。有 3 种数据源，其中________定义后，所有用户的应用程序均可使用此数据源。

A. 用户 DNS　　B. 系统 DNS　　C. 文件 DNS　　D. 网络 DNS

3. 在 ADO. NET 中，用于直接读取流数据的的对象是________。

A. DataSet　　B. DataAdapter　　C. DataView　　D. DataReader

4. 要连接数据库首先要导入命名空间，连接 SQL Server 数据库最好导入的命名空间是________。

A. Imports System. Data. sqlclient

B. Imports System. Data. Oledb

C. Imports System. Data. Oracleclient

D. Imports System. Data. Odbc

5. 使用 DataAdapter 对象的________ 方法可填充 DataSet 对象

A. write( )　　B. fill( )　　C. open( )　　D. insert( )

三、填空题

1. ADO. NET 的对象有连接________、命令 sqlcommand、读取器________、数据集 DataSet 和数据适配器________等。

2. ODBC 是由微软公司定义的一种________ 标准。

3. 要在 ASP NET 应用程序中访问数据库，一般性的步骤是：首先声明一个数据库连接，然后声明一个________，用来执行 SQL 语句和存储过程。

4. 以下是 Java 语句：

```
Connection con = DriverManager getConnection("jdbc:odbc:student","sa","1234 ");
```

其中，student 是________；sa 是________；1234 是________。

5. 在 ASP. NET 中可使用两种数据对象，其中：________对象，可直接读取数据流；而使用________对象，则必须先创建________对象，因为它提供数据源与记录集之间的数据变换，数据库与内存中数据交换。然后创建 DataSet 对象，将从数据源中得到的数据保存在内存中，并对数据进行各种 SQL 操作等过程。

四、操作题

1. 实验目的

1）实现对教师信息的管理，功能包括插入、修改、删除、查询。

2）加深对 SQL Server 2005 编程接口的理解，掌握基本要领。

2. 实验准备

1）安装 Windows 2000 以上版本的计算机。

2）安装本章介绍的其中一种开发工具，建议为 Visual Studio. NET 2003 或以上版本。

3）安装 MS SQL Server 2005。

4）安装本书的样本数据库 teaching。本实验用到的两个表为 Xs 和 Zy。

5）要求界面整洁，操作方便，实现对学生信息的插入、修改、删除、查询。

3. 实训内容和步骤

1）内容：学生信息管理的设计，包括插入、修改、删除、查询功能。

2）分析学生信息表 Xs（表 10-1）结构和内容。

表 10-1　学生信息表 Xs

Xh	Xm	Xb	Mz	Csrq	Zyh
09101001	张强	男	汉	1991-1-9	11
09101002	张丹	女	汉	1991-1-22	11
09101003	王丽	女	回	1991-1-12	11
09102001	李霞	女	汉	1988-11-12	12
09102002	赵扩	女	回	1990-10-19	12
09102003	李想	男	汉	1989-9-10	12
09201001	徐闻	男	汉	1991-7-20	21
09201002	林红	女	汉	1991-5-13	21
09201003	张山	男	汉	1990-12-9	21
09301001	杨洋	女	汉	1990-7-7	31
09301002	钱亮	男	汉	1990-11-22	31
09301003	宋文	女	回	1990-6-21	31

3）分析专业表 Zy（表 10-2）的结构和内容。

表 10-2　专业表 Zy

Zyh	Zym
11	生物医学工程
12	自动化
21	制药工程
31	人力资源

4）根据各字段的内容和类型，确定相应的控件，见表 10-3。

表 10-3　控件表

字段名	Xh	Xm	Xb	Mz	Csrq	Zym
显示文字	学号	姓名	性别	民族	出生日期	专业名称
控件类型	文本框	文本框	单选按钮	下拉列表	文本框	下拉列表
控件名称	xh	xm	xb	mz	csrq	zym

其中，字段“Zym”的内容来源于 Zy 表。这样做的目的是为了方便用户的使用。试根据你所使用过的程序，举例说明。

5）设计界面，如图 10-10 所示，并为“民族”下拉列表添加数据项：汉族、回族。（提示：可以在设计阶段添加，也可以在运行阶段用代码实现。）

6）编写代码：

① 为窗口的 load 事件过程编写代码，实现数据库的连接，并为“专业名称”下拉列表添加数据项，与专业表（Zy）绑定。

② 为“查找”按钮编写代码（Select…Where），按输入的学号查询，若查找到了，则其他字段信息在控件中显示。

③ 为“插入”按钮编写代码（Insert 语句），插入前需判断编号是否重复。

④ 为“删除”按钮编写代码（Delete… Where…语句），删除当前记录。

⑤ 为“修改”按钮编写代码（Update…Where…语句），修改当前记录。

7）测试各按钮功能。

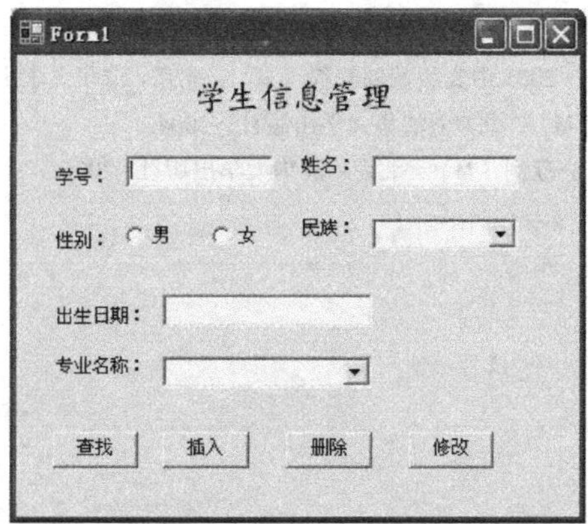

图 10-10　学生信息管理界面

参 考 文 献

[1] 申时凯，等．数据库应用技术（SQL Server 2005）[M]．2 版．北京：中国铁道出版社，2008.

[2] 严波．SQL Server 2005 数据库案例教程 [M]．北京：中国水利水电出版社，2009.

[3] 刘卫国，熊拥军．数据库技术与应用——SQL Server 2005 [M]．北京：清华大学出版社，2010.

[4] 黄开枝、康会光，等．SQL Server 2005 中文版基础教程 [M]．北京：清华大学出版社，2007.

[5] 徐孝凯．数据库技术基础教程 [M]．北京：清华大学出版社，2004.

[6] 赵强．SQL Server 数据库编程技法范例 [M]．北京：清华大学出版社，2005.